人工智能专业人才培养系列教材

Python 自然语言处理

主　编　刘鸿博　王时绘　张小梅

副主编　阎　奔　蔡永华　蔡　沂　左文涛

电子工业出版社
Publishing House of Electronics Industry
北京 · BEIJING

内 容 简 介

本书基于 Python 编程语言，以实战为导向，主要介绍自然语言处理的各种理论、方法及应用案例。全书共 14 章：第 1～3 章侧重介绍自然语言处理所必需的理论基础知识，包括自然语言处理基础、Python 基础、语料库基础等内容；第 4～10 章主要讲解词法分析、词向量与关键词提取、句法分析、语义分析、情感分析等自然语言处理核心技术的原理及实现方法，以及自然语言处理中常用的机器学习和深度学习技术；第 11～14 章主要介绍自然语言处理比较典型的应用场景，包括机器翻译与写作、智能问答与对话及个性化推荐，以及自然语言处理技术在医疗、司法和金融领域的应用情况。本书设置较多示例，实操性较强，建议读者根据书内讲解动手完成实验，以便巩固所学内容。

本书适合人工智能相关专业的学生和技术人员，以及人工智能领域的兴趣爱好者阅读。

图书在版编目（CIP）数据

Python 自然语言处理 / 刘鸿博，王时绘，张小梅主编. —北京：电子工业出版社，2023.1
ISBN 978-7-121-44659-7

Ⅰ. ①P… Ⅱ. ①刘… ②王… ③张… Ⅲ. ①软件工具－程序设计－高等学校－教材②自然语言处理－高等学校－教材 Ⅳ. ①TP311.561②TP391

中国版本图书馆 CIP 数据核字（2022）第 236059 号

责任编辑：赵玉山 特约编辑：王 艳
印 刷：北京七彩京通数码快印有限公司
装 订：北京七彩京通数码快印有限公司
出版发行：电子工业出版社
　　　　　北京市海淀区万寿路 173 信箱　邮编：100036
开　　本：787×1092　1/16　印张：16.75　字数：429 千字
版　　次：2023 年 1 月第 1 版
印　　次：2024 年 3 月第 3 次印刷
定　　价：54.00 元

前　言

人工智能作为新一轮科技革命和产业变革的重要驱动力量，正在改变世界，人工智能产品和服务在我们的生活中已经随处可见，如搜索引擎、智能客服、智能语音助手、Google 翻译等，为我们的生活和工作带来了极大的便利。这些便利的背后是自然语言处理技术的发展，它是人工智能领域的一个重要方向，主要研究实现人与计算机之间用自然语言进行有效通信的各种理论和方法，可以弥补人类交流（自然语言）与计算机理解（机器语言）之间的差距。

我们通过自然语言进行交流，也能获取到自然语言中所包含的信息，这是因为我们的大脑对这些信息进行了人工处理，即我们阅读并理解了它们。而计算机要阅读和理解自然语言则困难得多，远不如人们想象的那么简单。根据工业界的估计，只有 21%的数据是以结构化的形式展现的。数据由交流、发微博、发消息等各种方式产生，主要以文本形式存在，而数据的产生方式却是高度无结构化的。这些文本消息，如社交网络上的发言、聊天记录、新闻、博客、文章等，所表达的信息很难直接被获取到，计算机既要阅读并理解它们的意义，又要以自然语言文本来表达给定的意图和思想等，还需要关于外在世界的广泛知识以及运用操作这些知识的能力。

用自然语言与计算机进行通信，虽然面临着一些困难和障碍，但自然语言处理技术不断地取得新的突破和进展。例如，IBM 的 Waston 在电视问答节目中战胜了人类冠军，苹果公司的 Siri 个人助理被大众广为使用，科大讯飞已经研发出高考机器人等。对自然语言处理的发展，有的人充满期待，希望自然语言处理能够给生活和工作带来更大、更有意义的变革；有的人则表示担心，害怕一些工作岗位未来会被机器人完全取代。尽管人们对自然语言处理的发展看法不一，但研究和学习自然语言处理本身仍然是充满魅力和挑战的。

本书基于 Python 编程语言，以实战为导向，主要介绍自然语言处理的各种理论、方法及应用案例。全书共 14 章：

第 1～3 章侧重介绍自然语言处理所必需的理论基础知识，包括自然语言处理基础、Python 基础和语料库基础等内容，并在相应的知识板块中设置实验案例，帮助读者快速熟悉理论知识。

第 4～10 章主要讲解词法分析、词向量与关键词提取、句法分析、语义分析、情感分析等自然语言处理核心技术的原理及实现方法，以及自然语言处理中常用的机器学习和深度学习技术。该部分内容实操性较强，设置较多的实验案例，建议读者根据书内讲解动手完成实验，以便更好地理解相关技术原理。

第 11～14 章主要介绍自然语言处理比较典型的应用场景，包括机器翻译与写作、智能问答与对话及个性化推荐，以及自然语言处理技术在医疗、司法和金融领域的应用情况。该部分内容能够帮助读者深度了解自然语言处理技术最终可以实现什么样的功能，可为读者选择自然语言处理相关的研究方向或者从业领域提供参考。

本书适合人工智能相关专业的学生和技术人员，以及人工智能领域的兴趣爱好者阅读。

由于编者水平有限，编写时间较为仓促，书中难免存在疏漏和不足之处，恳请广大读者批评指正。

编　者

目　　录

第1章　自然语言处理基础

随着互联网的普及和海量信息的涌现，作为人工智能领域中的一个重要方向，自然语言处理正在人们的日常生活中扮演着越来越重要的角色，并将在科技创新的过程中发挥越来越重要的作用。

作为本书的开篇，本章不会介绍太深入的知识，而是普及一下自然语言处理的基本概念、发展历程、知识构成等基础知识，为读者打开通往自然语言处理的大门。因此，本章对于读者来说相对轻松。

1.1　什么是自然语言处理

1.1.1　自然语言处理的概念

谈及自然语言处理，可能有些人不太了解。但是说到人机对话或者聊天机器人，想必很多人或多或少都有了解，或者说很感兴趣。2017 年 10 月 26 日，沙特阿拉伯授予中国香港汉森机器人公司研发的机器人索菲亚公民身份，图 1-1 为机器人索菲亚接受新闻采访。

图 1-1　机器人索菲亚接受新闻采访

以下为机器人索菲亚与人类的一段对话：

人类问："你这次来中国是坐飞机来的吗？你是坐人类的座位，还是坐货仓呢？"

索菲亚回答："这一路，我是在行李箱里休息的，虽然有点闷，但是挺舒服。"

看到这段对话你心里可能会升起一个疑问：机器人是如何与人对话的？下面，我们将简单探讨一下机器人的对话原理。

举个常见的例子：百度搜索。我们可以把百度搜索看作一个机器人，如在百度上搜索："我是不是好人"，百度马上会列出一大堆的答案。这跟机器人对话非常类似，因此可以把与机器人对话近似地看作利用搜索引擎进行搜索。百度搜索的设计原理是把最适合的答案排在最前面，所以机器人只要把第一个搜索结果读出来，就等于是正确地回答了我们。索菲亚的工作逻辑图大致如图 1-2 所示。

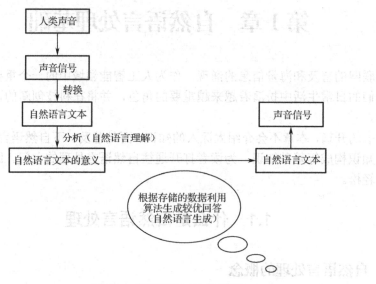

图 1-2　索菲亚的工作逻辑图

在图 1-2 中，机器人索菲亚需要的一些与语言相关的技术统称为自然语言处理（Natural Language Processing，NLP）。这里的"自然语言"就是我们日常生活中用来交流沟通的语言（包括中英文的书面文字、音视频等），它可以被定义为一组规则或符号的集合。"自然语言处理"是对自然语言进行数字化处理的一种技术，它将人类语言转换为计算机可识别的数字信息，从而实现"人机交互"的目的。

自然语言处理是人工智能和语言学交叉领域下的分支学科，同时也是计算机科学领域以及人工智能领域的一个重要研究方向。自然语言处理研究用计算机来处理、理解以及运用人类语言（如中文、英文、日文等），从而达到人与计算机之间的有效通信。

近些年，自然语言处理研究取得了长足的进步，逐渐发展成为一门独立的学科。自然语言处理大致可分为两部分：自然语言理解（Natural Language Understanding，NLU）和自然语言生成（Natural Language Generation，NLG）。其中，自然语言理解又包含很多细分学科，其基本分类如图 1-3 所示。

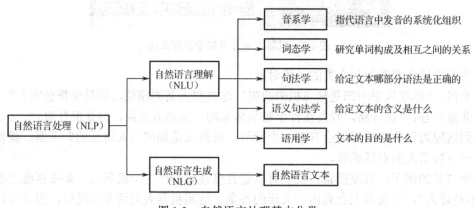

图 1-3　自然语言处理基本分类

自然语言理解：使计算机理解自然语言（人类语言文字）等，重在理解。具体来说，就是理解语言、文本等，提取出有用的信息，用于下游的任务。自然语言理解可以是使自然语言结构化，如分词、词性标注、句法分析等；也可以是表征学习，如字、词、句子的向量表示，构建文本表示的文本分类等；还可以是信息提取，如信息检索、信息抽取（如命名实体提取、关系抽取、事件抽取等）。

自然语言生成：提供结构化的数据、文本、图表、音频、视频等，生成人类可以理解的自然语言形式的文本。自然语言生成可以分为三大类：文本到文本（如翻译、摘要等）、文本到其他（如文本生成图片）、其他到文本（如视频生成文本）。

结合自然语言理解和自然语言生成这两个核心技术，"人机交互"是可以实现的。此外，自然语言处理还可以被应用于很多领域。

1.1.2 自然语言处理的研究任务

自然语言处理的应用领域非常多，这里简单介绍几个比较热门的应用。

（1）机器翻译：计算机将一段文字从一种语言翻译为另一种语言，同时保持原意不变的过程。

在早期，机器翻译系统是基于词典和规则的系统，成功率非常有限。然而，神经网络领域的发展、海量数据的可用性以及算力强大的计算机，使得机器翻译在将文本从一种语言转换成另一种语言时变得相当精确。

如今，Google（谷歌）翻译、百度翻译等工具可以很容易地将文本从一种语言转换成另一种语言。同时，这些工具正在帮助许多人和企业打破语言障碍并取得成功。图 1-4 为 Google 的在线翻译页面。

图 1-4　Google 的在线翻译页面

（2）情感分析：计算机能够判断用户评论是否积极。

目前，情感分析在很多领域都有用，特别是在网购、餐饮、旅游等领域。例如，某景点网上评论全是乱、贵、服务不好等差评，可想而知，谁还会去该景点呢？因此，很多景点已经开始购买评论情感分析相关服务，以达到差评不出景区，从而提高景点整体形象。图 1-5 为百度 AI（Artificial Intelligence，人工智能）情感分析系统的界面。

（3）智能问答：计算机能够正确回答输入的问题。

对很多服务型公司特别是电商网站来说，客户服务和体验是最重要的。它可以帮助企业改进产品，也可以使顾客满意。但与每个客户进行手动交互、交流，并解决问题可能是一项乏味的任务，而智能问答可以代替人工充当客服角色，回答很多基本且重复的问题。

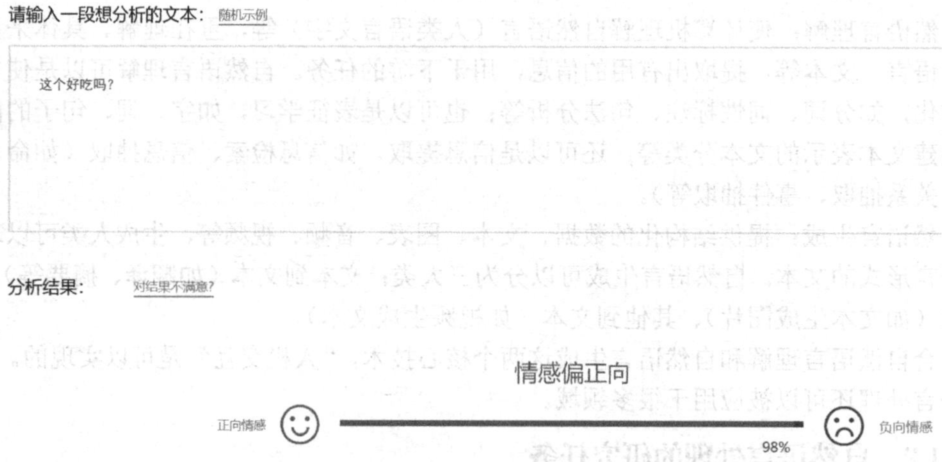

请输入一段想分析的文本：
随机示例
这个好吃吗？
分析结果：
对结果不满意？
情感偏正向
正向情感
98%
负向情感

图 1-5　百度 AI 情感分析系统的界面

图 1-6 是与图灵机器人对话的一个例子。

分享到：
清除聊天
你干嘛呢？
你先说你干嘛呢。
我问你呢
晕，问我？我怎么知道？
你这样说，我不高兴了
岳父为何天天不高兴？

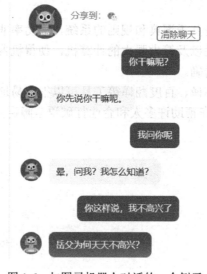

图 1-6　与图灵机器人对话的一个例子

（4）文摘生成：计算机能够准确归纳、总结文本，并产生文本摘要。

文摘生成是利用计算机自动地从原始文本中提取摘要，以达到快速了解全文中心内容的目的。文摘生成技术可以帮助人们节约大量的时间、快速定位有效文献，并提高工作效率。

（5）文本分类：计算机采集各种文本，进行主题分析，并将文本分类为预定义的类别的过程。垃圾邮件分类、新闻文章分类都是文本分类的应用案例。

以上几个自然语言研究任务，有兴趣的读者可以自行深入了解。可以看出，自然语言处理在很多领域都有应用，接下来简单介绍自然语言处理发展的三个重要历程。

1.2　自然语言处理的发展历程

总体来说，如图 1-7 所示，自然语言处理的发展历程大致可分为三个阶段。

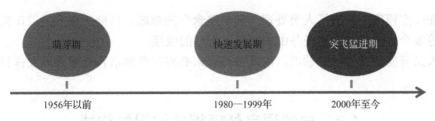

图 1-7　自然语言处理的发展历程

1．萌芽期（1956 年以前）

1956 年以前，是自然语言处理的基础研究阶段。一方面，人类文明经过了几千年的发展，积累了大量的数学、语言学和物理学知识，奠定了自然语言处理的理论基础。另一方面，阿兰·图灵在 1936 年首次提出"图灵机"的概念。"图灵机"作为计算机的理论基础，促使了 1946 年电子计算机的诞生，进而为机器翻译和自然语言处理提供了物质基础。

这一时期，机器翻译的社会需求促使了很多自然语言处理的基础研究。例如：①1948 年，Shannon 把离散马尔可夫过程的概率模型应用于描述语言的自动机，把热力学中"熵"（Entropy）的概念用于语言处理的概率算法中；②20 世纪 50 年代初，Kleene 研究了有限自动机和正则表达式；③1956 年，Chomsky 提出了上下文无关语法，并将其运用到自然语言处理中。他们的工作直接引起了基于规则和基于概率这两种不同的自然语言处理技术的产生，而这两种不同的自然语言处理方法又引发了数十年有关基于规则方法和基于概率方法孰优孰劣的争执。

除基础研究外，这一时期还取得了一些瞩目的成果。例如，1946 年 Köenig 进行了关于声谱的研究，1952 年 Bell 实验室进行了语音识别系统的研究，1956 年人工智能的诞生为自然语言处理翻开了新的篇章。这些研究成果在后来的数十年中逐步与自然语言处理中的其他技术相结合，这种结合既丰富了自然语言处理的技术手段，也拓宽了自然语言处理的社会应用面。

2．快速发展期（1980—1999 年）

20 世纪 80 年代初，很多学者开始反思有限状态模型和经验主义方法的合理性，话语分析取得重大进步。

1990 年，在芬兰赫尔辛基举办的第 13 届国际计算机语言学会议确定的主题为"处理大规模真实文本的理论、方法与工具"，此后，自然语言处理的研究重心开始转向大规模真实文本。1994—1999 年，经验主义空前繁荣，诸如句法剖析、词类标注、话语处理的算法几乎把"概率"和"数据"作为标准方法，成为自然语言处理的主流。

20 世纪 90 年代，两件事的发展促进了自然语言处理研究的复苏和发展：①计算机的运行速度和存储量大幅增加，改善了自然语言处理的物质基础，使得语音和语言处理的商品化发展成为可能；②Internet 商业化和网络技术的发展使得基于自然语言处理的信息检索和信息抽取需求更加突出。这些都促使自然语言处理的需求愈加迫切，而且应用领域也不再局限于机器翻译、语音控制等。

20 世纪 90 年代末到 21 世纪初，人们逐渐意识到自然语言处理仅是基于规则或统计的方法是不够的。与此同时，基于统计、实例和规则的语料库的技术开始发展，各种处理技术开始融合，自然语言处理的研究再次繁荣。

3．突飞猛进期（2000 年至今）

21 世纪以后，自然语言处理进入突飞猛进期。2006 年，第一个多层神经网络算法——深度学习，在一定程度上解决了人类处理"抽象概念"的难题。目前，深度学习在机器翻译、问答系统等多个自然语言处理任务中都取得了很好的成绩。

作为人工智能的重要研究领域，深度学习未来必将在自然语言处理领域发挥日益重要的作用。

1.3　自然语言处理相关知识的构成

为了更好地理解自然语言处理的概念、学习自然语言处理技术，这里简单介绍一下自然语言处理领域的一些基础术语和知识结构。

1.3.1　基础术语

1. 分词（Segment）

分词的准确度直接决定了自然语言处理后续的词性标注、句法分析、词向量以及文本分析的质量。词是最小的、能够独立活动的、有意义的语言成分，英文单词之间以空格作为分界符，除了某些特定词，如 how many，New York 等，大部分情况下不需要考虑分词问题；而中文以字为基本书写单位，天然缺少分隔符，需要读者自行分词和断句。因此，同样存在分词的需求，但中文词语组合繁多，分词很容易产生歧义。中文分词一直以来都是自然语言处理的一个重点，也是一个难点。中文分词的难点主要集中在分词标准、切分歧义和未登录词三部分。

本书主要学习针对中文的自然语言处理技术，后面的相关术语也主要从中文自然语言处理出发进行讲解。

2. 词性标注（Part-of-Speech Tagging）

在自然语言处理中，词性标注属于基础性的模块，其可为句法分析、信息抽取等工作打下基础。其中，词性一般指动词、名词、形容词、代词等，而标注是为了表征词的一种隐藏状态。和分词一样，中文词性标注也存在着较多难点，如一词多词性、未登录词处理等诸多问题。通过基于字符串匹配的字典查询算法和基于统计的词性标注算法，可以很好地解决这些问题。一般情况下，需要先将语句进行分词，然后进行词性标注，如图 1-8 的例子所示。

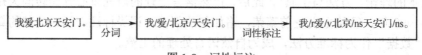

图 1-8　词性标注

其中：

我/r 代表代词；

爱/v 代表动词；

北京/ns 和天安门/ns 代表名词；

r、v、ns 都是标注。

3. 命名实体识别（Named Entity Recongnition，NER）

命名实体是指从文本中识别具有特定类别的实体，例如人名、地名、专有名词等，是信息提取、问答系统、句法分析、机器翻译等应用领域的重要基础工具，在自然语言处理技术走向实用化的过程中占有重要的地位。

一般来说，命名实体识别的任务就是识别出待处理文本中的 3 个大类：实体类、时间类和数字类；7 个小类：人名、机构名、地名、时间、日期、货币和百分比。

4．句法分析（Syntax Parsing）

句法分析是自然语言处理中的关键技术之一，是对输入的文本句子进行分析以得到句子的句法结构，并解析句子中各个成分之间的依赖关系。例如，"小明是小华的哥哥"和"小华是小明的哥哥"这两句话的结构虽相同，但是句法分析出其中的主从关系是不同的。

对句法结构进行分析，一方面是语言理解的自身需求，另一方面也为其他自然语言处理任务提供支持。

5．指代消解（Anaphora Resolution）

指代消解是自然语言处理的一大任务，它是信息抽取不可或缺的部分。在信息抽取过程中，用户关心的事件和实体间语义关系经常散布于文本的不同位置，同一实体可以有多种不同的表达方式。为了更准确且没有遗漏地从文本中抽取相关信息，必须先对文章中的指代现象进行消解。指代消解不但在信息抽取中起着重要的作用，在机器翻译、文本摘要和问答系统等应用中也极为关键。

例如，在语句"指代消解是自然语言处理的一大任务，它是信息抽取不可或缺的部分。"中，代词它指代的就是自然语言处理，但是我们一般不会再重复使用。

6．情感识别（Emotion Recognition）

计算机对从传感器采集来的信号进行分析和处理，从而得出对方的情感状态，这种行为被称为情感识别。情感识别，本质上是分类问题。人类的情感一般分为两类：正面、负面，当然也可以再加上中性类别。情感识别常用来分析电商网站商品评价的好坏，以便于商家及时发现并解决问题。

7．自动纠错（Automatic Correction）

自动纠错在搜索技术和输入法中应用得比较多，通常是由用户输入出错引发的。如图 1-9 所示，使用百度搜索"自然预言处理"，结果却是"自然语言处理"相关内容，这便是百度自动纠错的体现。

图 1-9　百度搜索的自动纠错

1.3.2　知识结构

自然语言处理作为一门综合学科，涉及知识包括语言学、统计学、最优化理论、机器学习、深度学习以及相关理论模型。现简单罗列其涉及的知识体系，如图1-10所示。

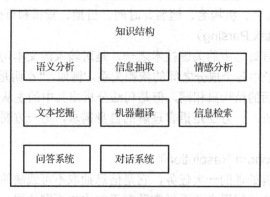

图 1-10　自然语言处理涉及的知识体系

语义分析：对目标语句进行分词、词性标记、命名实体识别与句法分析等操作，属于自然语言理解任务。

信息抽取：抽取目标文本的主要信息。例如，从一条新闻中抽取关键信息为：谁、于何时、为何、对谁、做了何事、产生了什么结果。关键词抽取涉及实体识别、时间抽取、因果关系抽取等多项技术。

情感分析：抽取情感评论文本中有意义的信息单元，并提炼出对情感分析有贡献的词或短语元素，进行归纳和推理。其结果对特征降维、提高系统性能有重要的作用。

文本挖掘：主要包括对目标文本集的聚类、分类、信息提取、情感分析等处理，以及对挖掘出来的信息的可视化、交互式的展示。

机器翻译：将输入的语言文本转化为另一种语言的文本的技术。根据输入数据类型的不同，可细分为文本翻译、语音翻译、手语翻译、图形翻译等。

信息检索：从大规模的文档中获取最符合规则或者需要的信息。可以简单对文档中的词汇根据具体场景赋以不同的权重来建立索引（也可用算法模型）。查询时，对输入进行分析，然后在索引中查找匹配的候选文档，再根据具体排序机制对候选文档排序，输出得分最高的文档。

问答系统：信息检索系统的一种高级形式，它能用准确、简洁的自然语言回答用户用自然语言提出的问题。系统需要对查询语句进行语义分析，形成逻辑表达式，然后到知识库中匹配可能答案并通过具体排序机制找到最佳回答。

对话系统：机器和用户进行聊天、回答、完成任务等工作的系统，涉及用户意图理解、通用聊天引擎、问答引擎、对话管理等技术。同时，为体现上下文相关系统，对话系统还应具备多轮对话能力。此外，为体现系统个性化，该系统还需基于用户画像进行个性化回复。

1.4　探讨自然语言处理的几个层面

自然语言处理技术层次划分方式很多，本书所探讨的自然语言处理大致可划分为以下三个层面。

1．词法分析

词法分析包括分词、词性标注、命名实体识别和词义消歧等。其中，分词和词性标注易于理解；命名实体识别是识别句子中的人名、地名和机构名称等命名实体，每个命名实体都由一个或多个词语构成；词义消歧是根据句子上下文语境来判断出每个或某些词语的真实意思。

2. 句法分析

句法分析是将输入的文本以句子为单位进行分析，使得句子从序列形式变成树状结构，从而可以捕捉到句子内部词语之间的搭配或者修饰关系。这一步是自然语言处理中关键的一步，是对语言进行深层次理解的基石。句法分析一方面可以帮助理解句子含义，另一方面也为更高级的自然语言处理任务提供支持（如机器翻译、情感分析等）。

图 1-11 所示为目前自然语言处理研究界存在的三种主流的句法分析方法。

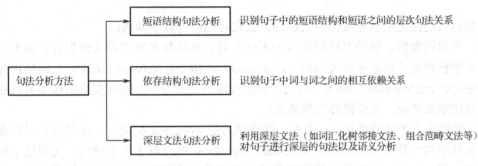

图 1-11　三种主流的句法分析方法

图中，依存结构句法分析属于浅层句法分析，其实现过程相对简单且适合在多语言环境下使用，但是该句法分析法能提供的信息相对较少。依存结构句法分析语法表示形式简洁，易于理解和标注，可以很容易地表示词语之间的语义关系，如句子成分之间可以构成施事、受事、时间等关系。这种语义关系可以很方便地应用于语义分析和信息抽取等方面。深层文法句法分析可以提供丰富的语法和语义信息，但采用的文法相对复杂，不太适合处理大规模数据。短语结构句法分析介于两者之间。

句法分析得到的句法结构可以帮助上层的语义分析以及一些应用，如机器翻译、问答、文本挖掘、信息检索等。

3. 语义分析

语义分析的最终目的是理解句子表达的真实语义。但是，用什么形式来表示语义一直没有能够得到很好的解决。

语义角色标注是比较成熟的浅层语义分析技术。如给定句子中的一个谓词，语义角色标注的任务就是从句子中标注出这个谓词的施事、受事、时间、地点等参数。语义角色标注一般都在句法分析的基础上完成，句法结构对于语义角色标注的性能至关重要。基于逻辑表达的语义分析也受到了长期关注。

出于机器学习模型复杂度和效率考虑，自然语言处理系统一般采用分词、词性标注、句法分析、语义分析分别训练模型的级联方式进行。使用过程中，对给定输入句子逐一使用各模块分析，得到最终结果。近年来，研究者们也提出了很多联合模型，用于将多个任务联合学习和解码。

以上三个层面具体的相关技术，将在本书后面章节详细介绍。

1.5　自然语言处理与人工智能

自然语言处理是计算机领域和人工智能领域的一大分支，它推动着语言智能的持续发展和突破，并越来越多地应用于各个行业。人工智能自 1995 年在达特茅斯特会议上被提出后，先后经历了三次浪潮：①20 世纪 70 年代，第一次浪潮破灭，人工智能进入沉寂；②1990 年，人工智能迎来第二次浪潮，但随着自称能自主学习的第五代计算机研究的失败，人工智能再次沉寂；③2008 年左右，深度学习引领人工智能进入第三次浪潮。自此，广大研究者们也开始将深度学习方法引入自然语言处理领域，并在机器翻译、问答系统等方向获得了巨大的成功。

自然语言处理之所以能取得巨大成功，大致可归结为以下两点：

（1）海量的数据。随着互联网领域的不断发展，存储技术得到极大的提升，很多应用积累的大量数据可用于以卷积神经网络（Convolutional Neural Network，CNN）、循环神经网络（Recurrent Neural Network，RNN）为代表的深度模型的学习中。这些复杂的模型可以更好地贴近数据的本质特征，从而提高预测效果。

（2）深度学习算法的革新。一方面，深度学习的 word2vec 的问世，使得我们可以将词表示为更加低维的向量空间。相对于 One-hot，word2vec 既缓解了语义鸿沟，又降低了输入特征的维度。另一方面，深度学习模型很灵活，其可使以前的很多任务（如机器翻译）可以使用端到端方式进行训练，整个系统不再是一个整体，这样就可以在一定程度上减少每个模块误差依次传递到下一个模块，从而导致不可控情况的发生。

深度学习在自然语言处理中取得了巨大的成绩，当然也伴随着很多挑战。首先，除常见的文本，语音和图像也属于自然信号，而自然语言是人类知识的抽象表示，因此深度学习还未能解决自然语言处理的所有问题。其次，人类的表达受到很多背景知识的影响（如下文会受到上文内容的影响），真正获取到的自然语言有时会非常简洁，而文本携带的信息有一定的局限性，因此在进行自然语言处理时，势必会遇到很多困难。

自然语言处理在过去的几十年中不断发展，在很多领域都取得了巨大的成就。随着数据的积累以及云计算、芯片技术和人工智能的发展，自然语言处理势必会越来越智能化。另外，随着人工智能各分支领域研究的细化，每个方向也越来越难有跨越式发展。因此，跨领域研究整合将会是自然语言处理的发展方向。例如，自然语言处理整合视觉、触觉，便是人工智能领域的语音识别和图像识别。

第2章 Python 基础

本章将为读者介绍 Python 的基础知识，以及一些科学计算库、模块、框架、工具箱的使用方法。其中，正则表达式及 Numpy 等均是自然语言处理的有效工具，正确使用这些技术以及算法是高效地实现自然语言处理的前提。

2.1 搭建 Python 开发环境

Python 开发环境可以使用 Anaconda 搭建，因此我们首先简要介绍 Anaconda，然后介绍其下载与安装。

2.1.1 Python 的科学计算发行版——Anaconda

提及自然语言处理的相关技术，大多数人都会犹豫到底选用哪种编程语言才能达到最佳的效果，有人认为传统的 Java 或者当下较为流行的 Scala 可能是实现自然语言处理的最佳选择，而本书选用 Python 作为实现自然语言处理的基础语言。对于我们当今的工作或者学习来说，Python 具有以下几大优点：

（1）语言较为简单，易于理解；

（2）提供了较为丰富的自然语言处理库；

（3）提供了较为丰富的科学计算相关的库。

通常情况下，可以登录 Python 的官方网站进行选择下载。然而，对于初学者来说，我们推荐大家直接安装 Anaconda，因为 Anaconda 涵盖了大部分我们所需要的库。此外，Anaconda 可以快速安装、运行和升级各种 Python 包及其依赖项，如果需要的包要求不同版本的 Python，可以使用 Anaconda 在计算机中便捷地创建、保存、加载和切换环境，使用起来非常方便、易上手。

Anaconda 作为 Python 的发行版，支持 Windows、Linux 以及 Mac 系统，其主要的功能是进行相关的科学计算。此外，在进行数据科学的工作或者学习时，使用 Anaconda 可以轻松、简单地安装各种经常使用的第三方包。如果同时处理多个项目，Anaconda 也提供了相应的虚拟环境。总而言之，Anaconda 为项目开发提供了方便，也在很大程度上简化了多个项目并行处理的工作流程，同时解决了 Python 多版本和多个包之间的很多问题。例如，对于 Python 的两个版本 Python 2.x 和 Python 3.x，目前仍有部分第三方库不支持 Python 3.x 版本，仅支持 Python 2.x 版本。

可能有些读者的计算机当中已经安装了 Python，而且会有这样的疑问：是否还需要继续安装 Anaconda。这里个人给出以下解释：建议安装。原因之一，当读者进行数据处理时，可能会使用到 Anaconda 所涵盖的大量数据科学包，此时，无须使用 Python 自带的 pip 相关命令进行再次安装，可以直接导入并且使用。原因之二，相比于 Python 自带的 pip 命令，Anaconda 自带的类似 conda 命令可进行环境和第三方包的管理，以便解决在数据处理的过程中可能存在的 Python 版本和使用到的多个包之间的问题。以下介绍 conda 的相关命令。

conda 的使用及其功能与 pip 的较为相似，不同的是 pip 的使用相对广泛，而 conda 的使用则更多地倾向于数据科学方面。另外，pip 是为 Python 量身定制的，而 conda 除了可以安装 Python 包，还可以安装非 Python 包，它是任意软件堆栈的包管理器。然而，Anaconda 的发行版和 conda 也不能获取所有的 Python 库，因此，在有些时候，pip 和 conda 之间的关系又是相辅相成的。此外，conda 可安装预编译的软件包。例如，Anaconda 的发行版本身自带由 MKL 库编译的 Scipy、Numpy 以及 Scikit-learn，这些库加快了各种数学操作的速度，但是这些软件都是由其供应商来维护的，这也就意味着这些软件的版本低于当前官方的最新版本。反过来说，对于需要更多的系统构建软件的客户来说，软件包的稳定性和方便使用的特性才是客户需要的。

可以看出，conda 的另一个功能就是对于环境和包的管理，其作用是可以在计算机上进行库和其他软件的安装。这些操作均是通过 conda 命令来完成的，若读者觉得使用命令较为困难，可以参考面向 Windows 的命令提示符教程，也可以进一步学习面向 Linux/OSX 用户的 Linux 命令行基础知识课程。

Anaconda 安装完成后，环境和包的管理便更加的简单、容易。若要安装包，则可以打开终端输入以下命令进行相应包的安装：conda install package_name。如安装 Scipy，打开终端并且输入命令：conda install Scipy，便可以进行 Scipy 的安装。

如果需要同时安装多个包，输入类似于 conda install Scipy Numpy Pandas 的命令则可实现。也可以对想要安装的包进行更加具体的设置，如通过添加相应包的版本号来设定所需安装的包的版本号（如 conda install Numpy=1.18.3）。

conda 也会自动地安装用户所需要的依赖项。例如，Scipy 依赖于 Numpy，因为 Scipy 使用并且需要 Numpy。因此，如果用户事先没有进行 Numpy 的安装，输入命令 conda install Scipy 并且执行，此时，除了安装 Scipy，conda 还会进行 Numpy 的安装。

此外，大部分的命令还是很直观的。如安装完相应的包后发现需要卸载，使用命令 conda remove package_name 即可完成卸载。又如某些包需要更新版本，使用命令 conda update package_name 即可实现。如果环境当中的所有包均需要更新到最新版本，则可以使用命令 conda update --all 来实现。最后，使用命令 conda list 可以查看使用 conda 命令已经安装的包。

conda search search_term 可以帮助读者实现在不知道所需要查找包的准确名称的前提下进行搜索。例如，需要安装 Numpy 却不确定 Numpy 包的具体名称，此时可以尝试执行以下命令进行搜索：conda search Numpy，如图 2-1 所示。

注意：基本上所有的第三方包以及工具都被 conda 看作 package（包），所以，conda 可以挣脱环境管理和包管理的束缚，使得各种 package 和各种版本的 Python 的安装能够高效地完成，并且来回切换自如。

conda 不仅提供包管理和环境管理，其还是虚拟环境的管理器。作为环境管理器，conda 的使用和功能均类似于目前较为流行的环境管理器 pyenv 和 virtualenv。

环境可以用于不同项目的包，开发过程中常常要使用依赖于某个库的不同版本的代码。例如，项目的代码可能使用了 Numpy 中的新功能，或者使用了已删除的旧功能。实际上，不可能同时安装两个版本的 Numpy。因此，需要为每个 Numpy 版本都创建一个环境，然后在对应的环境中工作。这里再补充一下，每个环境都是相互独立、互不干预的。

在自然语言处理的相关工作中，有大量的安装包需要安装后使用，Anaconda 的出现直接集成了这些安装包，无须一个一个安装，从而极大地简化了包安装与管理的流程。

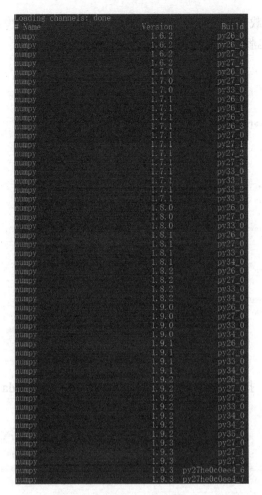

图 2-1 通过 conda 搜索 Numpy

2.1.2 Anaconda 的下载与安装

图 2-2 是 Anaconda 的下载页面。从图 2-2 中可以看出，当前 Anaconda 所包含的 Python 版本是 3.8，本书当中的 Python 版本是 3.6.5，所对应的 Anaconda 版本是 3-5.2.0，因此需要下载 Anaconda3-5.2.0。此外，还需要根据所使用的操作系统进行不同环境下安装包的下载，本书以 Linux 操作系统为例进行讲解，因此这里下载 Linux 对应版本的 Anaconda 安装包。

Anaconda Installers

Windows	MacOS	Linux
Python 3.8	Python 3.8	Python 3.8
64-Bit Graphical Installer (466 MB)	64-Bit Graphical Installer (462 MB)	64-Bit (x86) Installer (550 MB)
32-Bit Graphical Installer (397 MB)	64-Bit Command Line Installer (454 MB)	64-Bit (Power8 and Power9) Installer (290 MB)

图 2-2 Anaconda 的下载页面

如果 Anaconda 的下载速度过慢，可以从清华大学开源软件镜像站下载地址中选择 Linux 系统以及所需要的安装包版本进行下载，如图 2-3 所示。

图 2-3　清华大学开源软件镜像站

安装包下载完成后，打开终端并使用 cd 命令进入到 Anaconda 安装包的所在位置，如图 2-4、图 2-5 所示。

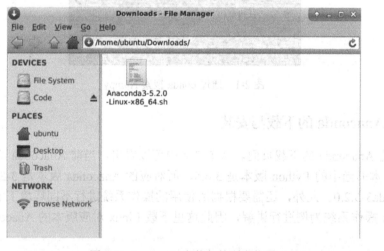

图 2-4　Anaconda 安装包的所在位置

```
ubuntu@4d3397ad59b8:~/Desktop$ cd /home/ubuntu/Downloads/
ubuntu@4d3397ad59b8:~/Downloads$
```

图 2-5　进入到 Anaconda 安装包的所在位置

接着在终端输入以下命令：

```
bash Anaconda3-2019.10-Linux-x86_64.sh
```

Anaconda 的安装如图 2-6 所示，系统会提示相应的欢迎信息以及需要阅读的许可文件，按下回车键即可。

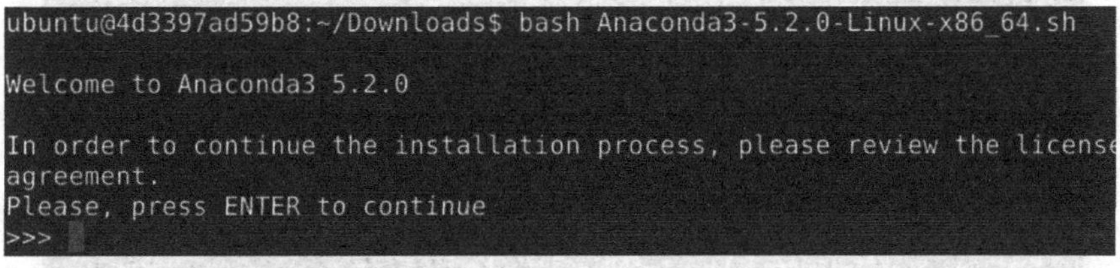

图 2-6　Anaconda 的安装

图 2-7～图 2-9 所示为 Anaconda 安装过程中的一些设置，读者可以根据需要进行选择。

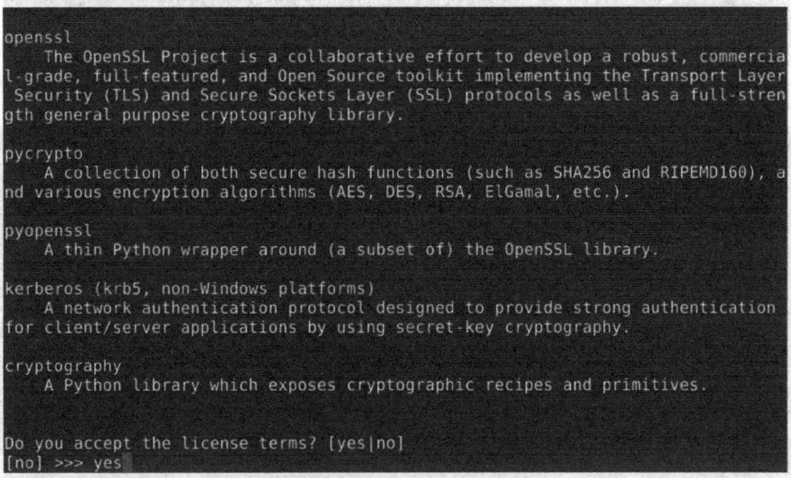

图 2-7　是否接受许可协议

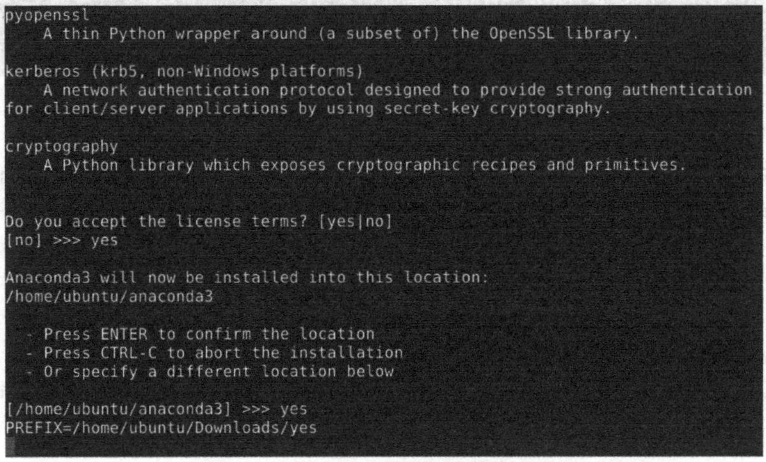

图 2-8　Anaconda 安装路径的设置

如图 2-10 所示，当出现"Thank you for installing Anaconda3！"的提示时，说明 Anaconda 安装成功。

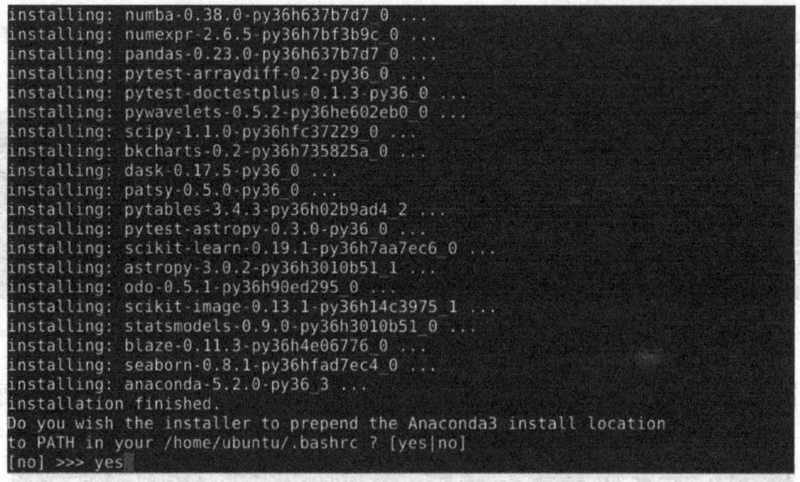

图 2-9　Anaconda 安装程序路径的设置

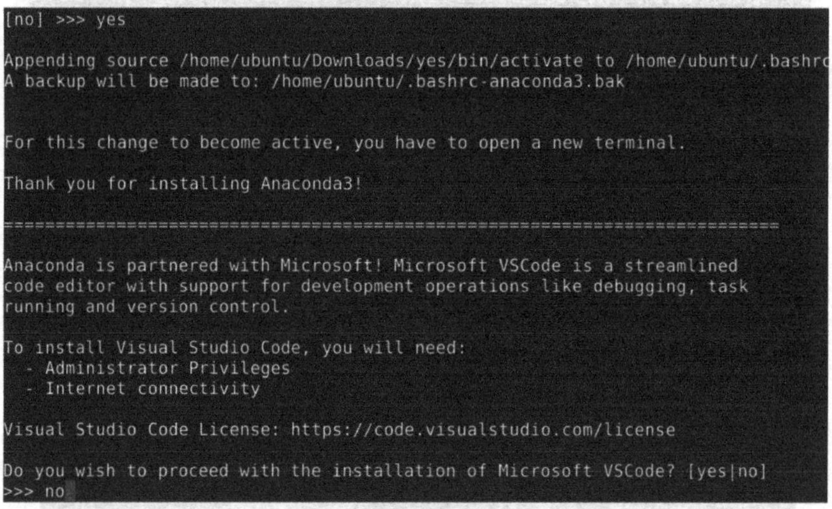

图 2-10　Anaconda 安装成功

在整个安装过程完成后，打开终端并且输入 Jupyter Notebook 可启动 Anaconda Notebook，同时在浏览器中会出现如图 2-11 所示的画面。

图 2-11　Jupyter Notebook 界面

单击图 2-11 右上角的"New"按钮，在下拉框中选择"Python 3"即可新建一个可编辑代码的页面。为了测试 Anaconda 成功安装及正确配置与否，可在网页窗口中"In [ ]"后面的编辑区域输入"a=1"，并单击运行按钮，运行结束的标志是"In [ ]"变成了"In [1]"，用于记录代码的行数。同理，输入"b=2"和"c=a+b"并且分别单击运行按钮，待出现"In [2]"和"In [3]"之后再次输入"print(c)"并单击运行按钮，此时数字"3"打印出来，表明 Anaconda 的环境成功部署，如图 2-12 所示。

图 2-12　环境测试界面

Jupyter Notebook 提供的功能之一就是可以让我们多次编辑 Cell（代码单元格）。在实际开发中，为了得到最好的效果，我们往往会对测试数据（文本）使用不同的技术进行解析与探索，因此 Cell 的迭代分析数据功能变得特别有用。

2.2　正则表达式在自然语言处理中的基本应用

正则表达式是一种特征序列，可定义某种搜索模式，其主要的功能是按照模式进行字符串的匹配，或者字符的模式匹配。近几年，伴随着互联网的迅猛发展以及计算机的迅速普及，海量的信息均以电子文档的形式呈现在人们眼前。一般情况下，自然语言处理所需要语料的来源分为两部分，一部分来自对 Web 网页的信息抽取，另一部分则来自文本格式的电子文档。Web 网页具有较强的开发价值，具备信息量大、价值高、时效性强以及结构稳定等特点；而文本格式的电子文档通常来自系统生成或者人工撰写，这意味着会有大量的结构化、半结构化以及非结构化等多种形式的文本。使用正则表达式可以将这些电子文档的内容从非结构化形式转换为结构化的形式，以便后续的文本挖掘等工作。

除了形式上的转换，正则表达式还有另一个用途——去除"噪声"。"噪声"指的是在进行大批量的文本片段处理时，有非常多的与最终输出文本没有关系的文字信息，如标点符号、语气助词、链接或者 URL（Uniform Resource Locator，统一资源定位符）等。

在众多处理自然语言的手段之中，正则表达式是最基本的，也是比较好用的手段之一，正确地学习并且熟练地掌握正则表达式在 Python 编程当中的应用，可以帮助我们在格式较为复杂的文本中抽取所需的文本信息。例如，抽取以下文本当中的年份信息时，由于每行时间信息的格式不同，使用 Python 所提供的字符串抽取的方法往往不能全部适用，此时可考虑使用正则表达式的方式来处理。

- "May 15，2019"
- "20/12/2020"
- "Spring 2020"

2.2.1　匹配字符串

在 Python 程序设计中,正则表达式是通过 re 模块来实现的。为了使读者更好地理解 Python 中正则表达式的使用,下面通过一系列具体的实例来说明。

以下实例使用了 re 模块中的 re.search(regex,string) 方法,该方法通过检查字符串 string 中是否存在正则表达式 regex,如果存在并且成功匹配,则表达式会返回一个 match 对象;否则,表达式返回 None。

以下文字信息中,句子与句子之间均以句号分开。

在自然语言处理中,情感分析是一段文字表达的情绪状态。其中,一段文本可以是一个句子、一个段落或者一个文档。情绪状态可以划分为两类,如正面、负面,喜悦、忧伤;也可以划分为三类,如积极、中性、消极等。情感分析被应用在大量的在线服务中,例如,电子商务,像淘宝、京东;公共服务,像携程、去哪儿网;以及电影评价,如豆瓣和欧美的 IMDb 等。

例 1:使用正则表达式提取含有关键字"情感"的句子。

对字符串进行遍历并且查找包含关键字"情感"的语句。Python 代码实现如下所示:

```
import re
text_string="在自然语言处理中,情感分析是一段文字表达的情绪状态。其中,一段文本可以是一个句子、一个段落或者一个文档。情绪状态可以划分为两类,如正面、负面,喜悦、忧伤;也可以划分为三类,如积极、中性、消极等。情感分析被应用在大量的在线服务中,例如,电子商务,像淘宝、京东;公共服务,像携程、去哪儿网;以及电影评价,如豆瓣和欧美的 IMDb 等。"
regex="情感"
p_string = text_string.split('。') #以句号为分隔符通过 split 切分
for line in p_string:
    if re.search(regex,line) is not None: """search 方法用于查找匹配当前行是否匹配该 regex,返回的是一个 match 对象"""
        print(line)#如果匹配到,打印这行信息
```

以上 Python 代码运行之后输出的最终效果为:

在自然语言处理中,情感分析是一段文字表达的情绪状态

情感分析被应用在大量的在线服务中,例如,电子商务,像淘宝、京东;公共服务,像携程、去哪儿网;以及电影评价,如豆瓣和欧美的 IMDb 等

例 2:使用正则表达式匹配任意一个字符。

在正则表达式中,保留了一些特殊的符号来帮助我们处理一些常见的逻辑。表 2-1 是匹配任意一个字符的符号,表 2-2 是举例说明该符号的使用。

表 2-1　匹配任意一个字符的符号

符　号	含　义
.	匹配任意一个字符

表 2-2　匹配任意一个字符的符号的使用

正则表达式	可以匹配的例子	不能匹配的例子
"a.c"	"abc","branch"	"add","crash"
"..t"	"bat","oat"	"it","table"

注意："."代表任意的单个字符（换行等除外）。

例如，查找"情"字与任意一个字组成的关键字所在的句子：

```
import re
text_string ="在自然语言处理中，情感分析是一段文字表达的情绪状态。其中，一段文本可以是一个句
子、一个段落或者一个文档。情绪状态可以划分为两类，如正面、负面，喜悦、忧伤；也可以划分为三类，
例如积极、中性、消极等。情感分析被应用在大量的在线服务中，例如，电子商务，像淘宝、京东；公共服
务，像携程、去哪儿网；以及电影评价，如豆瓣和欧美的 IMDb 等。"
regex = "情."
p_string = text_string.split('。') #以句号为分隔符通过 split 切分
for line in p_string:
    if re.search(regex,line)is not None: """search 方法用于查找匹配当前行是否匹配该 regex，返回的是
一个 match 对象"""
        print(line)#如果匹配到，打印这行信息
```

上述 Python 代码变化较小，仅修改 re.search(regex,string)方法中的参数 regex，由例 1 中的"情感"修改为"情."。经过对代码进行略微的修改后，会发现匹配到的文本信息比之前多了一行数据。原因是不仅匹配到了"情感"，同时也匹配到了"情绪"。其最终的输出效果如下：

```
在自然语言处理中，情感分析是一段文字表达的情绪状态

情绪状态可以划分为两类，如正面、负面，喜悦、忧伤；也可以划分为三类，如积极、中性、消极等

情感分析被应用在大量的在线服务中，例如，电子商务，像淘宝、京东；公共服务，像携程、去哪儿
网；以及电影评价，如豆瓣和欧美的 IMDb 等
```

例 3：使用正则表达式匹配起始字符串和结尾字符串。

匹配起始字符串和结尾字符串的符号及其含义如表 2-3 所示。

表 2-3　匹配起始字符串和结尾字符串的符号及其含义

符　号	含　义
^	匹配起始字符串
$	匹配结尾字符串

为了便于理解，对表 2-3 做以下解释："^a"表示的是匹配所有以字母 a 开头的字符串；"a$"表示的是匹配所有以字母 a 结尾的字符串。

下面以上述字符串为例，具体演示如何查找以"情感"这两个字作为开头的句子。其 Python代码如下：

```
import re
text_string="在自然语言处理中，情感分析是一段文字表达的情绪状态。其中，一段文本可以是一个句
子、一个段落或者一个文档。情绪状态可以划分为两类，如正面、负面，喜悦、忧伤；也可以划分为三类，
如积极、中性、消极等。情感分析被应用在大量的在线服务中，例如，电子商务，像淘宝、京东；公共服务，
像携程、去哪儿网；以及电影评价，如豆瓣和欧美的 IMDb 等。"
regex = "^情感"
p_string = text_string.split('。')
for line in p_string:
```

```
        if re.search(regex,line) is not None:
            print(line)
```

输出结果为：

情感分析被应用在大量的在线服务中，例如，电子商务，像淘宝、京东；公共服务，像携程、去哪儿网；以及电影评价，如豆瓣和欧美的 IMDb 等

例 4： 使用正则表达式匹配多个字符。

匹配多个字符的符号及其含义如表 2-4 所示。

表 2-4　匹配多个字符串的符号及其含义

符　　号	含　　义
[]	匹配多个字符

为了便于理解，对表 2-4 做以下解释："[bcr]at"表示匹配"bat""cat"以及"rat"。
需要处理的文字信息如下所示，句子与句子之间使用句号作为分隔。

[重要的]隆重举行庆祝第 36 个教师节暨表彰大会。
辽宁科技学院举行"弘扬抗疫精神 立志成才报国"主题升旗仪式。
[紧要的]各大高校召开 2020 年秋季教学工作会议。

需要实现的功能是：提取以[重要的]或者[紧要的]开头的新闻标题。具体的 Python 代码如下所示：

```
import re
text_string = ["[重要的]隆重举行庆祝第 36 个教师节暨表彰大会","辽宁科技学院举行"弘扬抗疫精神 立志成才报国" 主题升旗仪式。","[紧要的]各大高校召开 2020 年秋季教学工作会议"]
regex = "^\[[重紧]..\]"
for line in text_string:
    if re.search(regex,line)is not None:
        print(line)
    else:
        print("not match")
```

以上代码的实现过程为：首先观察数据集会发现部分新闻标题是以"[重要的]"或者"[紧要的]"作为开端，因此需要添加表示起始的特殊符号"^"；之后由于"[重要的]"或者"[紧要的]"为"重"或者"紧"，所以需要使用"[]"进行多个字符的匹配；随后的".."表示的是跟随其后的两个任意的字符。因此上述代码运行之后，能正确地完成所需新闻标题的提取，其效果如下所示：

[重要的]隆重举行庆祝第 36 个教师节暨表彰大会
not match
[紧要的]各大高校召开 2020 年秋季教学工作会议

2.2.2　使用转义符

以上代码使用了转义符"\"，原因是"[]"在正则表达式中是特殊的符号。
与其他的编程语言一样，"\"在正则表达式中作为转义字符，如此一来就有造成反斜杠歧义的可能。假设需要对文本中的字符"\"进行匹配，使用计算机语言完成正则表达式的表

示则需要 4 个反斜杠 "\"，前两个反斜杠和后两个反斜杠分别用于在计算机语言里转义成反斜杠，转换成两个反斜杠后再使用正则表达式转换成一个反斜杠。而 Python 中的原生字符串可以很好地解决该问题，如上述例子中的正则表达式可以使用 r "\" 表示。同理，r "\d" 表示的是匹配一个数字的 "\d"。Python 的原生字符串可以解决很多问题，如检查是否漏写了反斜杠以及查看反斜杠是否匹配。此外，使用 Python 的原生字符串，书写也比较直观。

为了更便于理解，下面以实例进行说明，如下所示：

```
import re
if re.search("\\\\","you are b\eautiful")is not None:
    print("match it")
else:
    print("not match")
```

上述代码的运行效果为：

```
match it
```

由以上的实例可知，使用正则表达式可以实现对字符串 "you are b\eautiful" 中的反斜杠进行匹配。Python 中提供了更为简洁的代码书写方式：

```
import re
if re.search(r"\\","you are b\eautiful")is not None:
    print("match it")
else:
    print("not match")
```

可见，在之前的代码上面添加一个 "r"，可实现同样的功能，同时也不需要检查是否漏写了反斜杠，其运行结果同上。

2.2.3 抽取文本中的数字

1．通过正则表达式匹配年份

"[0-9]" 表示的是从 0～9 的所有数字，同理，"[a-z]" 表示的是从 a～z 的所有小写字母。下面通过一个小的实例来具体介绍一下如何使用正则表达式匹配年份数据。

首先需要定义一个列表，并将列表分配给一个变量 strings，匹配年份的范围是 1000～2999 年。具体的实现代码如下：

```
import re
year_strings = []
strings = ['October 2, 2018','On May 2, 2020, I was awarded the Best Individual Award',
        '342 students chose to take the postgraduate entrance examination this year']
for string in strings:
    if re.search('[1-2][0-9]{3}',string): #字符串有英文及数字，匹配其中的数字部分，并且是在 1000～
2999，{3}代表重复[0-9]三次，是[0-9][0-9][0-9]的简化写法
        year_strings.append(string)
print(year_strings)
```

上述代码的运行效果为：

```
['October 2, 2018', 'On May 2, 2020, I was awarded the Best Individual Award']
```

2．抽取所有的年份

Python 中的模块 re 还有另外一个方法——findall()，该方法的功能是返回所有与正则表达式匹配的部分字符串。例如，re.findall("[a-z]","ksh468")返回的结果是["k","s","h"]。

假设有一个字符串 years_string，其具体内容为"I got a bachelor's degree in 2008, and I graduated with a master's degree in 2011"。现对该字符串使用正则表达式，以实现所有年份数据的抽取操作。具体的 Python 代码如下所示：

```
import re
years_string = "I got a bachelor's degree in 2008, and I graduated with a master's degree in 2011"
years = re.findall("[2][0-9]{3}",years_string)
print(years)
```

以上抽取年份数据代码运行的最终效果为：

```
['2008', '2011']
```

2.3 Numpy 使用详解

Numpy 的全称是 Numerical Python，作为高性能的数据分析以及科学计算的基础包，Numpy 提供了矩阵科学计算的相关功能。Numpy 提供的功能具体如下：

（1）数组数据快速进行标准科学计算的相关功能。

（2）线性代数、傅里叶变换和随机数的相关功能。

（3）ndarray——一个具有向量算术运算和复杂广播能力的多维数组对象。

（4）用于读写磁盘数据的工具以及用于操作内存映射文件的工具。

（5）集成 Fortran 以及 C/C++代码的工具。

上述所提及的"广播"可以理解为：当存在两个不同维度的数组（array）进行科学运算时，由于 Numpy 运算时需要相同的结构，因此可以复制低维数组，使其升到高维，然后再进行运算。

除了提供矩阵科学计算的相关功能，Numpy 也可以作为通用数据的高效多维容器，可以用来定义任何数据类型。这些功能使得 Numpy 能够更加快速地、无缝地与各种数据库集成。

在进行自然语言的相关处理前，需要将文字（中文或其他语言）转换为计算机易于理解、易于识别的向量，即把对文本内容的处理简化为向量空间中的向量运算。基于向量运算，我们就可以实现文本语义相似度、特征提取、情感分析、文本分类等功能。

2.3.1 创建数组

ndarray 作为 Numpy 中最为核心的数据结构，代表的是多维数组，而数组指数据的集合。为了方便理解，举例如下。

（1）假设存在一个班级，班级里所有学生的学号可以通过一个一维数组来表示：数组名为 A，存储的是数值类型的数据，分别是 20152011，20152012，20152013，20152014，如表 2-5 所示。

表 2-5　数组 A 中存储的数据

索　引	学　号
0	20152011
1	20152012
2	20152013
3	20152014

其中，A[0]代表第一个学生的学号 20152011，A[1]代表第二个学生的学号 20152012，以此类推。

（2）一个班级里学生的学号和姓名可以用二维数组来表示：数组名设为 B，如表 2-6 所示。

表 2-6　数组 B 中存储的数据

姓　　名	学　　号
20152011	Jill
20152012	Amy
20152013	Ada
20152014	Lucy

同理，在二维数组 B 中，B[0,0]代表 20152011（学号），B[0,1]代表 Jill（学号为 20152011 的学生的名字），以此类推，B[1,0]代表 20152012（学号）等。

按照线性代数的说法，一维数组通常称为向量（vector），二维数组通常称为矩阵（matrix）。

如果按照 2.1.2 小节的步骤安装了 Anaconda，则默认情况下 Numpy 已经在库中了，不需要额外安装。下面通过编写一段代码，对 Anaconda 以及 Numpy 进行简单的测试。

（1）在 Anaconda 中输入以下语句并且运行，如果没有出现任何报错信息，则说明 Anaconda 以及 Numpy 是正常安装并且配置的。

```
import numpy as np
```

以上可简单地解释为：通过关键字 import 导入 Numpy 库，并为方便书写，也为了后续编写代码时能够方便引用，在此通过 as 为其取一个别名 np。

（2）使用 Numpy 库中的 array()方法实现向量的直接导入，具体代码如下：

```
vector = np.array([20152011,20152012,20152013,20152014])
```

（3）使用 numpy.array()方法也可以实现矩阵的直接导入，具体代码如下：

```
matrix = np.array([[20152011,'Jill'],[20152012,'Amy'],[20152013,'Ada'],[20152014,'Lucy']])
```

此时使用 Python 语句：

```
print(matrix)
```

运行的结果为：

```
[['20152011' 'Jill']
 ['20152012' 'Amy']
 ['20152013' 'Ada']
 ['20152014' 'Lucy']]
```

2.3.2 获取 Numpy 中数组的维度

在介绍本节内容之前，先介绍一下 Numpy 中的一个方法 arange(n)，其功能是生成一个从 0～n-1 的数组。例如，np.arange(16)，其返回的结果是 array([0,1,2,3,4,5,6,7,8,9,10,11,12,13,14,15])。

在此基础上使用 Numpy 中的 reshape(row,column)方法，可自动构架一个多行多列的 array 对象。例如，输入：

```
import numpy as np
data = np.arange(16).reshape(4,4)   #代表 4 行 4 列
print(data)
```

结果如下：

```
[[ 0    1    2    3]
 [ 4    5    6    7]
 [ 8    9    10   11]
 [12   13   14   15]]
```

有了这些对数据进行基本操作的方法后，可以使用 Numpy 所提供的 shape 属性来获取 Numpy 数组的维度。

```
print(data.shape)
```

此时可以得到返回的结果如下，其数据结构是一个元组（tuple），第一个 4 代表 4 行，第二个 4 代表 4 列。

```
(4, 4)
```

2.3.3 获取本地数据

本节介绍使用 Numpy 中的 genfromtxt()方法来读取本地的数据集。可使用以下 Python 代码实现数据集的读取操作：

```
import numpy as np
nf1 = np.genfromtxt("/home/ubuntu/crimeRatesByState2005.csv",delimiter=",")
print(nf1)
```

输出结果前几行的展示如下：

```
[[            nan            nan            nan            nan
             nan            nan            nan            nan
             nan]
 [           nan 5.60000000e+00 3.17000000e+01 1.40700000e+02
   2.91100000e+02 7.26700000e+02 2.28630000e+03 4.16700000e+02
   2.95753151e+08]
 [           nan 8.20000000e+00 3.43000000e+01 1.41400000e+02
   2.47800000e+02 9.53800000e+02 2.65000000e+03 2.88300000e+02
   4.54504900e+06]
 [           nan 4.80000000e+00 8.11000000e+01 8.09000000e+01
   4.65100000e+02 6.22500000e+02 2.59910000e+03 3.91000000e+02
   6.69488000e+05]
```

```
[            nan 7.50000000e+00 3.38000000e+01 1.44400000e+02
 3.27400000e+02 9.48400000e+02 2.96520000e+03 9.24400000e+02
 5.97483400e+06]
[            nan 6.70000000e+00 4.29000000e+01 9.11000000e+01
 3.86800000e+02 1.08460000e+03 2.71120000e+03 2.62100000e+02
 2.77622100e+06]
[            nan 6.90000000e+00 2.60000000e+01 1.76100000e+02
 3.17300000e+02 6.93300000e+02 1.91650000e+03 7.12800000e+02
 3.57952550e+07]]
```

Numpy 数组中的数据必须是相同的数据类型，如整型（int）、字符串类型（string）、布尔类型（bool）以及浮点型（float）。Numpy 具备自动识别数组内对象类型的功能，也可以使用 Numpy 数组所提供的 dtype 属性来获取对应数据的类型。

2.3.4　正确读取数据

在 2.3.3 节中，读取本地数据到 Numpy 的数组对象（ndarray）的数据存在数据类型为 nan（not a number）的情况，其实还有另外一种情况是 na（not available），出现前者的原因是数据类型转换出错，而后者是因为读取的数值本身是空的、不存在的。对于第一种情况，可以使用 Numpy 中的 genfromtxt()方法来实现数据类型的转换。genfromtxt()方法的参数有两个：①dtype 关键字的值应设定为"U75"，代表每个值都是 75 字节的 unicode；②skip_header 关键字的值可以设置为整数，这个参数的功能是跳过文件开头对应的行数之后执行任何其他操作。

读取数据实例如下：

```
import numpy as np
nfl = np.genfromtxt("/home/ubuntu/crimeRatesByState2005.csv",dtype='U75',skip_header=1,delimiter=",")
print(nfl)
```

以上代码运行结果的前几行如下：

```
[['United States' '5.6' '31.7' '140.7' '291.1' '726.7' '2286.3' '416.7' '295753151']
 ['Alabama' '8.2' '34.3' '141.4' '247.8' '953.8' '2650' '288.3' '4545049']
 ['Alaska' '4.8' '81.1' '80.9' '465.1' '622.5' '2599.1' '391' '669488']
 ['Arizona' '7.5' '33.8' '144.4' '327.4' '948.4' '2965.2' '924.4' '5974834']
 ['Arkansas' '6.7' '42.9' '91.1' '386.8' '1084.6' '2711.2' '262.1' '2776221']
 ['California' '6.9' '26' '176.1' '317.3' '693.3' '1916.5' '712.8' '35795255']
```

2.3.5　Numpy 数组索引

与 list 类似，Numpy 同样支持相关的定位操作。例如：

```
import numpy as np
matrix = np.array([[4,5,6],[7,8,9]])
print(matrix[1,2])
```

其执行结果如下：

9

关于该结果的解释为：在 matrix[1,2]中，第一个参数 1 代表行数，在 Numpy 中第一行/列从 0 开始，所以参数为 1 表明指向第二行；第二个参数 2 代表列，即指向第三列。最终的结果就是第二行第三列所对应的数值，即 9。

2.3.6 Numpy 数组切片

与 list 类似，Numpy 同样支持切片操作，以下为相关例子。

```
import numpy as np
matrix = np.array([[10,20,30],[40,50,60],[70,80,90]])
print(matrix[:,1])
print(matrix[:,0:2])
print(matrix[1:3,:])
print(matrix[1:3,0:2])
```

上述代码的运行结果为：

```
[20 50 80]
[[10 20]
 [40 50]
 [70 80]]
[[40 50 60]
 [70 80 90]]
[[40 50]
 [70 80]]
```

对于代码的输出结果做以下解释：

使用 np.array([[10,20,30],[40,50,60],[70,80,90]])生成数组[[10 20 30] [40 50 60] [70 80 90]]。因此：

（1）语句 print(matrix[:,1])的第一个参数省略，表示所有的行均被选择，第二个参数索引是 1，表示打印第二列。故打印的结果为第二列的所有行，即[20 50 80]。

（2）语句 print(matrix[:,0:2])的第一个参数省略，表示所有的行均被选择，第二个参数表明列的索引为大于等于 0 小于 2 且步长为 1，即第零列和第一列被选择。故打印的结果为第一列和第二列的所有行，即[[10 20] [40 50] [70 80]]。

（3）语句 print(matrix[1:3,:])的第一个参数索引为大于等于 1 小于 3 且步长为 1，即第二行和第三行被选择。第二个参数省略，表示所有的列均被选择。故打印的结果为第二行和第三行的所有列，即[[40 50 60] [70 80 90]]。

（4）语句 print(matrix[1:3,0:2])的第一个参数索引为大于等于 1 小于 3 且步长为 1，即第二行和第三行被选择，第二个参数列的索引为大于等于 0 小于 2 且步长为 1，即第一列和第二列被选择。故打印的结果为第二行和第三行的第一和二列，即[[40 50] [70 80]]。

2.3.7 数组比较

Numpy 也提供了较为强大的矩阵和数组比较功能，对于数据的比较，其最终输出结果为布尔值。

为方便理解，现举例如下：

```
import numpy as np
matrix=np.array([[10,20,30],[40,50,60],[70,80,90]])
m=(matrix==50)
print(m)
```

输出的结果为：

```
[[False False False]
 [False True False]
 [False False False]]
```

又如：

```
import numpy as np
matrix = np.array([[10,20,30],[40,50,60],[70,80,90]])
second_column_50 = (matrix[:,1]==50)
print(second_column_50)
print(matrix[second_column_50,:])
```

代码的运行结果为：

```
[False True False]
[[40 50 60]]
```

关于上述代码的解释：代码 print(second_column_50)输出的是[False True False]，这是因为语句 matrix[:,1]代表的是所有的行，以及索引为 1 的列，即[20 50 80]，最后和 50 进行比较，结果就是[False,True,False]；语句 print(matrix[second_column_50,:])代表的是返回 True 值的那一行数据，即[40 50 60]。

注意：上述例子只是单个条件，Numpy 也允许使用条件符来拼接多个条件，其中 "&"代表 "且"，"|" 代表 "或"。例如 vector=np.array([1,10,11,12])，equal_ to_five_and_ten=(vector==5)&(vector==10)返回的都是 False，而 equal_to_ five_or_ten=(vector==5)|(vector==10)返回的是[True True False False]。

2.3.8 替代值

Numpy 可以运用布尔值来替换值。例如，在数组中：

```
import numpy
vector = numpy.array([10,20,30,40])
equal_to_ten_or_five = (vector == 20)|(vector == 20)
vector[equal_to_ten_or_five]=200
print(vector)
```

其运行结果为：

```
[ 10 200   30   40]
```

在矩阵中：

```
import numpy
matrix = numpy.array([[10,20,30],[40,50,60],[70,80,90]])
second_column_50 = matrix[:,1] == 50
```

```
matrix[second_column_50,1] = 20
print(matrix)
```

其运行结果为:

```
[[10 20 30]
 [40 20 60]
 [70 80 90]]
```

在矩阵示例中，先创立数组 matrix，再将 matrix 的第二列和 50 比较，得到一个布尔值数组，最后 second_column_50 将 matrix 第二列值为 50 的替换为 20。

替换的优势在于可以利用其替换空值。现读取一个字符矩阵，其中有一个值为空值。有必要将其替换成其他值，如数据的平均值或者直接删除。这里，我们演示把空值替换为"0"的操作，示例代码如下:

```
import numpy as np
matrix = np.array([
['10','20','30'],
['40','50','60'],
['70','80','']])
second_column_50 = (matrix[:,2]=='')
matrix[second_column_50,2] = '0'
print(matrix)
```

其运行结果为:

```
[['10' '20' '30']
 ['40' '50' '60']
 ['70' '80' '0']]
```

2.3.9 数据类型的转换

在 Numpy 中，ndaray 数组的数据类型可以使用 dtype 参数进行设置，还可以通过 astype() 方法进行数据类型的转换，该方法在进行文件的相关处理时很方便、实用。值得注意的是，使用 astype()方法对数据类型进行转换时，其结果是一个新的数组，可以理解为对原始数据的一份复制，但数据的数据类型是不同的。

例如，把 string 转换成 float:

```
import numpy
vector = numpy.array(["22","33","44"])
vector = vector.astype(float)
print(vector)
```

其输出结果为:

```
[22. 33. 44.]
```

在以上的 Python 代码中，如果字符串中含有非数字类型的对象，string 转化为 float 就会报错。

2.3.10 Numpy 的统计计算方法

除以上介绍的相关功能外，Numpy 还内置了很多科学计算的方法，特别是还含有重要的统计方法。

（1）max()：统计计算出数组元素中的最大值；对于矩阵计算，其结果为一个一维数组，需要指定行或者列。

（2）mean()：统计计算数组元素中的平均值；对于矩阵计算，其结果为一个一维数组，需要指定行或者列。

（3）sum()：统计计算数组元素中的和；对于矩阵计算，其结果为一个一维数组，需要指定行或者列。

值得注意的是，使用这些统计方法计算的数值类型必须是 int 或者 float。下面以两组例子进行说明。

数组例子：

```
import numpy
vector = numpy.array([10,20,30,40])
print(vector.sum())
```

得到的结果为：

```
100
```

矩阵例子：

```
import numpy as np
matrix = np.array([[10,20,30],[40,50,60],[70,80,90]])
print(matrix.sum(axis=1))
print(np.array([5,10,20]))
print(matrix.sum(axis=0))
print(np.array([10,10,15]))
```

其运行结果为：

```
[ 60 150 240]
[ 5 10 20]
[120 150 180]
[10 10 15]
```

如上述例子所示，axis=1 计算的是行的和，结果以列的形式展示；axis=0 计算的是列的和，结果以行的形式展示。

在本章某些具体的任务中，基于规则的方法通常最简单、最有效，而正则表达式是实现此类规则最便捷的方法，特别是基于匹配的规则的过程中，所以应该注意正则表达式的相关知识点以及其使用。此外，各章篇幅有限，不可能一一介绍一些常见的 Python 库，如 Scipy 和 Pandas。希望读者在开始自然语言处理之前能够自己找到相关信息并具有一定的 Python 基础。

第3章 语料库基础

随着数据量的快速增加，庞大的数据量为大数据发展奠定了坚实的基础，目前，大数据相关技术领域都在此基础上通过规则或统计方法进行模型的构建。大数据和自然语言处理中的语料之间有什么关系呢？对语料和语料库的学习和研究，能给社会带来哪些价值和影响呢？带着这些疑问，本章将带你走进语料库的世界，对语料和语料库进行一次全面而深入的学习。

3.1 语料库基础概述

在本章知识的学习中，首先解释以下几个概念。

1. 自然语言

自然语言通常是指一种自然地随文化演化的语言（如汉语、英语、日语）。自然语言是人类交流和思维的主要工具，也是人类智慧的结晶。自然语言处理是人工智能中最为困难的问题之一，而对自然语言处理的研究也是充满魅力和挑战的。

2. 语料

语料，即语言材料。语料是语言学研究的内容，是构成语料库的基本单元。

3. 语料库

语料库是语料库语言学研究的基础资源，也是经验主义语言研究方法的主要资源。其具备三个特点：语料库中存放的是在语言的实际使用中真实出现过的语言材料；语料库是以电子计算机为载体承载语言知识的基础资源；语料通常需要经过分析和处理才能成为有用的资源。

4. 建立语料库的意义

语料库是为一个或者多个应用目标而专门收集的，有一定的结构和代表性且可被计算机程序检索的具有一定规模的语料集合。从本质上讲，语料库是通过对自然语言运用的随机抽样，以一定大小的语言样本来代表某一研究中所确定的语言运用的总体。

5. 语料库的构建原则

在构建语料库时，应制定语料的元数据规范，同时，构建的语料库应具备代表性、结构性、平衡性和规模性需求。构建语料库的各个原则具体介绍如下：

代表性：在应用领域中，语料是通过抽样框架采集而来的，并且能在特定的抽样框架内做到代表性和普遍性。

结构性：有目的地收集语料的集合，并以电子形式保存。语料集合结构性体现在语料库中语料记录的代码、元数据项、数据类型、数据宽度、取值范围、完整性约束。

平衡性：根据实际情况选择其中一个或者几个重要的指标作为平衡因子，最常见的平衡因子有学科、年代、文体、地域等。

规模性：大规模的语料对语言研究，特别是对自然语言研究处理很有用，但是随着语料库的增大，垃圾语料越来越多，当语料达到一定规模后，语料库的功能不再随之增长。因此，语料库的规模应根据实际情况而定。

元数据：对于研究语料库有着重要的意义。可以通过元数据了解语料的时间、地域、作者、文本信息等；构建不同的子语料库；对比不同的子语料；记录语料知识版权、加工信息、管理信息等。

6．语料库的划分与种类

语料库有多种类型，划分依据是它的研究目的和用途，这一点在语料采集的原则和方式上有所体现。语料库大致可分为四种类型：

异质的（Heterogeneous）：没有特定的语料收集原则，广泛收集并原样存储各种语料。

同质的（Homogeneous）：只收集同一类内容的语料。

系统的（Systematic）：根据预先确定的原则和比例收集语料，使语料具有平衡性和系统性，并能够代表某一范围内的语言事实。

专用的（Specialized）：只收集用于某一特定用途的语料。

此外，按照语料的语种，语料库可分成单语的（Monolingual）、双语的（Bilingual）和多语的（Multilingual）；按照语料的采集单位，语料库又可以分为语篇的、语句的、短语的。双语和多语语料库按照语料的组织形式，还可以分为平行（对齐）语料库和比较语料库，前者的语料构成译文关系，多用于机器翻译、双语词典编撰等应用领域；后者将表述同样内容的不同语言文本收集到一起，多用于语言对比研究。

3.2 自然语言工具包 NLTK

3.2.1 NLTK 概述

NLTK（Natural Language Toolkit）：自然语言工具包，用 Python 编程语言实现的统计自然语言处理工具。NLTK 由 Steven Bird 和 Edward Loper 在宾夕法尼亚大学计算机和信息科学系开发。在 NLP 领域中，NLTK 是最常使用的一个 Python 库，其收集的大量公开数据集提供了全面易用的接口，涵盖了分词、词性标注、命名实体识别、句法分析等各项 NLP 领域的功能。NLTK 包括图形演示和示例数据，其提供的教程解释了工具包支持的语言处理任务背后的基本概念，广泛应用于经验语言学、认知科学、人工智能、信息检索和机器学习中。

NLTK 定义了一个使用 Python 进行 NLP 编程的基础工具。它提供了重新表示自然语言处理相关数据的基本类，以及词性标注、文法分析、文本分类等任务的标准接口以及这些任务的标准实现，可以组合起来解决复杂的问题。语言处理任务与相应的 NLTK 模块及其描述如表 3-1 所示。

表 3-1 语言处理任务与相应的 NLTK 模块及其描述

语言处理任务	NLTK 模块	功 能 描 述
获取和处理语料库	nltk.corpus	语料库和词典的标准化接口
字符串处理	nltk.tokenize, nltk.stem	分词，句子分解提取主干
搭配发现	nltk.collocations	t-检验，卡方，PMI（Pointwise Mutual Information，点互信息）
词性标识符	nltk.tag	n-gram, backoff, Brill, HMM（Hidden Markov Model，隐马尔可夫模型），TnT

语言处理任务	NLTK 模块	功 能 描 述
分类	nltk.classify, nltk.cluster	决策树，最大熵，贝叶斯，EM（Expectation Maximization Algorithm，期望极大算法），k-means
分块	nltk.chunk	正则表达式，n-gram，命名实体
解析	nltk.parse	图表，基于特征，一致性，概率，依赖
语义解释	nltk.sem, nltk.inference	λ 演算，一阶逻辑，模型检验
指标评测	nltk.metrics	精度，召回率，协议系数
概率与估计	nltk.probability	频率分布，平滑概率分布
应用	nltk.app nltk.chat	图形化的关键词排序，分析器，WordNet 查看器，聊天机器人
语言学领域的工作	nltk.toolbox	处理 SIL 工具箱格式的数据

3.2.2 安装 NLTK

下面将详细介绍 NLTK 的安装过程。

步骤一：查看 Python 版本。打开终端，输入命令：python，可获取当前系统安装的 Python 的版本信息，如图 3-1 所示。

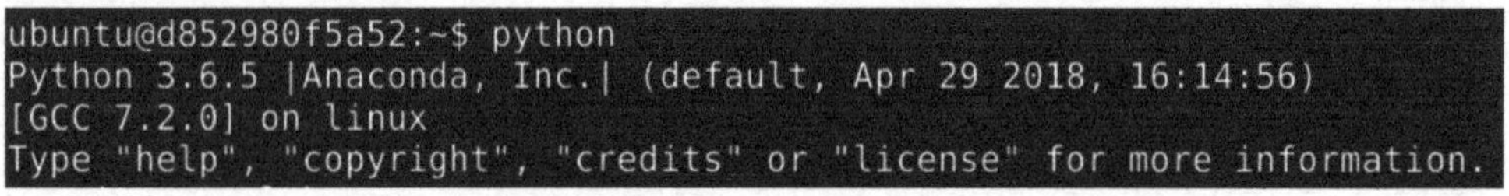

```
ubuntu@d852980f5a52:~$ python
Python 3.6.5 |Anaconda, Inc.| (default, Apr 29 2018, 16:14:56)
[GCC 7.2.0] on linux
Type "help", "copyright", "credits" or "license" for more information.
```

图 3-1 获取当前系统安装的 Python 的版本信息

步骤二：根据 Python 的版本，在官网找到合适的安装介质进行下载安装，或者在命令行窗口直接输入命令：pip install nltk 或 pip --default-timeout=100 install nltk（命令中添加 --default-timeout=100 可以改善安装超时问题）进行自动安装。

步骤三：此步骤主要是通过将域名更换为 IP 地址以解决 GitHub 链接无法访问的问题。使用命令 sudo vi /etc/hosts 修改系统 IP 映射文件，在 hosts 文件最后添加一条 IP 映射信息，内容为：199.232.68.133 raw.githubusercontent.com，添加好后保存退出。

步骤四：执行 import nltk 和 nltk.download()命令下载 NLTK 数据包，如图 3-2 所示。运行成功后弹出 NLTK Downloader 窗口，选中 book 选项，根据实际情况修改下载路径，如 /home/ubuntu/nltk_data（book 包含了数据案例和内置函数），如图 3-3 所示。

```
>>> import nltk
>>> nltk.download()
```

图 3-2 NLTK 数据包下载命令

步骤五：配置环境变量。在/etc/profile 文件最后添加命令：export PATH=$PATH:/home/ubuntu/nltk_data，保存退出后，使用命令 source /etc/profile 使配置生效。

步骤六：打开 Python 解释器，输入代码 from nltk.book import *，出现如图 3-4 所示内容表示安装成功。

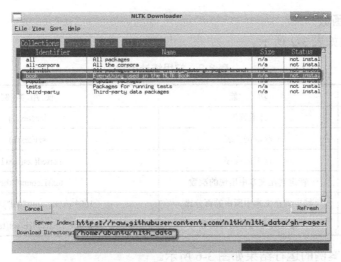

图 3-3　NLTK Downloader 窗口

```
>>> from nltk.book import *
*** Introductory Examples for the NLTK Book ***
Loading text1, ..., text9 and sent1, ..., sent9
Type the name of the text or sentence to view it.
Type: 'texts()' or 'sents()' to list the materials.
text1: Moby Dick by Herman Melville 1851
text2: Sense and Sensibility by Jane Austen 1811
text3: The Book of Genesis
text4: Inaugural Address Corpus
text5: Chat Corpus
text6: Monty Python and the Holy Grail
text7: Wall Street Journal
text8: Personals Corpus
text9: The Man Who Was Thursday by G . K . Chesterton 1908
```

图 3-4　测试 NLTK 安装是否成功

3.2.3　使用 NLTK

接下来简单介绍 NLTK 的基本使用。

1．NLTK 加载 book 模块

使用 NLTK 库进行相关操作之前，需要先导入 book 模块，具体操作如图 3-5 所示。

```
<Text: Moby Dick by Herman Melville 1851>
>>> exit()
ubuntu@6f85c896ca94:~/nltk_data$ python
Python 3.6.5 |Anaconda, Inc.| (default, Apr 29 2018, 16:14:56)
[GCC 7.2.0] on linux
Type "help", "copyright", "credits" or "license" for more information.
>>> import nltk
>>> from nltk.book import *
*** Introductory Examples for the NLTK Book ***
Loading text1, ..., text9 and sent1, ..., sent9
Type the name of the text or sentence to view it.
Type: 'texts()' or 'sents()' to list the materials.
text1: Moby Dick by Herman Melville 1851
text2: Sense and Sensibility by Jane Austen 1811
text3: The Book of Genesis
text4: Inaugural Address Corpus
text5: Chat Corpus
text6: Monty Python and the Holy Grail
text7: Wall Street Journal
text8: Personals Corpus
text9: The Man Who Was Thursday by G . K . Chesterton 1908
>>> text1
<Text: Moby Dick by Herman Melville 1851>
>>>
```

图 3-5　导入 book 模块

2. 常用统计函数

常用统计函数如表 3-2 所示。

表 3-2　常用统计函数

函　　数	功　　能	使　用　案　例
len()	计数词汇	len(text1)
set()	获取词汇表	set(text1)
sorted()	词汇表排序	sorted(set(text1))
count()	特定词在文本中出现的次数	text1.count("the")
count()/len()	特定词在文本中所占的百分比	100*text1.count("the")/len(text1)
len()/len(set())	每个词平均使用的次数	len(text1)/len(set(text1))

表 3-2 中部分案例的运行结果如图 3-6 所示。

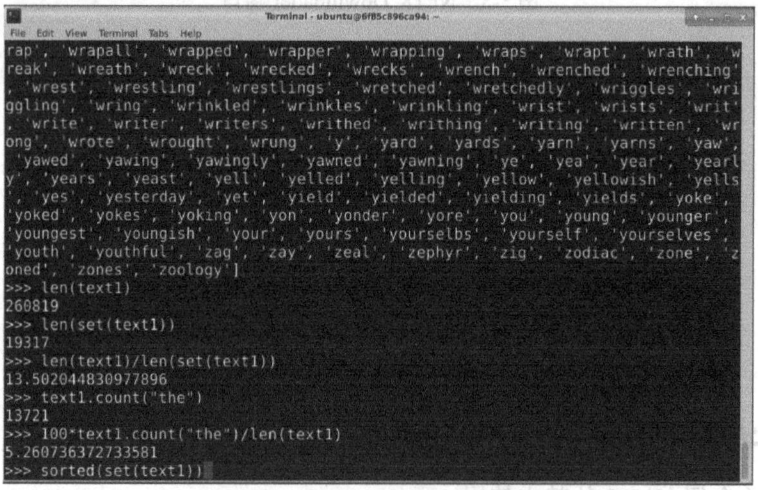

图 3-6　常用统计函数的运行结果

3. concordance 函数

若要在文本 text1 中检索"America",可使用 concordance 函数,该函数不仅可以展示全文所有"America"出现的地方及其上下文,也可以以对齐方式进行打印,从而便于对比分析。输入代码"text1.concordance("America")",执行结果首先显示"America"总共出现了 12 次,运行效果如图 3-7 所示。

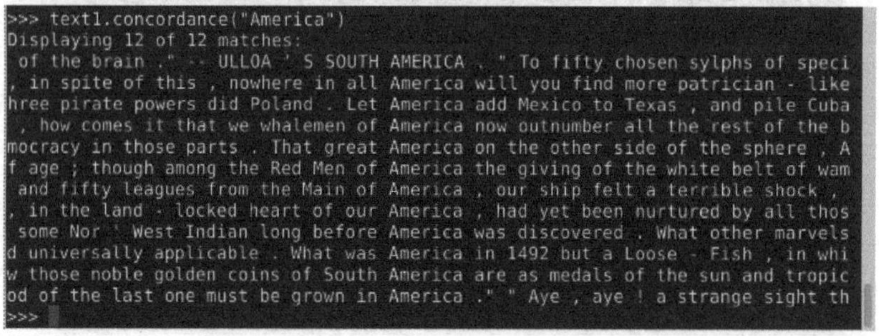

图 3-7　concordance 函数运行效果

4．similar 函数

在text1中检索与"very"相似的上下文，可使用similar函数。输入代码"text1.similar("very")"，运行效果如图3-8所示。

```
>>> text1.similar("very")
a same so last first pretty the too other only as one great white
strange rather next entire now his
```

图 3-8　similar 函数运行效果

5．common_contexts 函数

当需要搜索共用多个词汇的上下文，而不是检索某个单词时，可使用 common_contexts 函数。输入代码"text1.common_contexts(['a','very'])"，运行效果如图3-9所示。

```
>>> text1.common_contexts(['a','very'])
of great was good s queer by heedful was calm is curious had little
was clear
```

图 3-9　common_contexts 函数运行效果

6．dispersion_plot 函数

判断需要查找的词在文本中的位置，并从开头算起该词出现多少次，可以用离散图（即dispersion_plot 函数）表示。离散图的每列代表一个单词，每行代表一个文本。代码如下：

```
text1.dispersion_plot(["The","Moby","Dick","America"])
```

运行效果如图 3-10 所示。

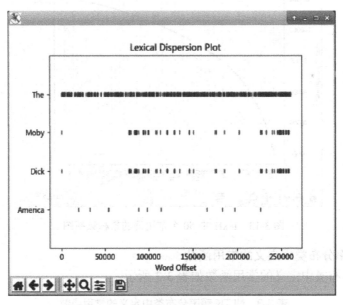

图 3-10　dispersion_plot 函数运行效果

7．FreqDist 函数

对文本中词汇分布进行统计时，可使用 FreqDist 函数。代码如下：

```
fdist1=FreqDist(text1)
```

通过统计结果可以发现词汇的分布情况，上述代码的运行结果如图 3-11 所示。

```
>>> fdist1=FreqDist(text1)
>>> fdist1
FreqDist({',': 18713, 'the': 13721, '.': 6862, 'of': 6536, 'and': 6024, 'a': 456
9, 'to': 4542, ';': 4072, 'in': 3916, 'that': 2982, ...})
```

图 3-11 词汇分布统计运行结果

还可以指定查询某个词的使用频率，如查看"the"的使用频率，实现代码为：

fdist1['the']

运行结果如图 3-12 所示。

```
>>> fdist1['the']
13721
>>>
```

图 3-12 单个词汇使用频率统计运行结果

还可以查看指定个数常用词的累积频率图，实现代码为：

fdist1.plot(50,cumulative=True)

该代码表示查看 text1 中 50 个常用词的累积频率图，如图 3-13 所示。

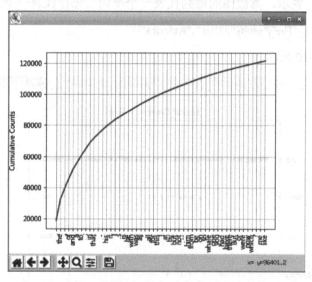

图 3-13 text1 中 50 个常用词的累积频率图

8．NLTK 频率分布类中定义的常用函数

NLTK 频率分布类中定义的常用函数如表 3-3 所示。

表 3-3 NLTK 频率分布类中定义的常用函数

函　　数	功　　能	使 用 案 例
FreqDist()	创建包含给定样本的频率分布	fdist=FreqDist(Samples)
inc()	增加样本	fdist.inc(Sample)
fdist[]	计数给定样本出现的次数	fdist['monstrous']

函　数	功　能	使用案例
freq()	获取给定样本的频率	fdist.freq('monstrous')
N()	获取样本总数	fdist.N()
keys()	获取以频率递减顺序排序的样本链表	fdist.keys()
for…in…	获取以频率递减顺序遍历的样本	for sample in fdist
max()	获取数值最大的样本	fdist.max()
tabulate()	绘制频率分布表	fdist.tabulate()
plot()	绘制频率分布图	fdist.plot()
plot(cumulative=True)	绘制累积频率分布图	fdist.plot(cumulative=True)

9．词汇比较运算的常用函数

词汇比较运算的常用函数如表 3-4 所示。

表 3-4　词汇比较运算的常用函数

函　数	功　能	使用案例
startswith()	测试字符串是否以函数中的参数开头	s.startswith(t)
endswith()	测试字符串是否以函数中的参数结尾	s.endswith(t)
.in	测试字符串是否包含某个字符或字符串	t in s
islower()	测试字符串所有字符是否都是小写字母	s.islower()
isupper()	测试字符串所有字符是否都是大写字母	s.isupper()
isalpha()	测试字符串所有字符是否都是字母	s.isalpha()
isalnum()	测试字符串所有字符是否都是字母或数字	s.isalnum()
isdigit()	测试字符串所有字符是否都是数字	s.isdigit()
istitle()	测试字符串所有词首字母是否都是大写	s.istitle()

注意：表 3-4 中的 s 代表字符串。

3.2.4　在 Python NLTK 下使用 Stanford NLP

1．Stanford NLP 概述

Stanford NLP 由斯坦福大学的 NLP 世界知名研究小组开发，用 Java 实现的 NLP 开源工具包，对 NLP 领域的各类问题提供了解决办法。对于自然语言开发者而言，将 NLTK 和 Stanford NLP 两个工具包结合起来使用会更加方便。2004 年，NLTK 中增加了对 Stanford NLP 工具包的支持，可通过调用外部的 jar 文件来使用 Stanford NLP 工具包的功能。现在的 NLTK 中，通过封装提供了 Stanford NLP 中的功能有：分词（StanfordTokenizer）、词性标注（StanfordPOSTagger）、命名实体识别（StanfordNERTagger）、句法分析（StanfordParser）、依存句法分析（StanfordDependencyParser）。

2．Stanford NLP 的安装

安装环境说明：本书以 Python 3.6.5、NLTK 3.5、Java 1.8.0_201 版本进行配置，其中，Stanford NLP 工具包需要 Java 1.8 及之后的版本。因此，安装 Stanford NLP 时，必须保证 Java 版本是 1.8 及之后版本，且在 NLTK 3.2 之前版本中，StanfordSegmenter（斯坦福大学的一个

开源分词工具）未实现，所以，应尽量使用 NLTK 3.2 及之后的版本。Stanford NLP 的安装步骤如下。

步骤一：下载官方安装包 stanfordNLTK.zip，该包含有所有需要的包和相关文件。stanfordNLTK.zip 中各功能的依赖包介绍如下：

分词依赖：stanford-segmenter.jar、slf4j-api.jar、data 文件夹相关子文件。

命名实体识别依赖：stanford-ner.jar。

词性标注依赖：models、stanford-postagger.jar。

句法分析依赖：stanford-parser.jar、stanford-parser-3.6.0-models.jar、classifiers。

依存语法分析依赖：stanford-parser.jar、stanford-parser-3.6.0-models.jar、classifiers。

步骤二：下载 NLTK 工具包 nltk-develop.zip，该工具包提供 Standford NLP 接口。

步骤三：解压 stanfordNLTK.zip 和 NLTK 工具包的安装包后，复制解压后的文件夹到 Python 安装主路径下（本书 Python 安装目录为：/usr/local/bin/python3），然后进入 NLTK 解压文件夹下通过 python setup.py install 命令进行安装（应根据实际情况修改安装路径）。

3．Stanford NLP 的应用

这里对 Stanford NLP 中的 5 个主要功能——分词、词性标注、命名实体识别、句法分析、依存句法分析进行详细的说明。

1）分词

分词功能可以理解为将一段完整的语料进行词语的分割，如使用 StanfordSegmenter 进行中文分词，将"我中午要去北京饭店，下午去中山公园，晚上回亚运村。"这句话进行词语的分割，实现代码如下所示：

```
from nltk.tokenize.stanford_segmenter import StanfordSegmenter
segmenter = StanfordSegmenter(
path_to_jar = r"/usr/local/bin/python3/stanfordNLTK/stanford-segmenter.jar",
path_to_slf4j = r"/usr/local/bin/python3/stanfordNLTK/slf4j-api.jar",
path_to_sihan_corpora_dict = r"/usr/local/bin/python3/stanfordNLTK/data",
path_to_model = r"/usr/local/bin/python3/stanfordNLTK/data/pku.gz",
path_to_dict = r"/usr/local/bin/python3/stanfordNLTK/data/dict-chris6.ser.gz")
str = "我中午要去北京饭店，下午去中山公园，晚上回亚运村。"
result = segmenter.segment(str)
print(result)
```

运行结果为：

```
我 中午 要 去 北京 饭店，下午 去 中山 公园，晚上 回 亚运村。
```

StanfordSegmenter 的初始化参数中，path_to_jar：定位 jar 包，本程序分词依赖包为 stanford-segmenter.jar；path_to_slf4j：定位 slf4j-api.jar，作用于分词；path_to_sihan_corpora_dict：data 目录下自带的两个可用模型 pku.gz 和 ctb.gz，根据使用情况选择其中一个；path_to_dict：pku.gz 和 ctb.gz 在 StanfordNLTK 的实际安装路径，需根据实际情况进行修改。

2）词性标注

词性标注，又称词类标注或者简称标注，是指为分词结果中的每个单词标注一个正确的词性的程序，也即确定每个词是名词、动词、形容词或者其他词性的过程。下面使用 StanfordPOSTagger 进行中文词性标注。同样对"我 中午 要 去 北京 饭店，下午 去 中山 公

园，晚上 回 亚运村。\r\n"中的名词进行词性标注，实现代码如下：

```
from nltk.tag import StanfordPOSTagger
chi_tagger = StanfordPOSTagger(
model_filename = r'/usr/local/bin/python3/stanfordNLTK/models/chinese-distsim.tagger',
path_to_jar = r'/usr/local/bin/python3/stanfordNLTK/stanford-postagger.jar')
result = '我 中午 要 去 北京 饭店，下午 去 中山 公园，晚上 回 亚运村。\r\n'
print(chi_tagger.tag(result.split()))
```

运行结果为：

```
[(", '我#PN'), (", '中午#NT'), (", '要#VV'), (", '去#VV'), (", '北京#NR'), (", '饭店#NN'), (", ' #PU'), (", '下午
#NT'), (", '去#VV'), (", '中山#NR'), (", '公园#NN'), (", ', #PU'), (", '晚上#NT'), (", '回#VV'), (", '亚运村#NR'), (", '。
#PU')]
```

StanfordPOSTagger 的初始化参数中，path_to_jar：定位 jar 包，本程序词性标注依赖包为
stanford-postagger.jar；model_filename：定位模型文件 chinese-distsim.tagger。

3）命名实体识别

命名实体识别，又称"专名识别"，是指识别文本中具有特定意义的实体，主要包括人名、
地名、机构名、专有名词等。下面使用 StanfordNERTagger 进行中文命名实体识别。同样对
"我 中午 要 去 北京 饭店，下午 去 中山 公园，晚上 回 亚运村。\r\n"中的名词进行识
别，实现代码如下：

```
from nltk.tag import StanfordNERTagger
chi_tagger = StanfordNERTagger(
model_filename = r'/usr/local/bin/python3/stanfordNLTK/classifiers/chinese.misc.distsim.crf.ser.gz',
path_to_jar = r'/usr/local/bin/python3/stanfordNLTK/stanford-ner.jar')
result = "我 中午 要 去 北京 饭店，下午 去 中山 公园，晚上 回 亚运村。\r\n"
for word, tag in chi_tagger.tag(result.split()):
    print(word,tag)
```

运行结果为：

```
我 O
中午 MISC
要 O
去 O
北京 FACILITY
饭店 FACILITY
, O
下午 MISC
去 O
中山 FACILITY
公园 FACILITY
, O
晚上 MISC
回 O
亚运村 GPE
。 O
```

StanfordNERTagger 的初始化参数中，path_to_jar：定位 jar 包，本程序命名实体识别依赖包为 stanford-ner.jar；model_filename：定位模型文件 chinese.misc.distsim.crf.ser.gz。

4）句法分析

句法分析是在分析单个词词性的基础上，尝试分析词与词之间的关系，并用这种关系来表示句子的结构。实际上，句法结构可以分为两种，一种是短语结构，另一种是依存结构。前者按句子顺序来提取句子结构，后者则按词与词之间的句法关系来提取句子结构。这里说的句法分析得到的是短语结构。进行中文的句法分析，需要指定中文的模型，可用的中文模型有：

'edu/stanford/nlp/models/lexparser/chinesePCFG.ser.gz'、'edu/stanford/nlp/models/lexparser/chineseFactored.ser.gz'、'edu/stanford/nlp/models/lexparser/xinhuaPCFG.ser.gz'、'edu/stanford/nlp/models/lexparser/xinhuaFactored.ser.gz'、'edu/stanford/nlp/models/lexparser/xinhuaFactoredSegmenting.ser.gz'。其中，Factored 包含词汇化信息，PCFG 是更快更小的模板，xinhua 有一种说法是根据中国大陆的《新华日报》训练的语料，而 chinese 同时包含中国香港和中国台湾的语料，xinhuaFactoredSegmenting.ser.gz 可以对未分词的句子进行句法解析。以下句法分析的代码中用的是 chinesePCFG.ser.gz，使用 StanfordParser 对"语料库 以 电子 计算机 为 载体 承载 语言 知识 的 基础 资源，但 并 不 等于 语言 知识。"进行句法分析，实现代码如下：

```
from nltk.parse.stanford import StanfordParser
chi_parser = StanfordParser(
r"/usr/local/bin/python3/stanfordNLTK/stanford-parser.jar",
r"/usr/local/bin/python3/stanfordNLTK/stanford-parser-3.6.0-models.jar",
r"/usr/local/bin/python3/stanfordNLTK/classifiers/chinesePCFG.ser.gz")
sent = u'语料库 以 电子 计算机 为 载体 承载 语言 知识 的 基础 资源，但 并 不 等于 语言 知识。'
print(list(chi_parser.parse(sent.split())))
```

运行结果为：

```
[Tree('ROOT', [Tree('IP', [Tree('NP', [Tree('NR', ['语料库'])]), Tree('VP', [Tree('VP', [Tree('PP', [Tree('P', ['以'])]), Tree('NP', [Tree('NN', ['电子']), Tree('NN', ['计算机'])])])]), Tree('PP', [Tree('P', ['为']), Tree('NP', [Tree('NN', ['载体'])])])]), Tree('VP', [Tree('VV', ['承载']), Tree('NP', [Tree('DNP', [Tree('NP', [Tree('NN', ['语言']), Tree('NN', ['知识'])]), Tree('DEG', ['的'])]), Tree('NP', [Tree('NN', ['基础']), Tree('NN', ['资源'])])])])]), Tree('PU', ['，']), Tree('VP', [Tree('ADVP', [Tree('AD', ['但'])]), Tree('ADVP', [Tree('AD', ['并'])]), Tree('ADVP', [Tree('AD', ['不'])]), Tree('VP', [Tree('VV', ['等于']), Tree('NP', [Tree('NN', ['语言']), Tree('NN', ['知识'])])])])]), Tree('PU', ['。'])])])]
```

注意：StanfordParser 的初始化参数中所需要使用的文件都在 NLTK 的安装包中。

5）依存句法分析

依存句法（Dependency Parsing，DP）分析通过分析语言单位内成分之间的依存关系揭示其句法结构，即分析识别句子中的"主谓宾""定状补"这些语法成分，并分析各成分之间的关系。可使用 StanfordDependencyParser 进行中文依存句法分析。同样对"中国 载人 航天 工程 办公室 透露 空间站 飞行 任务 即将 拉开 序幕"进行依存句法分析，实现代码如下：

```
from nltk.parse.stanford import StanfordDependencyParser
chi_parser = StanfordDependencyParser(
r"/usr/local/bin/python3/stanfordNLTK/stanford-parser.jar",
r"/usr/local/bin/python3/stanfordNLTK/stanford-parser-3.6.0-models.jar",
r"/usr/local/bin/python3/stanfordNLTK/classifiers/chinesePCFG.ser.gz")
```

```
res = list(chi_parser.parse(u'中国 载人 航天 工程 办公室 透露 空间站 飞行 任务 即将 拉开 序幕
'.split()))
for row in res[0].triples():
    print(row)
```

运行结果为：

```
(('载人', 'VV'), 'nsubj', ('中国', 'NR'))
(('载人', 'VV'), 'dobj', ('办公室', 'NN'))
(('办公室', 'NN'), 'amod', ('航天', 'JJ'))
(('办公室', 'NN'), 'nn', ('工程', 'NN'))
(('载人', 'VV'), 'conj', ('透露', 'VV'))
(('透露', 'VV'), 'ccomp', ('拉开', 'VV'))
(('拉开', 'VV'), 'nsubj', ('任务', 'NN'))
(('任务', 'NN'), 'nn', ('空间站', 'NR'))
(('任务', 'NN'), 'nn', ('飞行', 'NN'))
(('拉开', 'VV'), 'advmod', ('即将', 'AD'))
(('拉开', 'VV'), 'dobj', ('序幕', 'NN'))
```

注意：StanfordDependencyParser 的初始化参数中所需要使用的文件都在 NLTK 的安装包中。

3.3 获取语料库

语料库具有重要的价值和意义，可应用于词典编纂、语言教学、传统语言研究、自然语言处理中基于统计或实例的研究等方面。语料库在众多方面都发挥着重要的作用，那么获取语料库的方式有哪些呢？本节将给读者介绍三种常见的语料库获取方式。

3.3.1 访问网站

可通过访问各语料库的网站来获取国内外著名语料库，本小节主要介绍一些常见的中、英文语料库。当然，除本小节提到的语料库外，还有很多其他的语料库，如有需要，可自行查阅。

1．英文语料库

常见的英文语料库如下：

（1）BNC——英国国家语料库（British National Corpus）；

（2）BOE——柯林斯英语语料库（the Bank of English）；

（3）BASE——英国学术口语语料库（British Academic Spoken English Corpus）；

（4）Lextutor——集成多个语料库（Brown 语料库、英国国家语料库 BNC 等）；

（5）My Memory——世界上最大的翻译库，旨在收集来自欧盟和联合国的机器翻译，并与一些在特定领域最好的多语言网站相统一；

（6）TAUS——翻译自动化用户协会运营的大型翻译记忆库。

2．中文语料库

常见的中文语料库及其网址如下：

（1）中国传媒大学文本语料库检索系统；

（2）哈工大信息检索研究室对外共享语料库资源；

（3）香港教育学院语言资讯科学中心及其语料库实验室；

（4）中文语言资源联盟；

（5）搜狗实验室新闻｜互联网数据。

3.3.2　编写程序

除通过访问网络获取语料库外，还可以通过编写程序访问网络和硬盘文本的方式获取。如通过编写程序，在线获取伤寒杂病论的语料库，实现代码如下所示：

```
from __future__ import division
import nltk,re,pprint
from urllib.request import urlopen
url = r'24272-0.txt'
raw = urlopen(url).read()
raw = raw.decode('utf-8')
print(len(raw))
print(raw[1500:2000])
```

运行结果如下：

```
70306
：其脉浮而数，能食，不大便者，此为
实，名曰阳结也。期十六日当剧。其脉沉而迟，不能食，身体重，大便反硬，名
曰阴结也。期十四日当剧。
问曰：病有洒淅恶寒而複发热者，何？答曰：阴脉不足，阳往从之；阳脉不足，
阴往乘之。曰：何谓阳不足？答曰：假令寸口脉微，名曰阳不足，阴气上入阳中，
则洒淅恶寒也，曰：何谓阴不足？答曰：假令尺脉弱，名曰阴不足，阳气下陷入
阴中，则发热也。
阳脉浮（一作微）§阴脉弱者，则血虚。血虚则筋急也。
其脉沉者，荣气微也。
其脉浮，而汗出如流珠者，卫气衰也。
荣气微者，加烧针，则血流不行，更发热而躁烦也。
脉（一云秋脉）蔼蔼，如车盖者，名曰阳结也。
脉（一云夏脉）累累，如循长竿者，名曰阴结也。
脉瞥瞥，如羹上肥者，阳气微也。
脉萦萦，如蜘蛛丝者，阳气（一云阴气）衰也。
脉绵绵，如泻漆之绝者，亡其血也。
脉来缓，时一止复来者，名曰结。脉来数，时一止复来者，名曰促（一作纵）。
脉，阳盛则促，阴盛则结，此皆病脉。
阴阳相搏，名曰动。阳动则汗出，阴动则发热。形冷、恶寒者，此三焦伤也。
若数脉见于关上，上下无头尾，如豆大，厥厥动摇者，名曰动也
```

又如通过编写程序，在线获取处理 HTML（HyperText Markup Language，超文本标记语言）文本（红楼梦），实现代码如下所示：

```
import re,nltk
from urllib.request import urlopen
url = 'pg24264-images.html'
```

```
html = urlopen(url).read()
html = html.decode('utf-8')
print(html[6000:6500])
```

运行结果如下：

岂不是一场功德？"那僧道："正合吾意，你且同我到警幻仙子宫中，将蠢物交割清楚，待这一干风流孽鬼下世已完，你我再去．如今虽已有一半落尘，然犹未全集。"道人道："既如此，便随你去来。" 却说甄士隐俱听得明白，但不知所云"蠢物"系何东西．遂不禁上前施礼，笑问道："二仙师请了。"那僧道也忙答礼相问．士隐因说道："适闻仙师所谈因果，实人世罕闻者．但弟子愚浊，不能洞悉明白，若蒙大开痴顽，备细一闻，弟子则洗耳谛听，稍能警省，亦可免沉伦之苦。"二仙笑道："此乃玄机不可预泄者．到那时不要忘我二人，便可跳出火坑矣。"士隐听了，不便再问．因笑道："玄机不可预泄，但适云`蠢物'，不知为何，或可一见否？"那僧道："若问此物，倒有一面之缘。"说著，取出递与士隐．士隐接了看时，原来是块鲜明美玉，上面字迹分明，镌著"通灵宝玉"四字，后面还有几行小字．正欲细看时，那僧便说已到幻境，便强从手中夺了去，与道人竟过一大石牌坊，上书四个大字，乃是"太虚幻境"．两边又有一幅对联，道是： 假作真时真亦假，无为有处有还无．士隐意欲也跟了过去，方举步时，忽听一声霹雳，

由此可见，通过编写程序，也可以从网络上获取语料库。但通过这种方式获取语料库时，需要读者会编写 Python 程序，因此其较第一种直接通过访问网站 URL 的方式复杂。

3.3.3 通过 NLTK 获取

除前面两种方式外，还可以通过 NLTK 获取语料库。当然，通过 NLTK 方式获取语料库也需要编写 Python 程序。下面结合几个例子来看看 NLTK 是怎么获取语料库的。

1．网络聊天文本

步骤一：获取网络聊天文本。实现代码如下所示：

```
from nltk.corpus import webtext
for fileid in webtext.fileids():
    print(fileid,webtext.raw(fileid))
```

步骤二：查看网络聊天文本信息。实现代码如下所示：

```
for fileid in webtext.fileids():
    print(fileid,len(webtext.words(fileid)),len(webtext.raw(fileid)),len(webtext.sents(fileid)),webtext.encoding(fileid))
```

运行结果如下：

```
firefox.txt 102457 564601 1142 ISO-8859-2
grail.txt 16967 65003 1881 ISO-8859-2
overheard.txt 218413 830118 17936 ISO-8859-2
pirates.txt 22679 95368 1469 ISO-8859-2
singles.txt 4867 21302 316 ISO-8859-2
wine.txt 31350 149772 2984 ISO-8859-2
```

步骤三：获取即时消息聊天会话语料库。实现代码如下所示：

```
from nltk.corpus import nps_chat
chatroom = nps_chat.posts('10-19-20s_706posts.xml')
chatroom[123]
```

运行结果如下：

['i', 'do', "n't", 'want', 'hot', 'pics', 'of', 'a', 'female', ',', 'I', 'can', 'look', 'in', 'a', 'mirror', '.']

2. 布朗语料库

步骤一：查看语料库信息。实现代码如下所示：

```
from nltk.corpus import brown
print(brown.categories())
```

运行结果如下：

['adventure', 'belles_lettres', 'editorial', 'fiction', 'government', 'hobbies', 'humor', 'learned', 'lore', 'mystery', 'news', 'religion', 'reviews', 'romance', 'science_fiction']

步骤二：比较文本中情态动词的用法。实现代码如下所示：

```
import nltk
from nltk.corpus import brown
new_texts = brown.words(categories='news')
fdist = nltk.FreqDist([w.lower() for w in new_texts])
modals = ['can','could','may','might','must','will']
for m in modals:
    print(m + ':',fdist[m])
```

运行结果如下：

```
can: 94
could: 87
may: 93
might: 38
must: 53
will: 389
```

步骤三：使用 NLTK 条件概率分布函数。实现代码如下所示：

```
cfd = nltk.ConditionalFreqDist((genre,word) for genre in brown.categories()
for word in brown.words(categories=genre))
genres = ['news','religion','hobbies','science_fiction','romance','humor']
modals = ['can','could','may','might','must','will']
cfd.tabulate(condition=genres,samples=modals)
```

运行结果如下：

	can	could	may	might	must	will
adventure	46	151	5	58	27	50
belles_lettres	246	213	207	113	170	236
editorial	121	56	74	39	53	233
fiction	37	166	8	44	55	52
government	117	38	153	13	102	244
hobbies	268	58	131	22	83	264
humor	16	30	8	8	9	13
learned	365	159	324	128	202	340

lore	170	141	165	49	96	175
mystery	42	141	13	57	30	20
news	93	86	66	38	50	389
religion	82	59	78	12	54	71
reviews	45	40	45	26	19	58
romance	74	193	11	51	45	43
science_fiction	16	49	4	12	8	16

3. 就职演说语料库

步骤一：查看语料信息。实现代码如下所示：

```
from nltk.corpus import inaugural
len(inaugural.fileids())
inaugural.fileids()
```

运行结果如下：

```
58
['1789-Washington.txt', '1793-Washington.txt', '1797-Adams.txt', '1801-Jefferson.txt', '1805-Jefferson.txt',
'1809-Madison.txt', '1813-Madison.txt', '1817-Monroe.txt', '1821-Monroe.txt', '1825-Adams.txt', '1829-Jackson.txt',
'1833-Jackson.txt', '1837-VanBuren.txt', '1841-Harrison.txt', '1845-Polk.txt', '1849-Taylor.txt', '1853-Pierce.txt',
'1857-Buchanan.txt', '1861-Lincoln.txt', '1865-Lincoln.txt', '1869-Grant.txt', '1873-Grant.txt', '1877-Hayes.txt',
'1881-Garfield.txt', '1885-Cleveland.txt', '1889-Harrison.txt', '1893-Cleveland.txt', '1897-McKinley.txt',
'1901-McKinley.txt', '1905-Roosevelt.txt', '1909-Taft.txt', '1913-Wilson.txt', '1917-Wilson.txt', '1921-Harding.txt',
'1925-Coolidge.txt', '1929-Hoover.txt', '1933-Roosevelt.txt', '1937-Roosevelt.txt', '1941-Roosevelt.txt',
'1945-Roosevelt.txt', '1949-Truman.txt', '1953-Eisenhower.txt', '1957-Eisenhower.txt', '1961-Kennedy.txt',
'1965-Johnson.txt', '1969-Nixon.txt', '1973-Nixon.txt', '1977-Carter.txt', '1981-Reagan.txt', '1985-Reagan.txt',
'1989-Bush.txt', '1993-Clinton.txt', '1997-Clinton.txt', '2001-Bush.txt', '2005-Bush.txt', '2009-Obama.txt',
'2013-Obama.txt', '2017-Trump.txt']
```

步骤二：查看演说语料的年份。实现代码如下所示：

```
print([fileid[:4] for fileid in inaugural.fileids()])
```

运行结果如下：

```
['1789', '1793', '1797', '1801', '1805', '1809', '1813', '1817', '1821', '1825', '1829', '1833', '1837', '1841', '1845',
'1849', '1853', '1857', '1861', '1865', '1869', '1873', '1877', '1881', '1885', '1889', '1893', '1897', '1901', '1905', '1909',
'1913', '1917', '1921', '1925', '1929', '1933', '1937', '1941', '1945', '1949', '1953', '1957', '1961', '1965', '1969', '1973',
'1977', '1981', '1985', '1989', '1993', '1997', '2001', '2005', '2009', '2013', '2017']
```

步骤三：进行条件概率分布。实现代码如下所示：

```
import nltk
cfd = nltk.ConditionalFreqDist((target,fileid[:4]) for fileid in inaugural.fileids() for w in inaugural.words(fileid)
for target in ['america','citizen'] if w.lower().startswith(target))
cfd.plot()
```

运行结果如图 3-14 所示。

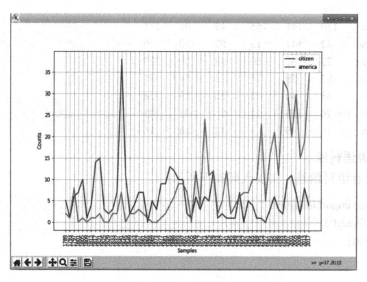

图 3-14 运行结果

3.4 综合案例：走进《红楼梦》

3.4.1 数据采集和预处理

本案例使用《红楼梦》作为语料，通过编写程序采集《红楼梦》的相关数据。但由于该书文字太多，所以获取时，可每 10 万字保存到一个文件中。同时，还需将完整内容单独保存在一个文件中。实现代码如下所示：

```
import re,nltk
import math
import codecs
from urllib.request import urlopen
url = 'pg24264-images.html'
html = urlopen(url).read()
html = html.decode('utf-8')
#完整内容
with codecs.open("/home/ubuntu/dict/hlm.txt", 'w', 'utf-8') as f:
    f.write(html[2186:len(html)])    #2186 字符后是《红楼梦》正文
    f.close()
#每 10 万字一个文件
for index in range(math.ceil((len(html)-2186)/100000)):
    filename = '/home/ubuntu/dict/hlm' + str(index) + '.txt'
    sindex = index*100000+2186
    eindex = (index+1)*100000+2186
    with codecs.open(filename, 'w','utf-8') as f:
        f.write(html[sindex:eindex])
        f.close()
```

运行结束后，在/home/ubuntu/dict 目录下生成了 11 个文件，其中"hlm.txt"是《红楼梦》

的完整内容，而其余 10 个文件是每 10 万字保存的文件，如图 3-15 所示。

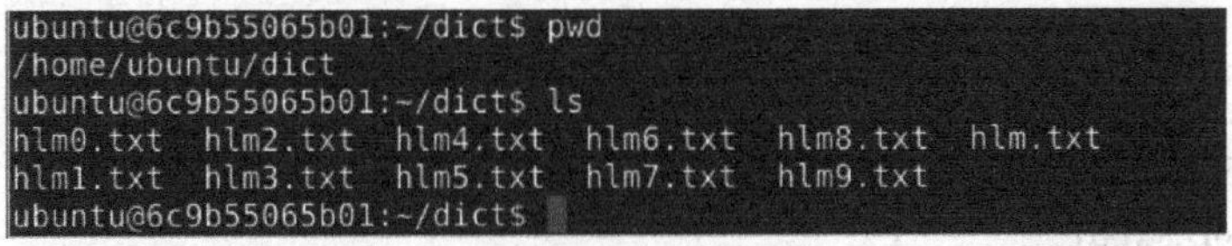

```
ubuntu@6c9b55065b01:~/dict$ pwd
/home/ubuntu/dict
ubuntu@6c9b55065b01:~/dict$ ls
hlm0.txt  hlm2.txt  hlm4.txt  hlm6.txt  hlm8.txt  hlm.txt
hlm1.txt  hlm3.txt  hlm5.txt  hlm7.txt  hlm9.txt
ubuntu@6c9b55065b01:~/dict$
```

图 3-15 数据采集

3.4.2 构建本地语料库

采集到《红楼梦》的相关内容后，接下来可利用采集到的内容构建自己的语料库，实现
代码如下所示：

```
from nltk.corpus import PlaintextCorpusReader
corpus_root = r'/home/ubuntu/dict'
wordlists = PlaintextCorpusReader(corpus_root,'.*')
print(wordlists.fileids())
len(wordlists.words('hlm1.txt'))
```

构建完自己的语料库后，可利用 Python NLTK 内置函数完成对应的操作。值得注意的是，
NLTK 的部分方法是针对英文语料的，如果要处理中文的语料库，可以通过插件处理或者在
NLTK 中利用 Stanford NLP 工具包完成对中文语料的操作。

3.4.3 语料操作

打开 Python 编辑器，导出 NLTK，并统计《红楼梦》共多少字、有多大的用字量，即不
重复词和每个字的平均使用次数等，实现代码如下所示：

```
import codecs
with codecs.open(r"/home/ubuntu/dict/hlm.txt","r+",'utf-8') as f:
    str = f.read()
     print(len(str))
     print(len(set(str)))
     print(len(str)/len(set(str)))
```

运行结果如下：

```
用字总量：960780
用字量：4376
平均使用频率：219.55667276051187
```

可知，《红楼梦》总字数为 960 780，共 4376 个词汇，平均每个词使用了 219 次。还可以
查看常用词及"玉"字的使用次数，结果如下：

```
黛玉：1321
宝玉：3832
玉：5991
```

由此可见，"宝玉"为 3832 次，"黛玉"为 1321 次，"玉"这个高频词共 5991 次。如上所
述，红楼梦总字数是 960 780，可以查看词汇累积分布情况，实现代码如下所示：

```
import codecs
import nltk
from nltk.book import *
with codecs.open(r"/home/ubuntu/dict/hlm.txt","r+",'utf-8') as f:
    txt = f.read()
    fdist = FreqDist(txt)
    fdist.plot()
```

运行结果如图 3-16 所示。

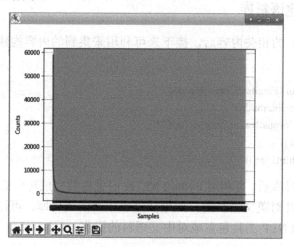

图 3-16　运行结果

图 3-16 的横坐标表示词的序列，纵坐标表示词频。运行结果说明，词频大于 5000 的词非常少。可知，高频词不多，低频词特别多，后续可进一步探究。整本书的累积分布如图 3-17 所示。

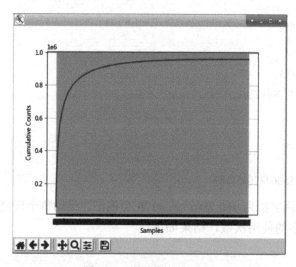

图 3-17　整书的累积分布

分析图 3-17 可知，低频词和高频词占比较小，中频词占比最大。如查看高频率的 1000 个词，可使用以下代码实现：

```
import codecs
import nltk
from nltk.book import *
with codecs.open(r"/home/ubuntu/dict/hlm.txt","r+",'utf-8') as f:
    txt = f.read()
    print(sorted(set(txt[:1000])))
    fdist = FreqDist(txt)
    fdist.plot(1000)    #高频词的分布
    fdist.plot(1000,cumulative=True) #高频词的累积分布
```

运行结果如下：

['\n', '\r', '', '-', '', '一', '“', '”', '\u3000', '。', '《', '》', '一', '万', '丈', '三', '上', '下', '不', '世', '中', '丰', '之', '乎', '也', '了', '事', '二', '于', '云', '五', '些', '亦', '享', '人', '今', '仙', '以', '但', '位', '体', '何', '余', '作', '你', '佩', '使', '来', '依', '便', '俄', '俱', '倒', '借', '假', '传', '僧', '兄', '先', '免', '入', '六', '其', '几', '凡', '出', '切', '列', '利', '到', '则', '剩', '劫', '动', '十', '千', '半', '卷', '却', '原', '去', '又', '及', '友', '受', '口', '只', '可', '后', '吐', '向', '听', '告', '咪', '品', '哉', '唐', '善', '单', '嗟', '四', '回', '因', '固', '在', '坐', '埂', '堂', '堪', '场', '块', '尘', '墨', '士', '复', '夕', '夜', '梦', '大', '天', '女', '好', '如', '妙', '娟', '子', '字', '学', '官', '定', '宜', '富', '实', '将', '山', '峰', '崖', '己', '已', '师', '带', '年', '并', '幻', '床', '庭', '异', '弟', '形', '彼', '往', '待', '得', '从', '德', '心', '必', '忘', '快', '念', '忽', '怀', '性', '怨', '恃', '恨', '恩', '悦', '悔', '悲', '闷', '悼', '惑', '想', '愁', '意', '愧', '慈', '慕', '惭', '愍', '成', '我', '所', '打', '技', '按', '提', '撰', '携', '故', '教', '敷', '文', '方', '日', '旨', '明', '昭', '是', '时', '晨', '曰', '书', '曾', '有', '未', '本', '材', '村', '柔', '柳', '根', '弃', '椽', '荣', '乐', '欲', '歉', '止', '正', '此', '历', '段', '氏', '永', '况', '注', '泯', '洪', '海', '深', '温', '灭', '演', '潦', '济', '灶', '无', '然', '炼', '父', '牖', '物', '独', '玄', '瓦', '甄', '甘', '生', '用', '由', '毕', '番', '当', '发', '百', '皆', '皇', '益', '目', '眉', '看', '真', '眼', '众', '知', '短', '石', '破', '碌', '祖', '神', '礼', '秀', '稍', '稽', '立', '笑', '第', '笔', '等', '粗', '红', '纨', '细', '经', '编', '练', '繁', '绳', '罪', '美', '耀', '考', '者', '而', '闻', '肖', '肥', '育', '背', '能', '自', '至', '花', '若', '茅', '荒', '华', '蒙', '蓬', '号', '蠢', '行', '衣', '裙', '补', '裤', '襟', '要', '见', '规', '觉', '言', '记', '语', '诚', '说', '谁', '谈', '论', '识', '护', '负', '贵', '贾', '质', '赖', '起', '趣', '足', '较', '近', '迥', '述', '适', '这', '通', '遂', '过', '道', '远', '选', '边', '那', '乡', '醒', '里', '钗', '锦', '开', '间', '阁', '闺', '阅', '阶', '际', '隐', '集', '虽', '雨', '零', '雾', '露', '灵', '青', '非', '须', '顽', '头', '风', '妖', '靥', '骨', '骼', '高', '点', '齐', '！', '，', '．', '：', '？']

1000 个高频词的分布如图 3-18 所示。

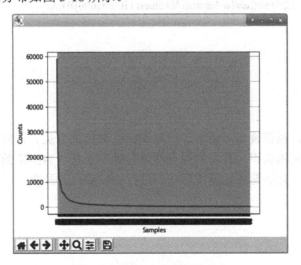

图 3-18　1000 个高频词的分布

1000 个高频词的累积分布如图 3-19 所示。

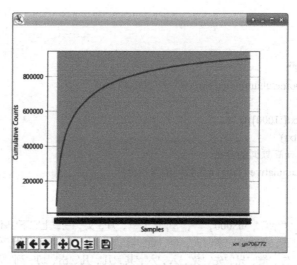

图 3-19　1000 高频词的累积分布

在研究词频分布时，通常会统计各词频段的分布情况，如查询词频在[0～100]、[100～1000]、[1000～5000]、[5000 以上]等词频段的分布情况，实现代码如下所示：

```
import codecs
import nltk
from nltk.book import *
from collections import Counter
with codecs.open(r"/home/ubuntu/dict/hlm.txt","r+",'utf-8') as f:
    txt = f.read()
    V = Counter(txt)
    print("[0  ～  100]:"+str(len([w for w in V.values() if w<100])))
    print("[100  ～  1000]:"+str(len([w for w in V.values() if w>100 and w<1000])))
    print("[1000  ～  5000]:"+str(len([w for w in V.values() if w>1000 and w<5000])))
    print("[5000  以上]:"+str(len([w for w in V.values() if w>5000])))
```

运行结果如下：

```
[0～100]:3491
[100～1000]:712
[1000～5000]:133
[5000 以上]:36
```

通过本章的学习，相信读者对语料、语料库、语料库的分类、语料库的构建原则及建立语料库的意义有了全面的认识，并能掌握自然语言处理工具包 NLTK 的安装与基本使用及语料库的三种获取方式，且能熟练运用所学知识进行实际项目的开发。

第4章　词法分析

本章讲解自然语言处理中的三项核心技术——中文分词、词性标注和命名实体识别。4.1节讲解中文分词相关知识，主要介绍中文分词的概念、常用的分词技术以及开源的中文分词工具——Jieba，并通过提取高频词这个具体的案例讲解 Jieba 的使用方法。4.2 节讲解词性标注的知识，主要介绍其概念、标注规范以及 Jieba 分词中词性标注的过程与方法。4.3 节讲解命名实体识别，主要介绍命名实体识别的概念、命名实体识别的困难和识别方法，重点介绍基于条件随机场的命名实体识别方法，并通过两个具体的案例来实现对日期的识别以及对地名的识别。

4.1　中文分词

在自然语言的理解中，词是最小的能够独立活动的有意义的语言成分。因此，自然语言处理的第一步就是将词确定下来。英文的词处理起来比较简单，英文的单词可以视为“词”，且单词与单词之间由空格或其他符号隔开，因而可以很方便地使用各种符号进行英文分词。中文分词与英文分词有很大的不同，中文的词比较多样，且词与词之间没有像英文一样明显的分隔符，因此中文分词在中文处理过程中十分重要，只有将中文进行合理分词后，才能像英文一样对其进行短语划分、概念抽取等操作，最终进行自然语言理解、文档分类等。

4.1.1　中文分词介绍

“词”是自然语言处理中一个很重要的概念。在英文中，“词”以单词的形式存在，一篇英文文本就是“单词”与各种分隔符（如空格、逗号等）的组合。但在中文处理中，“词”的概念很难表述。迄今为止，汉语言学界关于“词是什么”和“什么是词”这两个基本问题（前者是关于词的抽象定义，后者是关于词的具体界定）并没有一个权威的、明确的表述，也无法像英文一样拿出一个普遍认可的词表。

汉语的结构与很多西方语言（也称为拉丁系语言）的体系结构有较大的差异，因此我们很难对词的构成边界做出具体的界定。在汉语中，“字”是“词”的基本单位，而“词”可能是一个“字”，也可能是由两个或多个“字”组成。但对中文文本进行分析时，一篇文章的语义表达和理解却是以“词”来划分的。因此在中文文本处理时，需要进行中文分词，即将句子分割，表示成词。

中文处理的基础就是中文分词，中文分词是通过计算机自动识别出句子中的词，在词与词之间加入统一的分隔符（如“/”等）作为词的边界标记符，依次分隔出各个词汇，从而达到可以将语言量化的目的。中文分词的过程看似简单，实际操作起来却很复杂，主要原因来自三个方面：分词规范、歧义切分和未登录词的识别。

● 分词规范：汉语是一种博大精深的语言，我们国家的人对汉语词的认识极易受到主观因素的影响，对汉语词的认识的操作尺度也很难把握，因此无法统一对汉语词的认识，也无法提供一个公认的、具有权威性的词表。例如，普通人说话的语感和语言学家们的标准有较大的差异。

● 歧义切分：中文分词出现歧义的现象很普遍，且这类问题处理起来也比较复杂。例如，"大学生"可能会有"大学生""大学/生""大/学生"三种分词结果，具体哪种分词结果更符合实际，需要人为根据上下文信息来判断，机器很难判定。

● 未登录词的识别：未登录词，也可称为生词，一是指已有词典中未收录的词，二是指已有语料库中未出现过的词。未登录词对分词也会有影响，但相对来说比较容易处理。

"中文分词"这一概念自被提出以来，经过30多年的发展，出现了很多不同的中文分词方法。最早的中文分词方法是基于词表的分词算法，如正向最大匹配法、反向最大匹配法、双向最大匹配法等，这种方法也被称为"规则分词"方法。随着统计方法的发展，出现了基于统计模型的分词算法，如n元语法模型的分词算法、隐马尔可夫模型分词算法等，这些方法也被称为"统计分词"方法。目前还发展出基于序列标注模型的分词算法（也称区分式模型）、基于条件随机场（Conditional Random Fields，CRF）的分词算法、基于深度学习的端到端的分词算法等。此外，还有规则方法与统计方法相结合的混合分词技术。

4.1.2 规则分词

规则分词（Rule-based Tokenization），也可称为基于字典、词库匹配的分词方法，是通过建立词典，将待分的句子与词典中的词语进行匹配，并不断对词典进行维护以确保分词准确性的分词技术。规则分词是一种机械式的分词技术，在进行分词时将语句中的每个字符串与词典中的词进行匹配，找到则进行切分，否则不切分。

规则分词按照匹配方向主要分为三种：正向最大匹配法（Maximum Match Method，MM）、逆向最大匹配法（Reversed Maximum Match Method，RMM）以及双向最大匹配法（Bi-direction Matching Method，BMM）。

1. 正向最大匹配法

正向最大匹配法的基本思想是假定设定好的词典中的最长词（最长的词语）含有i个汉字字符，然后用待处理的中文文本中的前i个字作为匹配字段，与词典中含有i个字的词进行匹配查找。如果词典中含有这样一个包含i个字的词语则匹配成功，匹配成功的字段将作为词被切分出来，反之则匹配失败。若匹配失败，则去掉被匹配字段中的最后一个汉字字符，对剩下的字符串重新进行匹配处理（将去掉最后一个字的字符串与词典继续匹配），循环往复直到所有字段成功匹配，循环的终止条件是切分出最后一个词或者剩余匹配的字符串的长度为零。这样就完成了一个具有i个字的字符串的分词处理，即完成了一轮匹配，然后取下一个具有i个字的字符串进行匹配处理，直到整个文档被处理完毕。

正向最大匹配法的算法描述为：

（1）在待切分的中文字符串中，从左向右取出m个字作为匹配字段，m为词典中最长词的长度。

（2）查找词典并进行匹配。若匹配成功，则将该匹配字段切分为词；反之，则去掉该匹配字段的最后一个字，将剩余的字段作为新的匹配字段重新进行匹配。迭代该过程，直至切分出所有的词为止。

正向最大匹配法的匹配过程很容易理解，但实际运用效果并不十分精准，主要原因有：

（1）不断维护词典是很困难的。词典并不是一成不变的，在信息爆炸时代的今天，新词层出不穷，人工维护词典不仅费时费力，且不能保证完全覆盖所有可能出现的词。因此，词典的不完整可能会对分词结果造成一定的影响。

（2）执行效率不好。从正向最大匹配法的基本思想来看，一轮匹配的开始是找到具有最长词长度的字符串，然后按照粒度从大到小循环往复进行匹配，直到找到合适的匹配词，然后进行下一轮匹配。如果词典非常大，最长词的长度也相对较大，那么匹配寻找合适词的时间和循环的次数也会相应增加，算法的执行效率就会变得很低。

（3）无法很好地解决歧义问题。假定现有词典中最长词含有 5 个汉字字符，现要采用正向最大匹配法将"研究生命的起源"这一句话进行分词。按照正向最大匹配法的基本思想，首先取出前 5 个字"研究生命的"在字典中进行匹配，发现字典中没有该词。接着将长度缩小，取前 4 个字"研究生命"进行匹配，字典中仍旧没有该词，继续缩小长度进行匹配，发现"研究生"这个词在字典中，完成了第一次匹配，于是该词被切分出来。然后重新取出要分词的字符串"命的起源"，按照同样的方式进行匹配，5 个字、4 个字、3 个字、2 个字都没有匹配，得到第二次匹配的结果"命"。继续重新取出字符串进行匹配切分，最终将"研究生命的起源"分为"研究生""命""的"和"起源"这 4 个词。但结合语义发现这种分词结果并不正确，不是用户想要的。

下面是使用正向最大匹配法对"研究生命的起源"进行分词的代码实现：

```python
#定义方法类
class MM(object):
    #初始化函数，读取字典并获取字典中最长词的长度
    def __init__(slef, dict_path):
        self.dictionary = set()
        self.maximum = 0
        #读取字典
        with open(dic_path, 'r', encoding = 'utf8') as f:
            for line in f:
                line = line.strip()
                if not line:
                    continue
                self.dictionary.add(line)
                self.maximum = len(line)

    #切词函数
    def MM_cut(self, text):
        #定义一个空列表，保存分词结果
        result = []
        index = 0
        text_length = len(text)
        while text_length > index:
            for size in range(self.maximum + index, index, -1):
                piece = text[index: size]
                if piece in self.dictionary:
                    index = size - 1
                    break
            index += size
            result.append(piece)
        return result
```

```
def main():
    text = "研究生命的起源"
    dict_path = r"./data/imm_dic.utf8"
    tokenizer = MM(dict_path)
    print(tokenizer.MM_cut(text))

if __name__ == "__main__":
    main()
```

执行代码，分词结果如下：

```
['研究生', '命', '的', '起源']
```

2. 逆向最大匹配法

逆向最大匹配法的基本原理和实现过程与正向最大匹配法的类似，唯一不同的是分词的切分方向与正向最大匹配法的相反。正向最大匹配法是从前向后进行匹配，而逆向最大匹配法是从后向前进行匹配。逆向最大匹配法是从被处理的文档的末尾开始进行扫描，每次选取最末端的 i 个汉字字符（i 为字典中最长词的长度）作为匹配词段。若匹配成功，则进行下一字符串的匹配；否则，移除该匹配词段的最前面一个汉字，继续匹配。值得注意的是，逆向最大匹配法使用的分词字典为逆向字典，即字典中的每个词条都以逆序的方式存放，但这种处理方式不是必需的。因为是逆向匹配，所以得到的结果是逆向的，因此需要在最后将结果反过来。在实际应用中可以先将文档进行倒序处理，生成逆序文档，然后根据逆序字典按照正向最大匹配法进行处理。

与正向最大匹配法一样，逆向最大匹配法也具有字典维护困难和算法执行效率不高的问题，但其分词结果的准确性要高。这是因为汉语中的偏正结构较大，如果从后向前匹配，可以适当地提升精确度。如前面的案例"研究生命的起源"，按照逆向最大匹配法，最终的切分结果是得到"研究""生命""的"和"起源"这 4 个词。从语义上来看，这个结果要比使用正向最大匹配法得出的结果更加符合实际。

下面是使用逆向最大匹配法对"研究生命的起源"进行分词的代码实现：

```
#定义方法类
class RMM(object):
    #初始化函数，读取字典并获取字典中最长词的长度
    def __init__(slef, dict_path):
        self.dictionary = set()
        self.maximum = 0
        #读取字典
        with open(dic_path, 'r', encoding = 'utf8') as f:
            for line in f:
                line = line.strip()
                if not line:
                    continue
                self.dictionary.add(line)
                self.maximum = len(line)
    #切词函数
```

```
        def RMM_cut(self, text):
            result = ()
            index = len(text)
            while index > 0:
                word = None
                for size in range(self.maximum, 0, -1):
                    if index - size < 0:
                        continue
                    piece = text[(index - size):index]
                    if piece in self.dictionary:
                        word = piece
                        result.append(word)
                        index -= size
                        break
                if word  is None:
                    index -= 1
            return result(::-1)


def main():
    text = "研究生命的起源"
    dict_path = r"./data/imm_dic.utf8"
    tokenizer = RMM(dict_path)
    print(tokenizer.RMM_cut(text))


if __name__ == "__main__":
    main()
```

执行代码，分词结果为：

```
['研究','生命','的','起源']
```

3．双向最大匹配法

双向最大匹配法是在正向最大匹配法和逆向最大匹配法的基础上延伸出来的，其基本思想是将正向最大匹配法得到的切分结果和逆向最大匹配法得到的切分结果进行比较，然后按照最大匹配原则，选取词数最少的结果作为最终的结果。双向最大匹配法的步骤为：

（1）若正向和逆向的分词结果的词语数目不一致，选取分词数量较少的那组分词结果作为最终结果；

（2）若正向和逆向的分词结果的词语数目一致，分两种情况考虑：

● 分词结果完全一样，则认为结果不具备任何歧义，即表示正向和逆向的分词结果皆可作为最终结果；

● 分词结果不一样，选取分词结果中单个汉字数目较少的那一组作为最终结果。

双向最大匹配法在中文文本分词中被广泛使用，且准确率较高。SunM.S.和 Benjamin K.T. 的研究结果表明：90.0%左右的中文文本按照正向最大匹配法和逆向最大匹配法得到的两种结果是完全重合且正确的；约9.0%的文本使用两种方法得到的结果是不一致的，但其中必有一个是正确的（歧义检测成功）；约 1.0%的中文文本使用正向最大匹配法和逆向最大匹配法得到的两种结果虽然一致但却是错误的，或者两种方法得到的结果不同但两个都是错误的（歧义检测失败)。

下面是使用双向最大匹配法对"研究生命的起源"进行分词的代码实现：

```python
#双向最大匹配法
class BiDIrectionMatching(object):
    #初始化函数，读取字典并获取字典中最长词的长度
    def __init__(self, dict_path):
        self.dictionary = set()
        self.maximum = 0

        #读取字典
        with open(dict_path, 'r', encoding = 'utf8') as f:
            for line in f:
                line = line.strip()
                if not line:
                    continue
                self.dictionary.add(line)
                if len(line) > self.maximum:
                    self.maximum = len(line)

    #正向最大匹配法。输入：text，待分词文本；输出：result，词列表
    def MM_cut(self, text):
        result = []
        index = 0
        while index < len(text):
            word = None
            for size in range(self.maximum, 0, -1):
                if len(text)-index < size:
                    continue
                piece = text[index:(index+size)]
                if piece in self.dictionary:
                    word = piece
                    result.append(word)
                    index += size
                    break
            if word is None:
                result.append(text[index])
                index += 1
        return result

    #逆向最大匹配法。输入：text，待分词文本；输出：result，词列表
    def RMM_cut(self, text):
        result = []
        index = len(text)
        while index > 0:
            word = None
            #从最长的词开始寻找
```

```python
        for size in range(self.maximum, 0, -1):
            if index - size < 0:
                continue
            piece = text[(index - size):index]
            if piece in self.dictionary:
                word = piece
                result.append(word)
                index -= size
                break
        if word is None:
            result.append(text[index])
            index -= 1
    return result[::-1]

#双向最大匹配法
def BMM_cut(self, text):
    mm_tokens = self.MM_cut(text)
    print('正向最大匹配分词结果:', mm_tokens)
    rmm_tokens = self.RMM_cut(text)
    print('逆向最大匹配分词结果:', rmm_tokens)

    #两种分词结果长度一样,取词量少的结果
    if len(mm_tokens) != len(rmm_tokens):
        if len(mm_tokens) > len(rmm_tokens):
            return rmm_tokens
        else:
            return mm_tokens
    #两种分词结果长度一样,分情况考虑
    elif len(mm_tokens) == len(rmm_tokens):
        #两种分词结果完全一致,任一都可
        if operator.eq(mm_tokens, rmm_tokens):
            return mm_tokens
        #两种分词结果不完全一致,比较词中的汉字数目
        else:
            mm_count, rmm_count = 0, 0
            for mm_tk in mm_tokens:
                if len(mm_tk) == 1:
                    mm_count += 1
            for rmm_tk in rmm_tokens:
                if len(rmm_tk) == 1:
                    rmm_count += 1

            #选择汉字数目少的结果
            if mm_count > rmm_count:
                return rmm_tokens
            else:
                return mm_tokens
```

```
def main():
    text = "研究生命的起源"
    dict_path = r"./data/imm_dic.utf8"
    tokenizer = BiDIrectionMatching(dict_path)
    print('双向最大匹配分词结果: ',tokenizer.BMM_cut(text))

if __name__ == "__main__":
    main()
```

执行代码，结果为：

```
正向最大匹配分词结果: ['研究生', '命', '的', '起源']
逆向最大匹配分词结果: ['研究', '生命', '的', '起源']
双向最大匹配分词结果: ['研究', '生命', '的', '起源']
```

规则分词的算法一般都比较高效，也较简单，但在网络发达的今天，词典的维护是一件耗时耗力的工程，且很难覆盖到所有的词。

4.1.3 统计分词

随着统计机器学习方法的研究与发展以及大规模语料的建立，很多基于统计模型的分词方法以及规则与统计方法相结合的分词技术相继被提出，并逐渐发展成为主流。

基于统计的分词方法（统计分词）的基本思想是将每个词看作由字（字是词的最小单位）组成的，如果相连的字在大量的文本中都有出现，则说明这些相连的字有成词的可能性，出现的次数越多，其成词的概率越大。因此，可以用字与字相邻出现的频率来反映成词的可靠度。对语料中相邻出现的各个字的组合进行频度统计，当组合的频度高于某一阈值时，便认为这些字的组合构成了一个词。

基于统计的分词方法一般分为如下两个步骤：

（1）建立统计语言模型；

（2）对句子进行单词划分，然后对划分结果进行概率统计，获得概率最大的分词方式。这一步骤会使用到 CRF、HMM 等统计学习方法。

1. 统计语言模型

统计语言模型是自然语言处理的基础，被广泛应用于机器翻译、语音识别、印刷体或手写体识别、拼音纠错、汉字输入和文献查询等。下面介绍 n 元语言模型（n-gram）。

假设 S 表示长度为 m、由 $(w_1, w_2, \cdots, w_m)$ 字序组成的句子，则其概率分布为 $P(S) = P(w_1, w_2, \cdots, w_m)$，其中 $w_i (i \in [1, m])$ 表示文本中的第 i 个词语。采用链式法则计算词的概率值，其公式可表示为

$$P(w_1, w_2, \cdots, w_m) = P(w_1)P(w_2 | w_1) \cdots P(w_i | w_1, w_2, \cdots, w_{i-1}) \cdots P(w_m | w_1, w_2, \cdots, w_{m-1})$$

从公式可知，每个词的出现都与其之前出现过的词有关，整个句子 S 的概率为这些词的概率的乘积。但当文本过长时，等号右边从第三项开始，每一项的计算都有难度，这就使整个句子 S 的计算难度很大。n 元模型的提出就是为了降低这个计算难度。

所谓 n 元模型，就是在计算该概率条件时，利用 HMM 假设（当前词只与最多前 $n-1$ 个有限的词相关），忽略距离大于等于 n 的上文词对当前词的影响，因此 $P(w_i | w_1, w_2, \cdots, w_{i-1})$ 可

以简化为

$$P(w_i | w_1, w_2, \cdots, w_{i-1}) \approx P(w_i | w_{i-(n-1)}, \cdots, w_{i-1})$$

当 $n=1$ 时，称为一元模型（Unigram Model），表示出现在第 i 位的词 w_i 独立于历史，此时整个句子 S 的概率等于各个词的概率的乘积，可以表示为

$$P(S) = P(w_1, w_2, \cdots, w_m) = P(w_1)P(w_2)\cdots P(w_m) = \prod_{i=1}^{m} P(w_i)$$

在一元模型中，各个词之间是相互独立的，这样会完全损失句子中词的次序信息，因此一元模型的效果并不理想。

当 $n=2$ 时，称为二元模型（Bigram Model），表示出现在第 i 位的词 w_i 仅与它前面的一个历史词 w_{i-1} 有关。二元模型又被称为一阶马尔可夫链（Markov Chain），可表示为

$$P(w_1, w_2, \cdots, w_m) = \prod_{i=1}^{m} P(w_i | w_{i-1})$$

当 $n=3$ 时，称为三元模型（Trigram Model），表示出现在第 i 位的词 w_i 仅与它前面的两个历史词 w_{i-2} 和 w_{i-1} 有关。三元模型又被称为二阶马尔可夫链，可表示为

$$P(w_1, w_2, \cdots, w_m) = \prod_{i=1}^{m} P(w_i | w_{i-2}, w_{i-1})$$

在实际应用中，一般使用频率计数的比例来计算 n 元条件概率，可表示为

$$P(w_i | w_{i-(n-1)}, \cdots, w_{i-1}) = \frac{\text{count}(w_{i-(n-1)}, \cdots, w_{i-1}, w_i)}{\text{count}(w_{i-(n-1)}, \cdots, w_{i-1})}$$

式中：$\text{count}(w_{i-(n-1)}, \cdots, w_{i-1})$ 表示词语 $w_{i-(n-1)}, \cdots, w_{i-1}$ 在语料库中出现的总次数。

由此可见，当 $n \geqslant 2$ 时，n 元模型可以保留一定的词序信息，且 n 越大，模型所保留的词序信息越丰富，但同时计算量也在呈指数级增长。与此同时，长度越长的文本序列出现的次数也会减少，如果使用频率计数的比例来估计 n 元条件概率，则有可能出现频率计数（分子分母）为零的情况。因此，在 n 元模型的使用过程中一般会加入拉普拉斯平滑（Laplace Smoothing）等平滑算法来避免这种情况。

2．HMM

HMM 将分词任务看作字在句子中的序列标注任务。其基本思想是：每个字在构造一个特定词语时都占据着一个特定的位置（词位）。从中文分词角度理解，HMM 是一个五元组，包含：

● StatusSet：状态值集合。
● ObservedSet：观察值集合。
● TransProbMatrix：：转移概率矩阵。
● EmitProbMatrix：发射概率矩阵。
● InitStatus：初始状态概率分布。

针对中文分词，StatusSet 和 ObservedSet 可做如下理解：

● StatusSet 为（B, M, E, S），表示 4 种状态，每个状态代表该字在词语中的位置，B（Begin）代表该字是词语中的起始字，M（Middle）代表该字是词语中的中间字，E（End）代表该字是词语中的结束字，S（Single）则代表单字成词。

● ObservedSet 是由所有汉字及各种标点符号等非中文字符所组成的集合。使用 HMM 进

行中文分词时，模型的输入是 ObservedSet 序列（如一个句子），输出则是这个句子中的每个字的状态值（StatusSet 序列）。例如，ObservedSet 序列为"小明硕士毕业于中国科学院研究所。"，其输出序列状态为"BEBEBESBEBMEBMES"。根据这个状态序列进行分词，得到"BE/BE/BE/S/BE/BME/BME/S"，因此 ObservedSet 序列的分词结果为"小明/硕士/毕业/于/中国/科学院/研究所/"。

同时需要注意，B 后面只可能是 M 或 E，不可能是 B 或 S，M 后面也只可能是 M 或 E，不可能是 B 或 S。

HMM 中五元组的关系是通过 Viterbi 算法串起来的，ObservedSet 序列值是 Viterbi 的输入，StatusSet 序列值是 Viterbi 的输出。Viterbi 算法中的输入和输出间还需要借助 InitStatus、TransProbMatrix 和 EmitProbMatrix 这三个模型参数。前面介绍了 StatusSet 和 ObservedSet，这里介绍剩余三个参数。

● InitStatus：初始状态概率分布，即句子的第一个字属于 B、E、M、S 这 4 种状态的概率。实际情况下，句子开头的第一个字只可能是词语的首字（状态为 B）或者是单独成词（状态为 S），不可能是词语的中间（状态为 M）或结尾（状态为 E）。

● TransProbMatrix：转移概率是马尔可夫链很重要的一个知识点。马尔可夫链最大的特点就是当前 $T=i$ 时刻的状态 Status(i)，只和 $T=i$ 时刻之前的 n 个状态有关。通过引入有限性假设，即马尔可夫链的 $n=1$，将问题简化为 $T=i$ 时刻的状态 Status(i) 只与上一时刻的状态 Status($i-1$) 有关。TransProbMatrix 其实就是一个 4×4（4 就是状态值集合{B，M，E，S}的大小）大小的二维矩阵，矩阵的横纵坐标顺序均是 BEMS。此外，由 4 种状态各自的含义可知，状态 B 的下一个状态只可能是 M 或 E，不可能是 B 或 S，所以不可能的转移对应的概率都是 0。

● EmitProbMatrix：发射概率本质上也是一个条件概率，根据 HMM 中的独立观察假设可知，观察值只取决于当前状态值，即

$$P(\text{Observed}[i], \text{Status}[j]) = P(\text{Status}[j]) \cdot P(\text{Observed}[i] \mid \text{Status}[j])$$

式中：$P(\text{Observed}[i] \mid \text{Status}[j])$ 是从 EmitProbMatrix 中获取的。

用数学抽象进行表示，令 $\lambda = \lambda_1 \lambda_2 \cdots \lambda_n$ 表示输入的句子，n 为句子长度，λ 表示句子中的字（包括标点符号等非中文字符），令 $o = o_1 o_2 \cdots o_n$ 表示输出的标签，o 即 B、M、E、S 这 4 种标记符号，则理想的输出为 $P(o_1 o_2 \cdots o_n \mid \lambda_1 \lambda_2 \cdots \lambda_n)$ 概率最大，即

$$\max = \max P(o_1 o_2 \cdots o_n \mid \lambda_1 \lambda_2 \cdots \lambda_n)$$

值得注意的是，$P(o \mid \lambda)$ 是关于 $2n$ 个变量的条件概率，且 n 的值不固定，因此该条件概率的计算量很大。为了简化对 $P(o \mid \lambda)$ 的计算，引入独立观察假设，即假设每个字的输出仅与当前字有关，由此得到：

$$P(o_1 o_2 \cdots o_n \mid \lambda_1 \lambda_2 \cdots \lambda_n) = P(o_1 \mid \lambda_1) P(o_2 \mid \lambda_2) \cdots P(o_n \mid \lambda_n)$$

相对来说，$P(o_k \mid \lambda_k)$ 的计算要简单很多。因此独立观察假设的引入可以简化目标问题，使计算量大大减少，但该方法完全没有考虑上下文信息，极易出现不合理的情况。例如，可能会得到如 BBB、BEM 等不合理的输出。

HMM 针对上述问题进行了改进，将 $P(o \mid \lambda)$ 通过贝叶斯公式计算，即

$$P(o \mid \lambda) = \frac{P(o, \lambda)}{P(\lambda)} = \frac{P(\lambda \mid o)P(o)}{P(\lambda)}$$

式中：λ 为给定的输入，$P(\lambda)$ 是已知的，因此最大化 $P(o \mid \lambda)$ 问题可以等价于最大化

$P(\lambda|o)P(o)$。对 $P(\lambda|o)P(o)$ 做马尔可夫假设，得到：

$$P(\lambda|o) = P(\lambda_1|o_1)P(\lambda_2|o_2)\cdots P(\lambda_n|o_n)$$

同时：

$$P(o) = P(o_1)P(o_2|o_1)P(o_3|o_2,o_1)\cdots P(o_n|o_1,o_2,\cdots,o_{n-1})$$

对 $P(o)$ 做齐次马尔可夫假设，即每个输出仅与上一个输出有关，则：

$$P(o) = P(o_1)P(o_2|o_1)P(o_3|o_2)\cdots P(o_n|o_{n-1})$$

所以：

$$P(\lambda|o)P(o) = P(o_1)P(\lambda_1|o_1)P(o_2|o_1)P(\lambda_2|o_2)P(o_3|o_2)\cdots P(o_n|o_{n-1})P(\lambda_n|o_n)$$

在 HMM 中，$P(\lambda_k|o_k)$ 被称为发射概率，$P(o_k|o_{k-1})$ 被称为转移概率，通过设置某些 $P(o_k|o_{k-1})=0$，可以排除类似 BBB、BEM 等不合理的输出组合。

HMM 可以用来解决三种问题：

（1）在参数 StatusSet、TransProbMatrix、EmitProbMatrix 和 InitStatus 已知的情况下，求解 ObservedSet 序列（常用求解算法是 Forward-backward 算法）。

（2）在参数 ObservedSet、TransProbMatrix、EmitProbMatrix 和 InitStatus 已知的情况下，求解 StatusSet 序列（常用求解算法是 Viterbi 算法）。

（3）在参数 ObservedSet 已知的情况下，求解 TransProbMatrix、EmitProbMatrix 和 InitStatus（常用求解算法是 Baum-Welch 算法）。

使用 HMM 进行中文分词对应于第二个问题，因此将中文分词问题转化为求解 $\max P(\lambda|o)P(o)$ 后，常使用 Viterbi 算法来求解。Viterbi 算法是一种动态规划的方法，其基本思想是：如果最短路径经过某一个节点 o_i，则从初始节点到当前节点的前一节点 o_{i-1} 的路径也是最短的，因为每个节点 o_i 只会影响它的前一个节点和后一个节点（$P(o_{i-1}|o_i)$ 和 $P(o_{i+1}|o_{i+2})$）。所以可以用递推的方法，选择节点时只用考虑上一个节点的所有最优路径，然后与当前节点路径结合，逐步找出最优路径。这样每一步都只需要计算不超过 l^2 次（l 是候选数目最多的节点 o_i 的候选数目，正比于 n）就可以逐步找到最短路径，则 Viterbi 算法的效率是 $O(n \times l^2)$，这是非常高的效率。HMM 的状态转移示意图如图 4-1 所示。

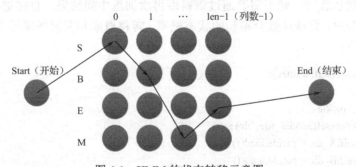

图 4-1　HMM 的状态转移示意图

下面使用 Python 语言来实现 HMM，并将其封装成一个名为 HMM 的类，类封装如下：

```python
class HMM(object):
    #初始化参数
    def __init__(self):
        pass
```

```
#用于加载已计算的中间结果，当需要重新训练时，需初始化清空结果
def try_load_model(self, trained):
    pass

#计算转移概率、发射概率以及初始状态概率
def train(self, path):
    pass

#Viterbi 算法，寻找最优路径，即最大可能的分词方案
def viterbi(self, text, states, start_p, trans_p, emit_p):
    pass

#用 Viterbi 算法分词，并输出
def cut(self, text):
    pass
```

类 HMM 中 __init__ 函数的作用是初始化一些全局信息和一些成员变量，如状态集合，并存取概率计算的中间文件等。该函数的实现为：

```
def __init__(self):
    import os

    #主要用于存取算法中间结果，不需要每次都训练模型
    self.model_file = './data/hmm_model.pkl'

    #状态值集合
    self.state_list = ['B', 'M', 'E', 'S']
    #参数加载，用于判断是否需要重新加载 model_file
    self.load_para = False
```

类 HMM 中 try_load_model 函数会接收一个用于判别是否已加载中间文件结果的参数。当中间结果是直接加载时，则不需要通过语料库再次训练中间结果，直接进行分词调用；当中间结果未被加载时，则该函数会将初始状态概率、转移概率和发射概率等信息进行初始化。该函数的实现如下：

```
def try_load_model(self, trained):
    if trained:
        import pickle
        with open(self.model_file, 'rb') as f:
            self.A_dic = pickle.load(f)
            self.B_dic = pickle.load(f)
            self.Pi_dic = pickle.load(f)
            self.load_para = True

    else:
        #转移概率（状态->状态的条件概率）
        self.A_dic = {}
        #发射概率（状态->词语的条件概率）
```

```
        self.B_dic = {}
        #初始状态概率
        self.Pi_dic = {}
        self.load_para = False
```

类 HMM 中 train 函数的作用是通过给定的分词语料进行训练，即对语料进行统计，得到 HMM 求解时需要的初始状态概率、转移概率和发射概率。给定的语料要有一定的格式，即每行一句话（逗号分隔开的也算一句话），且每句话中的词都以空格分隔。下面案例中采用的是人民日报的分词语料，该函数的实现如下：

```
#输入：path，训练材料路径
def train(self, path):
    #重置几个概率矩阵
    self.try_load_model(False)

    #统计状态出现次数，求 p(o)
    Count_dic = {}

    #初始化参数
    def init_parameters():
        for state in self.state_list:
            self.A_dic[state] = {s: 0.0 for s in self.state_list}
            self.Pi_dic[state] = 0.0
            self.B_dic[state] = {}

            Count_dic[state] = 0

    #功能：为训练材料的每个词划分 BMES
    #输入：text，一个词
    #输出：out_text，划好的一个 BMES 列表
    def makeLabel(text):
        out_text = []
        if len(text) == 1:
            out_text.append('S')
        else:
            out_text += ['B'] + ['M'] * (len(text) - 2) + ['E']

        return out_text

    init_parameters()
    line_num = -1
    #观察者集合，主要是字、标点等
    words = set()
    with open(path, encoding='utf8') as f:
        for line in f:
            line_num += 1

            line = line.strip()
```

```
        if not line:
            continue

        word_list = [i for i in line if i != ' ']
        #更新字的集合
        words |= set(word_list)

        linelist = line.split()

        line_state = []
        for w in linelist:
            line_state.extend(makeLabel(w))

        assert len(word_list) == len(line_state)

        for k, v in enumerate(line_state):
            Count_dic[v] += 1
            if k == 0:
                #每个句子中第一个字的状态，用于计算初始状态概率
                self.Pi_dic[v] += 1
            else:
                #计算转移概率
                self.A_dic[line_state[k - 1]][v] += 1
                #计算发射概率
                self.B_dic[line_state[k]][word_list[k]] = self.B_dic[line_state[k]].get(word_list[k], 0) \
                                                          + 1.0

self.Pi_dic = {k: v * 1.0 / line_num for k, v in self.Pi_dic.items()}
#加 1 平滑
self.A_dic = {k: {k1: v1 / Count_dic[k] for k1, v1 in v.items()} for k, v in self.A_dic.items()}
#序列化
self.B_dic = {k: {k1: (v1 + 1) / Count_dic[k] for k1, v1 in v.items()} for k, v in self.B_dic.items()}

import pickle
with open(self.model_file, 'wb') as f:
    pickle.dump(self.A_dic, f)
    pickle.dump(self.B_dic, f)
    pickle.dump(self.Pi_dic, f)

return self
```

  类 HMM 中 cut 函数通过加载中间文件并调用 viterbi 函数来实现分词功能。viterbi 函数是 Viterbi 算法的实现，是基于动态规划方法求最大概率的路径，即最大可能的分词方案。viterbi 函数的输入参数较多，text 表示待切分的文本，states 表示状态集，start_p 表示初始状态概率，trans_p 表示转移概率，emit_p 表示发射概率。该函数会输出两个结果：prob 表示概率， path 表示划分方案。viterbi 函数的实现如下：

```python
#Viterbi 算法，寻找最优路径，即最大可能的分词方案
def viterbi(self, text, states, start_p, trans_p, emit_p):
    V = [{}] #路径图
    path = {}

    #初始化第一个字的各状态的可能性
    for y in states:
        V[0][y] = start_p[y] * emit_p[y].get(text[0], 0)
        path[y] = [y]

    #每一个字
    for t in range(1, len(text)):
        V.append({})
        newpath = {}

        #检验训练的发射概率矩阵中是否有该字
        neverSeen = text[t] not in emit_p['S'].keys() and \
          text[t] not in emit_p['M'].keys() and \
          text[t] not in emit_p['E'].keys() and \
          text[t] not in emit_p['B'].keys()
        #每个字的每个状态的可能
        for y in states:
            #设置未知字单独成词
            emitP = emit_p[y].get(text[t], 0) if not neverSeen else 1.0
            #y0 为上一个字可能的状态，然后算出当前字最可能的状态，prob 是最大可能，state 是
            #上一个字的状态
            (prob, state) = max([(V[t - 1][y0] * trans_p[y0].get(y, 0) * emitP, y0) for y0 in states if V[t -
                        1][y0] > 0])
            V[t][y] = prob
            #更新路径
            newpath[y] = path[state] + [y]
        path = newpath

    #最后一个字是词语一部分的可能大于单独成词的可能
    if emit_p['M'].get(text[-1], 0) > emit_p['S'].get(text[-1], 0):
        (prob, state) = max([(V[len(text) - 1][y], y) for y in ('E', 'M')])
    #否则选取最大可能的那条路
    else:
        (prob, state) = max([(V[len(text) - 1][y], y) for y in states])

    return (prob, path[state])
```

cut 函数的实现如下：

```python
#用 Viterbi 算法分词，并输出
#输入：text，待分词的文本
def cut(self, text):
    import os
    if not self.load_para:
```

```
                self.try_load_model(os.path.exists(self.model_file))
            prob, pos_list = self.viterbi(
                text, self.state_list, self.Pi_dic, self.A_dic, self.B_dic)
            begin, next = 0, 0
            for i, char in enumerate(text):
                pos = pos_list[i]
                if pos == 'B':
                    begin = i
                elif pos == 'E':
                    yield text[begin: i+1]
                    next = i+1
                elif pos == 'S':
                    yield char
                    next = i+1
            if next < len(text):
                yield text[next:]
```

至此完成了类 HMM 的实现。接下来测试该类的分词功能，如测试"研究生命的起源"这句话的分词结果。测试代码如下：

```
hmm = HMM()
path = r"./data/trainCorpus.txt_utf8"
hmm.train(path)

text = '研究生命的起源'
res = hmm.cut(text)
print(text)
print(str(list(res)))
```

测试结果为：

```
研究生命的起源
['研究', '生命', '的', '起源']
```

通过分词结果可知，类 HMM 具有不错的分词效果。本案例演示的 HMM 的实现较为简单，且训练时并未采用大规模的语料库。在实际应用中，需要根据实际情况进行优化，如扩充语料、补充词典等。

3．其他统计分词算法

除 HMM 算法，CRF 也是一种经典的统计分词方法，且 CRF 是基于马尔可夫思想的一种统计模型。HMM 中的经典假设——每个状态只与它前面的状态有关，可能会导致结果出现偏差。CRF 算法不仅考虑到每个状态会与它前面的状态有关，还认为每个状态也与它后面的状态有关。CRF 算法在后续章节中会有详细的介绍，本节不做重点介绍。

随着中文分词技术的发展，越来越多的分词方法被学者提出和应用。神经网络分词算法是深度学习方法在自然语言处理上的应用，其基本思想是采用 CNN、长短记忆网络（Long-Short Term Memory，LSTM）等适用于深度学习领域的神经网络自动发现中文文本中的模式和特征，然后结合 CRF、softmax 等分类算法进行分词预测。

与规则分词方法相对比，统计分词方法不需要费时费力地去维护字典，且能够较好地处理未登录词和歧义词，是目前较为主流的中文分词方法。但统计分词的效果依赖于训练语料库的质量，需要花费时间对训练语料库进行训练，因此相对来说，统计分词的计算量比规则分词的计算量大。

4.1.4　混合分词

中文分词的算法有很多，事实上，不管是规则分词方法中的正向最大匹配法、逆向最大匹配法或者双向最大匹配法，还是统计分词方法中的统计语言模型、HMM、CRF 模型或者深度学习模型，这些方法在具体分词任务中的效果是很相近的，差距并不大。实际工程应用时经常会采用一种分词方法为主，其他分词方法为辅的混合分词方法，这样不仅可以保证分词的精确度，还可以较好地对未登录词和歧义词进行识别。

4.1.5　中文分词工具——Jieba

随着自然语言处理的火热发展以及 NLP 技术的日益成熟，中文分词工具也越来越多，且很多分词工具都实现了开源，如 ansj 分词器、清华大学的 THULAC、哈工大的 LTP、斯坦福分词器等。本节主要对开源分词工具 Jieba 进行介绍，原因有如下几点：

● 社区活跃。Jieba 在 GitHub 上进行开源，且社区活跃度非常高。高的活跃度表示项目的关注度和受欢迎程度很高，也表示该项目会持续更新。同时，使用者关于实际应用过程中的问题能够在社区得到较快的回复，适合长期使用。

● 功能丰富。Jieba 是一个开源框架，不仅提供分词功能，还具有关键词提取、词性标注等功能。

● 支持多种编程语言。Jieba 是基于 Python 的分词组件，但还提供了对 C++、R、Go 等多种语言的支持。同时，还提供了很多热门社区项目（如 ElasticSearch、lucene 等）的扩展插件。

● 使用简单。Jieba 的安装配置十分简单，且 API 整体来说并不多，方便新用户上手。可借助 Python 的 pip 工具对 Jieba 进行在线安装，命令为 pip install jieba。

Jieba 是结合了规则分词和统计分词两种方法的混合分词工具。其算法首先基于前缀词典实现高效的词图扫描，分析句子中汉字的所有可能成词的情况，并将其构成有向无环图（Directed Acyclic Graph，DAG），然后采用动态规划方法查找最大概率路径，找出基于词频的最大切分组合。对于未登录词，Jieba 采用了基于汉字成词能力的 HMM，并使用 Viterbi 算法进行推导。

1．Jieba 的三种分词模式

Jieba 提供了三种不同的分词模式，可根据实际需要进行选择。

（1）全模式：将句子中所有可以成词的词语都扫描出来，优点是速度非常快，缺点是不能解决歧义问题；

（2）精确模式：试图将句子最精确地切开，适用于文本分析；

（3）搜索引擎模式：基于精确模式，对长词进行再次切分，从而提高召回率，适用于搜索引擎分词。

下面通过简单的代码介绍三种分词模式的使用，并对结果进行对比。

```
import jieba
str = "小明硕士毕业于中国科学院研究所"
cut_str1 = jieba.cut(str,cut_all = True)
```

```
print("全模式结果： ","/".join(cut_str1))
cut_str2 = jieba.cut(str, cut_all = False)
print("精确模式结果： ","/".join(cut_str2))
cut_str3 = jieba.cut(str)
print("默认模式结果： ","/".join(cut_str3))
cut_str4 = jieba.cut_for_search(str)
print("搜索引擎模式结果： ","/".join(cut_str4))
```

结果如下：

全模式结果：小/明/硕士/毕业/于/中国/中国科学院/科学/科学院/学院/研究/研究所
精确模式结果：小明/硕士/毕业/于/中国科学院/研究所
默认模式结果：小明/硕士/毕业/于/中国科学院/研究所
搜索引擎模式结果：小明/硕士/毕业/于/中国/科学/学院/科学院/中国科学院/研究/研究所

观察结果可以发现，jieba.cut 默认是精确模式，一般情况下使用该模式即可。全模式和搜索引擎模式会切出所有可能的词，在某些模糊匹配的场景下，使用这两种模式会更好。

2．实战之高频词的提取

高频词是指在文档中出现频率较高且有用的词语，从某种意义上来说，高频词代表着文档的焦点。对于单篇文档，高频词可以理解为关键词；对于多篇文档，如新闻等，高频词可以视为热词，用于发现舆论焦点。

高频词的提取可以采用自然语言处理中的 TF（Term Frequency，词频）策略来实现。高频词的提取通常要排除以下干扰项：

● 标点符号。标点符号对于文档焦点没有价值，需要提前去除。

● 停用词。文档中经常会使用诸如"了""的""是"等词，但这些词对文档焦点并没有太大的意义，也需要剔除。

下面通过对搜狗实验室的新闻数据进行高频词提取来讲解 Jieba 的使用方法。本案例共计 9 个子目录，分别代表不同领域的新闻，每个目录下均有 1990 个 txt 文件，每个文件的内容都是一篇新闻报道。该数据可以作为一个文本分类的语料集，这里只使用其中一个子文件夹，统计该类别新闻的高频词。

首先定义 get_content 函数，用于加载指定路径（path）下的数据。代码如下：

```
def get_content(path):
    with open(path, 'r', encoding='gbk', errors='ignore') as f:
        content = ""
        for line in f:
            line = line.strip()
            content += line
        return content
```

其次定义 get_TF 函数，用于统计高频词。该函数的输入是一个词数组，默认返回前 10 个高频词。代码如下：

```
def get_TF(words, topK = 10):
    #字典，用于统计词及其出现的次数
    tf_dic = {}
    for w in words:
```

```
        tf_dict[w] = tf_dic.get(w,0) + 1
    #根据出现次数进行逆向排序
    sorted_words = sorted(tf_dic.items(), key = lambda x: x[1], reverse = True)
    #返回出现次数最多的 topK 个词
    return sorted_words[:topK]
```

最后，书写主函数。代码如下：

```
def main():
    import glob
    import random
    import jieba

    #glob.glob：匹配所有符合条件（可使用通配符）的文件，并将其以列表的形式返回
    files = glob.glob('./data/news/C000016/*.txt')
    #读取每个文件的内容
    corpus = [get_content(x) for x in files]
    #随机生成一个数字作为文件索引，后续会使用，相当于随机挑选一个文件
    sample_inx = random.randint(0, len(corpus))
    split_words = list(jieba.cut(corpus[sample_inx]))
    print("样本示例： ", corpus[sample_inx])
    print("分词结果： ", '/'.join(split_words))
    print("未使用停用词得到的前 topK 个词： ", str(get_TF(split_words)))
```

运行主函数，结果如下：

样本示例：南非之所以成为旅游胜地，主要是因为当地各类繁多且形态优美的野生动物，因此，参观当地一座大型野生动物园，看看生活在此的狮子、大象、长颈鹿和羚羊，成为游客不可错过的一项体验。假使你没机会一游大型野生动物园，不妨到市中心附近的小型动物园走走。位于霍尼都（Honeydew）的狮子园（LionPark）和附近的克鲁格斯多普野生动物保护区（Krugersdorp GanmePeserve）都有许多狮子和羚羊，而且距离约翰内斯堡市不到半小时车程。

分词结果：南非/之所以/成为/旅游胜地/，/主要/是因为/当地/各类/繁多/且/形态/优美/的/野生动物/，/因此/，/参观/当地/一座/大型/野生/动物园/，/看看/生活/在/此/的/狮子/、/大象/、/长颈鹿/和/羚羊/，/成为/游客/不可/错过/的/一项/体验/。/假使/你/没/机会/一游/大型/野生/动物园/，/不妨/到/市中心/附近/的/小型/动物园/走走/。/位于/霍尼/都/（/Honeydew/）/的/狮子/园/（/LionPark/）/和/附近/的/克鲁格/斯多普/野生动物/保护区/（/Krugersdorp/ GanmePeserve/）/都/有/许多/狮子/和/羚羊/，/而且/距离/约翰内斯堡/市/不到/半小时/车程/。

未使用停用词得到的前 topK 个词： [('，', 7), ('的', 6), ('动物园', 3), ('狮子', 3), ('和', 3), ('。', 3), ('（', 3), ('）', 3), ('成为', 2), ('当地', 2)]

观察结果，返回的排名前 10 的高频词中有"，""。""的"等，这些词和符号对发现文档焦点并无指导意义，因此需要自定义一个停用词词典，将这些词提前过滤掉。

首先将停用词整理成一个停用词典（包括数字、标点符号等）。通常情况下是将停用词写入一个文件（如文本文件）中，每个停用词占用文件中的一行。下面定义 stop_words 函数，用于从文件中读取停用词。代码如下：

```
def stop_words(path):
    with open(path, 'r', encoding='utf8', errors='ignore') as f:
        stopwords = [line.strip() for line in f.readlines()]
    return stopwords
```

接下来在 main 函数结尾添加如下两行代码（此处没有直接修改代码，而是采用添加代码的方式对停用词使用前后的结果做对比）：

```
split_words2 = [x for x in split_words) if x not in stop_words('./data/stop_words.utf8')]
print("使用停用词后得到的前 topK 个词：", str(get_TF(split_words2)))
```

停用词使用前后的前 10 个高频词分别为：

```
未使用停用词得到的前 topK 个词：[(', ', 7), ('的', 6), ('动物园', 3), ('狮子', 3), ('和', 3), ('。', 3), (' (', 3), (') ', 3), ('成为', 2), ('当地', 2)]
    使用停用词后得到的前 topK 个词：[('动物园', 3), ('狮子', 3), ('成为', 2), ('野生动物', 2), ('大型', 2), ('野生', 2), ('羚羊', 2), ('附近', 2), ('南非', 1), ('旅游胜地', 1)]
```

对比停用词使用前后的结果可以发现：去除停用词后，得到的高频词更有意义，对于文档焦点的发现更具有指导意义。

上面的案例在提取高频词的过程中使用的是 Jieba 自带的常规词典。一般情况下，只使用常规词典就可以得到用户想要的分词结果，但在某些特定场景下，常规词典就显得不够用。这时，用户需要自定义词典，以提升分词的效果。Jieba 提供了加载用户自定义词典的功能，使用方法是：

```
jieba.load_userdict('./data/user_dict.utf8')
```

Jieba 要求的用户词典每行只能有一个词，包含词语、词频（可省略）、词性（可省略）三部分，这三个部分用空格隔开，顺序不可调整。格式如下：

```
大数据 5 n
朝三暮四 3 i
杰克 nz
人工智能
```

在自然语言处理的实际应用（如提取高频词等应用）中，要根据实际情况选择合理的词典和停用词典。很多情况下都需要用户自定义词典和停用词典，以此获得更好的应用效果。上面的案例展示的是语料库中某一篇文档的高频词的提取，多篇文档的处理思路与一篇文档的处理思路类似，读者可自行尝试。

4.2 词性标注

词性标注是在给定句子中判定每个词的语法范畴，确定其词性并加以标注的过程，这也是 NLP 中一项非常重要的基础性工作。

4.2.1 词性标注概述

词性，也称为词类，是词汇的基本语法属性，用于描述词在上下文中的作用。词性标注是对句子中的每个词给出合适的词性标签，如名词、动词、形容词等。如句子"小明硕士毕业于中国科学院研究所"，对其进行词性标注的结果是："小明/人名 硕士/名词 毕业/动词 于/介词 中国科学院/机构名称 研究所/名词"。词性标注是自然语言处理中的重要技术之一，自然语言处理的很多应用，如句法分析、词汇获取、信息抽取等都离不开词性标注。

中文作为一种孤立语言，其特点是缺乏严格意义上的形容标志和形态变化，中文词性标注的困难有：

（1）中文缺少词的形态变化，无法直接从词的形态识别词性。

（2）一词多词性很常见。在中文中，词的词性很多时候不是固定的。一般表现为在不同的语言场景下，同音同形词的语法属性完全不同，这给词性标注增加了难度。如"研究"这个词既可以是名词（"基础性研究"），也可以是动词（"研究中文分词"）。据统计，中文中一词多词性的概率高达 22.5%，且越是常用的词，多词性现象越严重。

（3）词性划分标准不统一。对于词性的划分粒度和标记符号等，目前还没有一个普遍认可的统一标准。词性划分标准和标记符号的不统一，以及分词规范的模糊，都增加了词性标注的难度。

（4）未登录词问题。未登录词并未在词典中收录，不能通过查找词典的方式获取其词性，需要通过 HMM 或 CRF 等基于统计的算法来识别未登录词及其词性。

词性标注最简单的方法是统计语料库中每个词的词性，将该词的高频词性作为其默认词性，但这种方法具有很大的缺陷。目前主流的词性标注方法是：将句子的词性标注问题转化为序列标注问题，然后使用 HMM、CRF 模型等进行问题求解。

4.2.2 词性标注规范

词有很多词性，如名词、形容词、代词、动词等，词性标注要依据一定的规范，将词的词性表示为"n""adj""r""v"等符号。中文词性多样，表示方法也各有不同，目前尚无统一的标注规范。北大词性标注集和宾州词性标注集是较为流行的两大类规范，两种标注规范各有所长。本书将北大词性标注集作为标注规范，其部分展示如表 4-1 所示。

表 4-1 北大词性标注集部分展示

标 记	词 性	说 明
a	形容词	取英文形容词 adjective 的第一个字母
ag	形语素	形容词性语素。形容词代码为 a，语素代码为 g，前面置以 a 即为形语素的标记
ad	副形词	直接作状语的形容词。其标记为形容词代码 a 和副词代码 d 并在一起
an	名形词	具有名词功能的形容词。其标记为形容词代码 a 和名词代码 n 并在一起
b	区别词	取汉字"别"的声母
c	连词	取英文连词 conjunction 的第一个字母
dg	副语素	副词性语素。副词代码为 d，语素代码为 g，前面置以 d 即为副语素的标记
d	副词	取英文副词 adverb 的第二个字母，因为其第一个字母已用于形容词
e	叹词	取英文叹词 exclamation 的第一个字母
f	方位词	取汉字"方"的声母
g	语素	绝大多数语素都能作为合成词的"词根"，取汉字"根"的声母
h	前接成分	取英文 head 的第一个字母
i	成语	取英文成语 idiom 的第一个字母
j	简称略语	取汉字"简"的声母
k	后接成分	

标 记	词 性	说 明
l	习用语	习用语尚未成为成语,有"临时性"含义,取"临"的声母
m	数词	取英文 number 的第三个字母,因为 n、u 已有他用
ng	名语素	名词性语素。名词代码为 n,语素代码为 g,前面置以 n 即为名语素的标记
n	名词	取英文名词 noun 的第一个字母
nr	人名	其标记为名词代码 n 和"人(ren)"的声母并在一起
ns	地名	其标记为名词代码 n 和处所词代码 s 并在一起
nt	机构团体	"团"的声母为 t,其标记为名词代码 n 和 t 并在一起
nz	其他专名	"专"的声母的第一个字母为 z,其标记为名词代码 n 和 z 并在一起
o	拟声词	取英文拟声词 onomatopoeia 的第一个字母
p	介词	取英文介词 preposition 的第一个字母
q	量词	取英文 quantity 的第一个字母
r	代词	取英文代词 pronoun 的第二个字母,因为 p 已用于介词
s	处所词	取英文 space 的第一个字母
tg	时语素	时间词性语素。时间词代码为 t,语素代码为 g,前面置以 t 即为时语素的标记
t	时间词	取英文 time 的第一个字母
u	助词	取英文助词 auxiliary 的第二个字母,因为 a 已用于形容词
vg	动语素	动词性语素。动词代码为 v,语素代码为 g,前面置以 v 即为动语素的标记
v	动词	取英文动词 verb 的第一个字母
vd	副动词	直接作状语的动词。其标记为动词和副词的代码合并在一起
vn	名动词	指具有名词功能的动词。其标记为动词和名词的代码合并在一起
w	标点符号	
x	非语素字	非语素字只是一个符号,字母 x 通常用于代表未知数、符号
y	语气词	取汉字"语"的声母
z	状态词	取汉字"状"的声母的第一个字母

4.2.3 Jieba 分词中的词性标注

4.1.5 节介绍了 Jieba 工具的分词功能,这里介绍 Jieba 的词性标注功能。Jieba 的词性标注功能与分词功能类似,都是采用规则方法和统计方法相结合的方式。Jieba 在词性标注的过程中采用词典匹配和 HMM 共同作用的方式,具体使用流程如下。

(1)采用正则表达式进行汉字判断。正则表达式如下:

```
re_han_internal = re.compile("([\u4E00-\u9FD5a-zA-Z0-9+#&\._]+)")
```

(2)若满足上述正则表达式即判定为汉字,然后基于前缀词典构建有向无环图,再基于有向无环图求取最大概率路径,同时在前缀词典中找出分出词的词性。若在词典中找不到分出词的词性,则使用"x"标记,代表其词性未知。当然,也可在该过程中使用 HMM,若待标注词为未登录词,则使用 HMM 方式进行词性标注。

（3）若不满足上述正则表达式，则继续通过正则表达式进行类型判断，分别用"x""m"（数词）和"eng"（英文）标记。

HMM 在进行中文分词时，会将每个字使用"BMES"4 种状态进行标记。Jieba 采用基于 simultaneous 思想的联合模型进行词性标注，即将基于字标注的分词方法和词性标注结合起来，使用复合标注集。例如，"中文"是一个名词，词性标注为"n"，而 HMM 对其进行分词的状态序列为"BE"，因此"中"的标注是"B_n"，"文"的标注是"E_n"。如此使用 HMM 进行词性标注的过程与使用 HMM 进行分词的过程是一致的，在进行不同的任务时只需要更换合适的语料库即可。

下面是使用 Jieba 进行词性标注的例子：

```
import jieba.posseg as peg
sentence = "小明硕士毕业于中国科学院研究所。"
seg_list = psg.cut(sentence)
print(" ".join(['{0}/{1}'.format(w,t) for w,t in seg_list]))
```

结果如下，每个词的后面都是其对应的词性标记，具体含义可查看表 4-1。

小明/nr 硕士/n 毕业/n 于/p 中国科学院/nt 研究所/n 。/x

4.1 节中介绍过，Jieba 支持用户自定义词典，且自定义词典时词的词频和词性可省略。省略词性等信息虽然可方便用户自定义词典，但建议用户尽可能将词典信息补充完整。因为如果使用省略了词性的词典进行词性标注，最终切分出来的词的词性会被标记为"x"，表示其词性未知。若后续还要使用词性标注的结果进行句法分析等任务，这种词性未知的情况可能会对标注结果造成一定的影响。

4.3 命名实体识别

命名实体识别与前面所讲的自动分词、词性标注一样，都是 NLP 中的基础任务。命名实体识别是信息提取、问答系统、句法分析、机器翻译等众多自然语言处理任务中重要的、也是基础的组成部分。

4.3.1 命名实体识别概述

命名实体识别研究的对象一般分为三大类（实体类、时间类和数字类）和七小类（人名、地名、时间、日期、组织机构名、货币和百分比）。这些命名实体具有其独特的构成规律，且数量不断增加，无法在字典中完全列出，因此在词汇形态处理（如中文分词）中需要对这些词进行单独识别。

数字、日期、时间、货币等命名实体的格式比较规律，可采用模式匹配或正则化匹配等方式识别，且具有较好的识别效果。但是人名、地名、组织机构名等命名实体较为复杂，识别难度较大，因此这几种命名实体是命名实体识别研究的主要对象。

命名实体识别并不是一个新的研究课题，已有较为合理的解决方法，但某些学者认为该问题并没有得到很好的解决，还需要不断地研究，主要原因在于：

（1）当前取得的成果主要是针对某些实体类型（主要是人名和地名）和有限的文本类型（如新闻等语料）。

（2）相对于其他信息检索领域，用于评测命名实体的语料较小，容易产生过拟合。

（3）在信息检索领域，准确率和召回率都是评测指标，但准确率更重要，而命名实体识别更侧重于高的召回率。

（4）目前的命名实体识别系统的通用性较差，无法识别多种类型的命名实体。

命名实体识别的评测主要是查看实体边界的划分是否正确以及实体类型的标注是否正确。在英文中，命名实体通常具有较为明显的标志（如人名、地名等实体的单词首字母要大写），因此英文实体的边界比较容易识别，关键任务是识别实体类型。与英文相比，中文命名实体识别的难度更大，目前还有很多未解决的难题。中文命名实体识别的难点主要有：

（1）命名实体的数量众多、类型不一。例如，人民日报 1998 年 1 月的语料库中，共有 19 965 个人名（语料库总文字数为 2 305 896），这些人名大多都未收录到字典中，属于未登录词。

（2）命名实体的构成规律复杂。中文命名实体识别中，最复杂的是组织机构名的识别和人名的识别。组织机构名在命名时可用词十分广泛，命名方式可因人而异，且组织机构名的种类繁多，只有名字结尾的用词相对集中（如××公司等），因此识别难度较大。中文文本中的人名多种多样，如中国人名、日本人名、其他音译人名等，不同的人名其组成规则不同，识别时要细分。

（3）命名实体长度不一。中文人名一般长度为 2～4 个字（部分少数民族人名可能更长），常用地名的长度一般也是 2～4 个字。这两种类型的命名实体长度范围较为确定，但是组织机构名的长度范围变化较大，少则两三个字，多则几十个字。在实际语料库中，很多机构名的长度在十个字以上。因此，由于名字长度和边界难以确定，组织机构名识别难度更大。

（4）嵌套情况复杂。命名实体嵌套是指命名实体和一些其他词组成一个新的命名实体。命名实体嵌套在中文文本中很常见，如人名中嵌套着地名、地名中嵌套着人名等。组织机构名中嵌套现象最为常见，如组织机构名嵌套人名、地名或其他组织机构名等。这种嵌套现象使得命名实体的构成更为复杂，也加大了命名实体识别的难度。

命名实体识别的方法与中文分词的方法类似，也分为规则方法、统计方法和混合方法三种。

● 规则方法（基于规则的命名实体识别）：命名实体识别最早期的有效方法是规则加词典，该方法是在手工设置规则的基础上，结合现有的命名实体库，通过分析实体与规则的匹配情况来识别命名实体的类型。当设置的规则能够反映语言场景时，该方法的效果较好。但在实际情况下，由于语言场景和文本风格的多样化，很难手工设置涵盖所有语言现象的规则，因此基于规则的命名实体识别存在更新维护困难、可移植性差等缺点。

● 统计方法（基于统计的命名实体识别）：目前命名实体识别的主流方法是基于统计的方法，如 HMM、CRF、最大熵模型等。这些方法的基本思想是依赖人工标注的语料库，将命名实体识别任务转化为序列标注问题。基于统计的命名实体识别方法对语料库依赖程度很大，但在实际中没有大规模的、通用的语料库来支撑命名实体识别系统，因此该类方法的效果受制于语料库的完整性。

● 混合方法：目前的命名实体识别系统大多是基于规则方法和统计方法结合的混合方法，单一使用规则方法或统计方法的系统几乎没有。自然语言处理并不是一个完全随机的过程，如果单独使用统计方法进行命名实体识别，状态搜索空间会非常庞大，因此必须借助规则方法进行剪枝，减小搜索空间，从而提高方法的效率。

4.3.2 基于 CRF 的命名实体识别

HMM 将中文分词视为序列标注问题，并在解决过程中引入了两个重要的假设：一是独立观察假设（输出观察值之间相互独立，且不与其他时刻的输出相关），二是齐次马尔可夫假设（当前状态只与前一时刻的状态有关，与其他时刻的状态无关）。基于这两个重要假设，HMM 可以用来解决中文分词问题，且计算比较简单。但当中文语料的规模很大时，观察值序列会呈现出多重的交互特征，且观察元素之间存在着长程相关性（也称长期记忆性或持续性，即过去的状态可对现在或将来产生影响），这就导致 HMM 的效果受到影响。

为了解决 HMM 的缺陷，Lafferty 等学者于 2001 年提出了 CRF 方法。CRF 是基于 HMM 的一种用来标记和切分序列化数据的统计模型。不同的是，HMM 是给定当前状态计算下一个状态的分布，而 CRF 是给定当前观测序列，计算整个标记序列的联合概率。

定义 有若干个位置组成的整体，当给某一个位置按照某种分布随机赋予一个值后，该整体就被称为随机场。

定义 假设 $X = (X_1, X_2, \cdots, X_n)$ 和 $Y = (Y_1, Y_2, \cdots, Y_m)$ 分别表示待标记的观测序列以及对应的标记序列，$P(Y|X)$ 是在给定 X 的条件下 Y 的条件概率。若将随机变量 Y 构成一个无向图 $G = (V, E)$ 表示的马尔可夫模型，则条件概率 $P(Y|X)$ 称为条件随机场，即

$$P(Y_v | X, Y_w, w \neq v) = P(Y_v | X, Y_w, w \sim v)$$

式中：$w \sim v$ 表示无向图 G 中与节点 v 有边相连的所有节点；$w \neq v$ 表示除节点 v 外的所有节点。

以地名识别为例，定义地理命名实体的规则如表 4-2 所示。

表 4-2　定义地理命名实体的规则

标 注	含 义
B	当前词为地理命名实体的首部
M	当前词为地理命名实体的内部
E	当前词为地理命名实体的尾部
S	当前词单独构成地理命名实体
O	当前词不是地理命名实体或组成部分

现有一个句子要进行命名实体识别，该句子有 n 个字符，每个字符的标签都是 "B" "M" "E" "S" 和 "O" 中的一个。每个字符的标签确定后，就形成了一个随机场。在该随机场中增加约束，如每个字符的标签只与其相邻字符的标签有关，就形成了一个马尔可夫随机场。假设马尔可夫随机场中有两种变量——X 和 Y，X 是给定的，Y 是在给定 X 的条件下的输出。将字符视为 X，字符的标签视为 Y，则 $P(Y|X)$ 就是条件随机场。

条件随机场的定义中并没有指定随机变量 X 和 Y 具有相同的结构，但在实际 NLP 应用中，通常会假设二者具有相同的结果，即

$$X = (X_1, X_2, \cdots, X_n), Y = (Y_1, Y_2, \cdots, Y_n)$$

定义 假设 $X = (X_1, X_2, \cdots, X_n)$ 和 $Y = (Y_1, Y_2, \cdots, Y_n)$ 均为线性链表示的随机变量序列，在 X 给定的情况下，Y 的条件概率分布 $P(Y|X)$ 就是条件随机场，当条件概率 $P(Y|X)$ 满足马尔可夫性，即

$$P(Y_i \mid X, Y_1, Y_2, \cdots, Y_n) = P(Y_i \mid X, Y_{i-1}, Y_{i+1})$$

则称 $P(Y \mid X)$ 是线性链条件随机场（linear-chain Conditional Random Fields，线性链 CRF）。注意：本书后面所说的 CRF 除特别声明外，都是指线性链 CRF。

与 HMM 相比，线性链 CRF 不仅考虑了上一状态 Y_{i-1}，还考虑了下一状态 Y_{i+1}。图 4-2 展示了 HMM 与线性链 CRF 的对比。

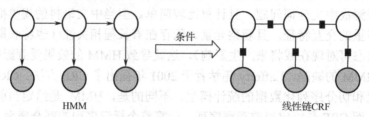

图 4-2　HMM 与线性链 CRF 的对比

HMM 是一个有向图，而线性链 CRF 是一个无向图。因此 HMM 的每个状态依赖于上一个状态，而线性链 CRF 依赖于与当前节点有边相连的节点的状态。

下面介绍如何采用线性链 CRF 进行命名实体识别。以地名识别为例，假设对语句"我要去颐和园"进行标注，正确的标注结果为"我/O 要/O 去/O 颐/B 和/M 园/E"。采用线性链 CRF 进行地名识别，标注序列可能是"OOOBEM"，也可能是"OOOBBM"或者其他序列。命名实体识别的目的就是在众多可能的标注序列中，找到最可靠的序列作为句子的标注。问题的关键点在于如何判定标注序列是可靠的。观察前面例子的两种可能标注序列"OOOBEM"和"OOOBBM"，第一种标注序列要比第二种显得更为可靠。第二种将"颐"和"和"两个字都标注为"B"，认为两个都是地名的首字，这显然是不合理的，因为一个地名不可能有两个首字符。

假如可以给每个可能的标注序列打分，分值的高低体现标注序列的可靠程度，分值越高越可靠，则可以指定一个规则——如果标注序列中出现连续字的标注都为"B"，则给这个标注序列打低分（如零分或者负分等）。这样的规则可以视为一条特征函数。在 CRF 中，可以定义一个特征函数集合，并使用该集合给标注序列打分（该分值是综合考虑特征集合中的函数得到的综合分值），然后根据分值选出最可靠的标注序列。

CRF 中的特征函数有两种——状态函数 $s_t(y_i, X, i)$ 和转移函数 $t_k(y_{i-1}, y_i, i)$。状态函数 $s_t(y_i, X, i)$ 依赖于当前位置，表示位置 i 的标记是 y_i 的概率；转移函数 $t_k(y_{i-1}, y_i, i)$ 依赖于上一个位置和当前位置，表示从标记 y_{i-1}（在标记序列中的位置为 $i-1$）转移到标记 y_i（在标记序列中的位置为 i）的概率。通常情况下，特征函数的取值为 0 或 1，0 表示不符合该规则，1 表示符合该规则。从数学上来说，完整的线性链 CRF 可以表示为

$$P(y \mid x) = \frac{1}{Z(x)} \exp\left(\sum_{i,k} \lambda_k t_k(y_{i-1}, y_i, i) + \sum_{i,l} \mu_l s_l(y_i, X, i) \right)$$

式中：

$$Z(x) = \sum_y \exp\left(\sum_{i,k} \lambda_k t_k(y_{i-1}, y_i, i) + \sum_{i,l} \mu_l s_l(y_i, X, i) \right)$$

$Z(x)$ 是规范化因子，是对所有可能的输出序列的求和；λ_k 和 μ_l 分别是转移函数和状态函数对应的权值。

为了简化计算，上述公式可简化为

$$P(y\,|\,x) = \frac{1}{Z(x)}\exp\left(\sum_j\sum_i w_j f_j(y_{i-1},y_i,x,i)\right)$$

对应的 $Z(x)$ 可简化为

$$Z(x) = \sum_y \exp\left(\sum_j\sum_i w_j f_j(y_{i-1},y_i,x,i)\right)$$

式中：$f_j(y_{i-1},y_i,x,i)$ 是简化上述规范化因子公式中 $t_k(y_{i-1},y_i,i)$ 和 $s_l(y_i,X,i)$ 的统一符号表示。

因此，采用 CRF 进行命名实体识别的目标就是求解 $\mathrm{argmax}_y P(y\,|\,x)$。与 HMM 求解最大可能序列路径一样，该问题的求解也采用 Viterbi 算法。

HMM 和 CRF 都是解决标注问题的方法。与 HMM 相比，CRF 能够捕捉更多的全局信息，并且能够灵活地进行特征函数设计，因此其比 HMM 具有更好的效果。

4.3.3　日期识别实战

在实际项目应用中，经常会需要进行日期识别。若是结构化数据，如关系型数据库中的数据，日期有一定的类型约束，一般是按照一定的存储规范进行存储的，使用时只需要解析还原即可得到对应的日期。然而在非结构化的数据中，日期和文本混合在一起，日期识别就变得比较困难。

下面通过一个具体的案例讲解日期识别的方法。案例背景为：现有一个具有智能语音问答功能的酒店预订系统，该系统可以对用户输入的语音进行解析，识别出用户的酒店预订需求信息，如入住时间、房间类型等。然而由于语音识别工具的缺陷，转化成的中文文本中的日期类数据并不是严格的数字，而是文字、数字或者二者的混合，如"七月 12""2020 年 8月""20200726"或者"后天中午"等。本案例的目的是识别出转化后的中文文本中的日期信息，并将日期输出为统一的日期格式。例如，中文文本是"今天下午 4 点入住，明天中午离开"（假设今天为 2018 年 9 月 10 日），则输出的日期为"2018-9-10"和"2018-9-11"。

本案例主要是通过正则表达式和 Jieba 工具来完成日期识别。第一步，导入要使用的库：

```
import re
from datetime import datetime,timedelta
from dateutil.parser import parse
import jieba.posseg as psg
```

第二步，定义 time_extract 函数。该函数的作用是对语音转化后的中文文本进行分词，提取出所有表示时间日期的词，并根据上下文进行拼接。该函数是通过 Jieba 进行分词，并且使用 Jieba 的词性标注功能，提取其中表示时间（词性为 t）和数字（词性为 m）的词，并记录这些表示连续时间信息的词。例如，词性标注的结果为"今天/t 下午/t4/m 点/m 入住/v, /明天/t中午 t/离开 v"，需要将"今天下午 4 点"和"明天中午"提取出来。代码里面定义了"今天""明天"和"后天"这几个关键词，当检测到这几个词时，需要将其转化为日期格式，为后续使用提供方便。代码中的日期关键词是用户自定义的，可根据实际情况进行修改和添加。本案例的背景是酒店入住，因此没有添加"昨天"和"前天"等关键词。具体代码如下：

```
#时间提取
def time_extract(text):
```

```
        time_res = []
        word = ''
        keyDate = {'今天': 0, '明天':1, '后天': 2}
        for k, v in psg.cut(text):
            #print(k,v)
            if k in keyDate:
                if word != '':
                    time_res.append(word)
                #日期的转换，timedelta 函数可提取任意延迟天数的信息
                word = (datetime.today() +timedelta(days=keyDate.get(k, 0))).\
                            strftime('%Y{y}%m{m}%d{d}').format(y='年',m='月',d='日')

            elif word != '':
                if v in ['m', 't']:
                    word = word + k
                else:
                    time_res.append(word)
                    word = ''
            elif v in ['m', 't']:   #m：数字；t：时间
                word = k
        #print('word:',word)
        if word != '':
            time_res.append(word)
        #print('time_res:',time_res)
        #filter 函数用于过滤序列，过滤掉不符合条件的元素，返回由符合条件元素组成的新列表
        result = list(filter(lambda x: x is not None, [check_time_valid(w) for w in time_res]))
        #print('result:',result)
        final_res = [parse_datetime(w) for w in result]
        #print('final_res:',final_res)
        return [x for x in final_res if x is not None]
```

time_extract 函数中调用了 check_time_valid 函数。check_time_valid 函数的作用是对提取并拼接好的日期进行判断，判断其是否是有效的日期。

check_time_valid 函数的实现如下：

```
#对提取出的拼接日期串进行有效性判断
def check_time_valid(word):
    #print('check:',word)
    m = re.match("\d+$", word)
    if m:
        if len(word) <= 6:
            return None
    word1 = re.sub('[号|日]\d+$', '日', word)
    #print('word1:',word1)
    if word1 != word:
        return check_time_valid(word1)
    else:
        return word1
```

time_extract 函数还调用了 parse_datetime 函数。parse_datetime 函数的作用是将提取到的文本形式的日期转化为固定的时间格式。该函数通过正则表达式将文本日期切割成更细的子维度，如"年""月""日""时""分""秒"等，然后对各个子维度进行单独识别。

parse_datetime 函数的实现如下：

```
def parse_datetime(msg):
    #print('msg:',msg)
    if msg is None or len(msg) == 0:
        return None

    m = re.match(r"([0-9 零一二两三四五六七八九十]+年)?([0-9 一二两三四五六七八九十]+月)?([0-9 一二两三四五六七八九十]+[号日])?([上中下午晚早]+)?([0-9 零一二两三四五六七八九十百]+[点:.时])?([0-9 零一二三四五六七八九十百]+分?)?([0-9 零一二三四五六七八九十百]+秒)?",msg)
    #print('m.group:',m.group(0),m.group(1),m.group(2),m.group(3),m.group(4),m.group(5))
    if m.group(0) is not None:
        res = {
            "year": m.group(1),
            "month": m.group(2),
            "day": m.group(3),
            "noon":m.group(4),    #上中下午晚早
            "hour": m.group(5) if m.group(5) is not None else '00',
            "minute": m.group(6) if m.group(6) is not None else '00',
            "second": m.group(7) if m.group(7) is not None else '00',
        }
        params = {}
        for name in res:
            if res[name] is not None and len(res[name]) != 0:
                tmp = None
                if name == 'year':
                    tmp = year2dig(res[name][:-1])
                else:
                    tmp = cn2dig(res[name][:-1])
                if tmp is not None:
                    params[name] = int(tmp)
        target_date = datetime.today().replace(**params)
        #print('target_date:',target_date)
        is_pm = m.group(4)
        if is_pm is not None:
            if is_pm == u'下午' or is_pm == u'晚上' or is_pm == '中午':
                hour = target_date.time().hour
                if hour < 12:
                    target_date = target_date.replace(hour = hour + 12)
        return target_date.strftime('%Y-%m-%d %H:%M:%S')
    else:
        return None
```

parse_datetime 函数的核心是一个正则表达式，即：

这是一条人工制定的规则，其目的是对数字和文本混合的日期字符串进行处理，将其转化并输出为固定的时间格式。该正则表达式还加入了对"上中下午晚早"等表示时间的字词的匹配。

parse_datetime 函数在进行子维度解析时，调用了两个函数——year2dig 和 cn2dig。这两个函数的功能是预定义一些模板，将具体的文本转化为数字。具体代码如下：

```python
UTIL_CN_NUM = {
    '零': 0, '一': 1, '二': 2, '两': 2, '三': 3, '四': 4,
    '五': 5, '六': 6, '七': 7, '八': 8, '九': 9,
    '0': 0, '1': 1, '2': 2, '3': 3, '4': 4,
    '5': 5, '6': 6, '7': 7, '8': 8, '9': 9
}

UTIL_CN_UNIT = {'十': 10, '百': 100, '千': 1000, '万': 10000}

def cn2dig(src):
    if src == "":
        return None
    m = re.match("\d+", src)
    if m:
        return int(m.group(0))
    rsl = 0
    unit = 1
    for item in src[::-1]:
        if item in UTIL_CN_UNIT.keys():
            unit = UTIL_CN_UNIT[item]
        elif item in UTIL_CN_NUM.keys():
            num = UTIL_CN_NUM[item]
            rsl += num * unit
        else:
            return None
    if rsl < unit:
        rsl += unit
    return rsl

def year2dig(year):
    res = ''
    for item in year:
        if item in UTIL_CN_NUM.keys():
            res = res + str(UTIL_CN_NUM[item])
        else:
            res = res + item
    m = re.match("\d+", res)
```

```
if m:
    if len(m.group(0)) == 2:
        return int(datetime.datetime.today().year/100)*100 + int(m.group(0))
    else:
        return int(m.group(0))
else:
    return None
```

上述代码中，UTIL_CN_NUM 和 UTIL_CN_UNIT 两个字典将常见的中文汉字与其对应的阿拉伯数字——对应，然后 cn2dig 函数通过匹配，将中文汉字转化为阿拉伯数字。

至此，使用正则表达式进行日期识别的代码已经完成。回顾代码可以发现，parse_datetime 函数能够解析出具体的子维度（年、月、日等），然后将 datetime 中的 today 替换为"今天"，并将该值作为默认值。当解析的包含日期的文本中未出现具体的表示年月等维度的信息时，将"今天"设置为默认值。下面使用几个测试案例进行测试（假设今天是 2020 年 9 月 14 日）。

```
text1 = '明天早上 10 点入住，住到后天中午'
print(text1, time_extract(text1), sep=':')

text2 = '我要预订明天到 18 日的双人间'
print(text2, time_extract(text2), sep=':')

text3 = '今天下午两点到，住到 28 日'
print(text3, time_extract(text3), sep=':')

text4 = '今天晚上 10 点'
print(text4, time_extract(text4), sep=':')

text5 = '后天下午 3 点'
print(text4, time_extract(text5), sep=':')
```

结果如下：

```
明天早上 10 点入住，住到后天中午:['2020-09-15 10:00:00', '2020-09-16 12:00:00']
我要预订明天到 18 日的双人间:['2020-09-15 00:00:00', '2020-09-18 00:00:00']
今天下午两点到，住到 28 日:['2020-09-14 14:00:00', '2020-09-28 00:00:00']
今天晚上 10 点:['2020-09-14 22:00:00']
后天下午 3 点:['2020-09-16 15:00:00']
```

观察结果发现，不同测试案例的结果的准确程度不一，有些测试案例的结果较好，有些则不太符合实际情况，主要原因在于解析日期时设置的规则是以"今天"为默认值的。这也体现出基于规则方法的限制：无法覆盖到所有的规则场景。但与基于统计的方法相比，基于规则的方法不需要提前收集数据，也不需要进行数据标注训练，并可以快速地解析出结果。

4.3.4 地名识别实战

4.3.3 节采用正则表达式匹配这种基于规则的方法对日期进行识别，本节采用基于 CRF 的统计方法来识别地名。在实现中需要借助一款基于 C++高效实现 CRF 的工具——CRF++。

下面简单介绍 CRF++的安装过程。

CRF++支持 Windows、Linux 和 MAC OS 等操作系统。Windows 用户可在官网下载二进制安装包，Linux 或 MAC OS 用户可以从 GitHub 或者官网获取源码进行编译安装。下面讲解在 Ubuntu 系统下 CRF++的安装方法。

（1）下载安装包。安装包的下载有两种方式，一种是直接从 GitHub 获取源码。使用此种方法需要已安装 git 工具，有关 git 工具的安装本书不做详细介绍。

第二种方式是在官网下载 Linux 版本的安装包。下载安装包后，将其复制到/home/ubuntu 目录下，使用 tar -zxvf 命令解压安装包。解压命令为：

```
$ tar -zxvf CRF++-0.58.tar.gz
```

（2）安装 gcc。CRF++的安装需要依赖 gcc 3.0 以上版本。一般情况下，Ubuntu 系统默认自带 gcc 和 g++，如 Ubuntu 16.04 存储库中可用的默认 gcc 和 g++的版本都是 5.4.0。查看是否已安装 gcc 的命令为：

```
$ gcc -v
```

或者：

```
$ gcc --version
```

若 gcc 已安装，则会显示 gcc 的版本等信息。若 gcc 未安装，可使用如下命令进行安装：

```
$ sudo apt update
$ sudo apt install build-essential
```

该命令可安装 gcc、g++和 make 等工具。

（3）编译安装 CRF++。首先切换到 CRF 安装包解压后的目录，然后进行编译安装，具体命令为：

```
$ cd CRF++-0.58
$ ./configure
$ make
$ sudo make install
```

（4）安装 CRF++的 Python 接口。CRF++提供了 Python 接口，通过该接口用户可以加载训练好的模型。安装 Python 接口时，首先进入 CRF++的子目录 python 中，然后编译安装。具体命令为：

```
$ cd python
$ python setup.py build
$ python setup.py install
$ sudo ln -s /usr/local/lib/libcrfpp.so.0 /usr/lib/
```

（5）在 Python 编辑器中输入命令：import CRFPP，验证 CRF++的 Python 接口是否安装成功。

至此，安装已经完成。下面讲解使用 CRF++识别地名的流程。

1．确定标签体系

命名实体识别同中文分词和词性标注一样，也拥有自己的标签体系。命名实体识别的标签体系可以用户自定义，本案例采用表 4-2 中的地理命名实体的规则。

2．语料数据处理

CRF++要求训练数据具有一定的格式：一行一个标识（token），每行分为多列，最后一列表示要预测的标签（"B""E""M""S""O"），其余列表示特征，因此每行至少有两列。多个标识组成一句话（一句话表示为多行），多句话之间使用空行隔开。本节描述的案例采用一个维度——字符作为特征。例如，"我去北京饭店。"的结果为（最后一行为空行）：

```
我 O
去 O
北 B
京 M
饭 M
店 E
。 O
```

本案例采用的语料数据是 1998 年人民日报的分词数据集。该数据集是一个词性标注集，部分数据展示如下：

19980101-01-001-012/m 台湾/ns 是/v 中国/ns 领土/n 不可分割/l 的/u 一/m 部分/n。/w 完成/v 祖国/n 统一/vn，/w 是/v 大势所趋/i,/w 民心所向/l。/w 任何/r 企图/v 制造/v "/w 两/m 个/q 中国/ns"/w 、/w "/w 一中一台/j"/w 、/w "/w 台湾/ns 独立/v"/w 的/u 图谋/n,/w 都/d 注定/v 要/v 失败/v。/w 希望/v 台湾/ns 当局/n 以/p 民族/n 大义/n 为重/v,/w 拿/v 出/v 诚意/n,/w 采取/v 实际/a 的/u 行动/vn,/w 推动/v 两岸/n 经济/n 文化/n 交流/vn 和/c 人员/n 往来/vn,/w 促进/v 两岸/n 直接/ad 通邮/v、/w 通航/v、/w 通商/v 的/u 早日/d 实现/v,/w 并/c 尽早/d 回应/v 我们/r 发出/v 的/u 在/p 一个/m 中国/ns 的/u 原则/n 下/f 两岸/n 进行/v 谈判/vn 的/u 郑重/a 呼吁/vn。/w

在这个词性标注集中，标记为"ns"的部分可以用来构造地名识别语料。如"中国/ns"、"台湾/ns"等。对于嵌套词，如"[香港/ns 特别/a 行政区/n]ns"，直接提取出"香港特别行政区"，"香港/ns"不再作为单独的地名进行提取。基于这种思路对人民日报分词数据集进行处理，提取出地名识别语料，并截取部分结果作为测试集，以便后续进行结果验证。

人民日报分词数据集的处理代码如下：

```
#coding=utf8
def tag_line(words, mark):
    chars = []
    tags = []
    temp_word = '' #用于合并组合词
    for word in words:
        word = word.strip('\t ')
        if temp_word == '':
            bracket_pos = word.find('[')
            w, h = word.split('/')
            if bracket_pos == -1:
                if len(w) == 0: continue
                chars.extend(w)
                if h == 'ns':
                    tags += ['S'] if len(w) == 1 else ['B'] + ['M'] * (len(w) - 2) + ['E']
```

```
                    else:
                        tags += ['O'] * len(w)
                else:
                    w = w[bracket_pos+1:]
                    temp_word += w
        else:
            bracket_pos = word.find(']')
            w, h = word.split('/')
            if bracket_pos == -1:
                temp_word += w
            else:
                w = temp_word + w
                h = word[bracket_pos+1:]
                temp_word = ''
            if len(w) == 0: continue
            chars.extend(w)
            if h == 'ns':
                tags += ['S'] if len(w) == 1 else ['B'] + ['M'] * (len(w) - 2) + ['E']
            else:
                tags += ['O'] * len(w)

    assert temp_word == ''
    return (chars, tags)

def corpusHandler(corpusPath):
    import os
    root = os.path.dirname(corpusPath)
    with open(corpusPath) as corpus_f, \
        open(os.path.join(root, 'train.txt'), 'w') as train_f, \
        open(os.path.join(root, 'test.txt'), 'w') as test_f:

        pos = 0
        for line in   corpus_f:
            line = line.strip('\r\n\t ')
            if line == '': continue
            isTest = True if pos % 5 == 0 else False    #抽样 20%作为测试集使用
            words = line.split()[1:]
            if len(words) == 0: continue
            line_chars, line_tags = tag_line(words, pos)
            saveObj = test_f if isTest else train_f
            for k, v in enumerate(line_chars):
                saveObj.write(v + '\t' + line_tags[k] + '\n')
            saveObj.write('\n')
            pos += 1

if __name__ == '__main__':
    corpusHandler('./data/people-daily.txt')
```

该代码中主要定义了两个函数——tag_line 函数和 corpusHandler 函数。前者的作用是对每行的标注进行转换，后者的作用是加载数据，然后调用 tag_line 函数对加载的数据进行转换，并保存转换结果。

3．特征模板设计

前面介绍基于 CRF 的命名实体识别时提到了特征函数，特征函数是通过规则定义来实现的，规则即 CRF++中的特征模板。特征模板的基本格式为：%x[row, col]，row 表示当前标识对应的行数，col 表示特征所在的列数，以此来确定输入数据的一个标识。

CRF++的模板类型有两种：

（1）以字母 U 为开头的 Unigram template。采用此模板时，CRF++会自动为其生成一个特征函数集合（$func_1 \cdots func_N$）。

（2）以字母 B 为开头的 Bigram template。采用此模板时，CRF++会自动产生当前输出与前一个标识的组合，并根据该组合构造特征函数。

结合地名识别的案例，自定义特征模板如下：

```
#Unigram
U00:%x[-1,0]
U01:%x[0,0]
U02:%x[1,0]
U03:%x[2,0]
U04:%x[-2,0]
U05:%x[1,0]/%x[2,0]
U06:%x[0,0]/%x[-1,0]/%x[-2,0]
U07:%x[0,0]/%x[1,0]/%x[2,0]
U08:%x[-1,0]/%x[0,0]
U09:%x[0,0]/%x[1,0]
U10:%x[-1,0]/%x[1,0]
#Bigram
B
```

以"我去北京饭店。"为语料训练模型，当扫描到"京 M"时：

```
我 O
去 O
北 B
京 M          <== 代表当前扫描行
饭 M
店 E
。 O
```

根据定义的模板提取到的特征为：

```
#Unigram
U00:%x[-1,0] ==> 北
U01:%x[0,0] ==> 京
U02:%x[1,0] ==> 饭
U03:%x[2,0] ==> 店
U04:%x[-2,0] ==> 去
```

```
U05:%x[1,0]/%x[2,0] ==> 京/饭
U06:%x[0,0]/%x[-1,0]/%x[-2,0] ==> 京/北/去
U07:%x[0,0]%x[1,0]/%x[2,0] ==> 京/饭/店
U08:%x[-1,0]%x[0,0] ==> 北/京
U09:%x[0,0]%x[1,0] ==> 京/饭
U10:%x[-1,0]%x[1,0] ==> 北/饭
#Bigram
B
```

由此可以看出，CRF 可以通过特征模板学习到训练语料中的上下文特征。

4．模型训练和测试

CRF++中的训练命令为 crf_learn，测试命令为 crf_test。crf_learn 命令有很多参数，用户可根据实际项目情况进行调整：

- -f，--freq=INT，表示使用属性的出现次数不少于 INT 次（默认为 1）。
- -m，--maxiter=INT，设置 maxiter 为 LBFGS（逻辑回归中的一种算法）的最大迭代次数（默认为 10 000）。
- -c，--cost=FLOAT，设置 cost 为代价参数，过大会导致过拟合（默认为 1.0）。
- -e，--eta=FLOAT，设置终止标准 FLOAT（默认为 0.0001）。
- -C，--convert，将文本模式转化为二进制模式。
- -t，--textmodel，为调试建立文本模型文件。
- -a，--algorithm=（CRF|MIRA），选择训练算法（默认为 CRF_L2）。
- -p，--thread=INT，线程数（默认为 1），利用多个 CPU 减少训练时间。
- -H，--shrinking-size=INT，设置 INT 为最适宜的迭代量次数（默认为 20）。
- -v，--version，显示版本号并退出。
- -h，--help，显示帮助并退出。

使用 crf_learn 训练时会输出一些信息，含义如下：

- iter：迭代次数。当 iter 值超过 maxiter 时，迭代终止。
- terr：标记错误率。
- serr：句子错误率。
- obj：当前对象的值。当这个值收敛到一个确定值的时候，训练结束。
- diff：与上一个对象的值之间的相对差。当此值小于 eta 时，训练结束。

本案例训练时采用的命令如下：

```
$ crf_learn -f 4 -p 8 -c 3 template ./data/train.txt model
```

部分训练输出展示如下：

```
Number of sentences: 15586
Number of features:   1528756
Number of thread(s): 8
freq:            4
eta:             0.00010
C:               3.00000
shrinking size:  20
iter=0 terr=0.98787 serr=1.00000 act=1528756 obj=2055386.56193 diff=1.00000
```

```
iter=1 terr=0.03155 serr=0.44360 act=1528756 obj=812578.06076 diff=0.60466
iter=2 terr=0.03155 serr=0.44360 act=1528756 obj=266470.88400 diff=0.67207
iter=3 terr=0.03155 serr=0.44360 act=1528756 obj=253569.78600 diff=0.04841
iter=4 terr=0.03155 serr=0.44360 act=1528756 obj=205213.20527 diff=0.19070
iter=5 terr=0.65997 serr=0.99891 act=1528756 obj=5122368.60968 diff=23.96120
iter=6 terr=0.03155 serr=0.44360 act=1528756 obj=196365.10030 diff=0.96167
iter=7 terr=0.03155 serr=0.44360 act=1528756 obj=176380.57933 diff=0.10177
…
iter=278 terr=0.00026 serr=0.01001 act=1528756 obj=3755.43147 diff=0.00017
iter=279 terr=0.00025 serr=0.00962 act=1528756 obj=3754.73078 diff=0.00019
iter=280 terr=0.00025 serr=0.00969 act=1528756 obj=3754.16296 diff=0.00015
iter=281 terr=0.00025 serr=0.00988 act=1528756 obj=3753.89750 diff=0.00007
iter=282 terr=0.00025 serr=0.00975 act=1528756 obj=3753.62883 diff=0.00007
iter=283 terr=0.00025 serr=0.00969 act=1528756 obj=3753.45465 diff=0.00005

Done!1546.52 s
```

训练完成后，调用生成的模型 model 进行测试，命令如下：

```
$ crf_test -m model ./data/test.txt > ./data/test.rst
```

测试完成后，统计模型在测试集上的表现效果，代码如下：

```python
def f1(path):
    with open(path) as f:
        #记录所有的标记数
        all_tag = 0
        #记录真实的地理位置标记数
        loc_tag = 0
        #记录预测的地理位置标记数
        pred_loc_tag = 0
        #记录正确的标记数
        correct_tag = 0
        #记录正确的地理位置标记数
        correct_loc_tag = 0

        states = ['B', 'M', 'E', 'S']
        for line in f:
            line = line.strip()
            if line == '': continue
            _, r, p = line.split()
            all_tag += 1
            if r == p:
                correct_tag += 1
                if r in states:
                    correct_loc_tag += 1
            if r in states: loc_tag += 1
            if p in states: pred_loc_tag += 1
```

```
        loc_P = 1.0 * correct_loc_tag/pred_loc_tag
        loc_R = 1.0 * correct_loc_tag/loc_tag
        print('loc_P:{0}, loc_R:{1}, loc_F1:{2}'.format(loc_P, loc_R, (2*loc_P*loc_R)/(loc_P+loc_R)))

if __name__ == '__main__':
    f1('./data/test.rst')
```

运行结果如下：

```
loc_P:0.9099508485579152, loc_R:0.8422317596566523, loc_F1:0.8747826862211919
```

从结果可知：精确率为 0.91，召回率为 0.84，F1 值为 0.87。这体现出该模型在一定场景下识别地名的效果还是不错的。本案例中设置的规则模板比较简单，只考虑了一个特征维度（字符本身）。为提高模型效果，可采用词性标注后的文本作为训练语料，并在规则模板中增加词性这一特征维度进行模型训练。

5. 模型使用

除使用上面的 crf_learn 和 crf_test 命令进行命名实体识别外，还可以使用 CRF++提供的 Python 接口，加载模型进行识别，代码如下：

```python
def load_model(path):
    import os, CRFPP
    #-v 3：显示更多的信息，如预测为不同标签的概率值
    #-n N：显示概率值最大的 N 个序列的信息。N 必须大于等于 2
    if os.path.exists(path):
        return CRFPP.Tagger('-m {0} -v 3 -n 2'.format(path))
    return None

def locationNER(text):
    tagger = load_model('./model')
    for c in text:
        tagger.add(c)
    result = []

    #解析模型输出结果
    tagger.parse()
    word = ''
    for i in range(0, tagger.size()):
        for j in range(0, tagger.xsize()):
            ch = tagger.x(i, j)
            tag = tagger.y2(i)
            if tag == 'B':
                word = ch
            elif tag == 'M':
                word += ch
            elif tag == 'E':
                word += ch
                result.append(word)
            elif tag == 'S':
```

```
                    word = ch
                    result.append(word)
        return result
```

load_model 函数的作用是加载之前训练好的模型，locationNER 函数的作用是识别出接收的字符串中的地名。使用训练好的模型对如下测试案例进行地名识别：

```
if __name__ == '__main__':
        text = '八达岭长城一日游。'
        print(text, locationNER(text), sep='==> ')

        text = '上午去大熊猫基地，下午去武侯祠，晚上去宽窄巷子'
        print(text, locationNER(text), sep='==> ')

        text = '上海浦东机场直飞北京大兴国际机场'
        print(text, locationNER(text), sep='==> ')

        text = '上午去颐和园，下午去天安门，晚上去三里屯'
        print(text, locationNER(text), sep='==> ')
```

识别结果为：

```
八达岭长城一日游。 ==> ['八达岭', '长城']
上午去大熊猫基地，下午去武侯祠，晚上去宽窄巷子 ==> []
上海浦东机场直飞北京大兴国际机场 ==> ['北京大兴国际机场']
上午去颐和园，下午去天安门，晚上去三里屯 ==> ['颐和园', '天安门']
```

从结果可以看出，有的测试语句能被很好地识别出其中的地名，但有的测试语句的识别效果较差。这说明该模型不能适用于所有的语言场景。实际项目应用中为了解决这些问题，通常采用的方法是：

（1）扩展语料库，重新训练模型，以得到更为泛化的模型，如添加词性特征、改变分词算法等。

（2）预先整理地理位置词库。在进行地名识别时，先在词库中进行匹配，然后再采用模型进行识别。

第5章 词向量与关键词提取

文本表示是自然语言处理中的基础工作，对后续工作有着重要的影响。为此，研究人员对文本表示进行了大量的研究，以提高自然语言处理系统的性能。文本向量化是文本表示的一种重要方式。文本向量化是将文本表示成一系列能够表达文本语义的向量。无论是中文还是英文，词语都是表达文本处理的最基本单元。当前阶段，对文本向量化大部分的研究都是通过将文本词向量化来实现的，也有研究将句子作为文本处理的基本单元，对应的是 doc2vec 和 str2vec 技术。

本章聚焦于以词语为基本处理单元的 word2vec 技术，首先介绍词向量算法的基本理论与相关模型，其次介绍关键词提取技术和关键词提取算法——TF-IDF 算法，包括有监督学习与无监督学习等方法，接着讲解 TextRank、LSA/LSI/LDA 等算法，以及这几种算法的具体步骤及运用，最后通过提取文本关键字算法来进行实战，实战代码中应用了 Jieba 以及 Gensim。

5.1 词向量算法 word2vec

词袋（Bag of Words）模型是最早的以词语为基本处理单元的文本向量化方法。词袋模型的原理举例如下。

首先给出两个简单的文本：

Mike likes to watch news, Bob likes too.
Mike also likes to watch Basketball games.

基于上述两个文本中出现的单词，构建如下词典（dictionary）：

{"Mike": 1, "likes": 2, "to": 3, "watch": 4, "news": 5, "also": 6, "Basketball": 7, "games": 8, "Bob": 9, "too": 10}

上面词典中包含 10 个单词，每个单词都有唯一的索引，因此可以使用一个 10 维的向量来表示每个文本。具体如下：

[1, 2, 1, 1, 1, 0, 0, 0, 1, 1]
[1, 1, 1, 1, 0, 1, 1, 1, 0, 0]

该向量是词典中每个单词在文本中出现的频率，与原来文本中单词出现的顺序没有关系。该方法简单，但是存在如下问题：

● 维度灾难。如果上述例子词典中包含 10 000 个单词，每个文本就需要用 10 000 维的向量表示，也就是说除了文本中出现的词语位置不为 0，其余 9000 多的位置均为 0。高维度的向量会使计算量猛增，大大影响计算速度。

● 无法保留词序信息。

● 存在语义鸿沟的问题。

近年来，随着互联网技术的发展，互联网上的数据急剧增加。大量无标注的数据产生，这些数据中蕴含着丰富的信息。词向量（word2vec）技术就是为了从大量无标注的文本中提取有用的信息而产生的。

一般来说，词语是表达语义的基本单元。词袋模型中只是将词语符号化，所以词袋模型不包含语义信息。如何使"词表示"包含语义信息是该领域研究人员面临的问题。分布假说（Distributional Hypothesis）的提出为上述问题的解决提供了理论基础。该假说的核心思想是：上下文相似的词，其语义也相似。随后有学者整理了利用上下文分布表示词义的方法，这类方法就是有名的词空间模型（Word Space Model）。随着各类硬件设备计算能力的提升和相关算法的发展，神经网络模型逐渐在各个领域中崭露头角，可以灵活地对上下文进行建模是神经网络构造词表示的最大优点。

通过语言模型构建上下文与目标词之间的关系是一种常见的方法。神经网络词向量模型就是根据上下文与目标词之间的关系进行建模的。在初期，词向量只是训练神经网络语言模型过程中产生的副产品，而后神经网络语言模型对后期词向量的发展方向有着决定性的作用。下面将重点介绍 4 种常见的生成词向量的神经网络模型。

5.1.1 神经网络语言模型

21 世纪初，研究人员试着使用神经网络求解二元语言模型。随后，神经网络语言模型（Neural Network Language Model，NNLM）被正式提出。与传统方法估算 n 元条件概率 $P(w_i|w_{i-(n-1)},\cdots,w_{i-1})$ 不同，NNLM 直接通过一个神经网络结构进行估算。NNLM 的基本结构如图 5-1 所示。

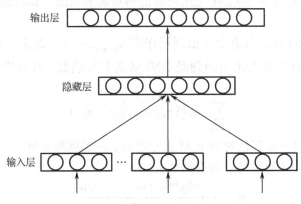

图 5-1　NNLM 的基本结构

NNLM 大致的操作过程为：从语料库中搜集一系列长度为 n 的文本序列 $w_{i-(n-1)},\cdots,w_{i-1},w_i$，假设这些长度为 n 的文本序列组成的集合为 D，那么 NNLM 的目标函数为

$$\sum_D P(w_i | w_{i-(n-1)},\cdots,w_{i-1})$$

上式的含义是：在输入词序列为 $w_{i-(n-1)},\cdots,w_{i-1}$ 的情况下，计算目标词为 w_i 的概率。

神经网络语言模型是经典的三层前馈神经网络结构（参见图 5-1），包括输入层、隐藏层和输出层。为解决词袋模型数据稀疏问题，输入层的输入为低维度的、紧密的词向量，输入层的操作就是将词序列 $w_{i-(n-1)},\cdots,w_{i-1}$ 中的每个词向量按顺序拼接，具体表达式为

$$x = [v(w_{i-(n-1)});\cdots;v(w_{i-2});v(w_{i-1})]$$

在输入层得到 x 后，将 x 输入隐藏层得到 h，再将 h 接入输出层得到最后的输出变量 y。隐藏层变量 h 和输出变量 y 的计算式为

$$h = \tanh(b + Hx)$$
$$y = b + Uh$$

式中：H 为输入层到隐藏层的权重矩阵，维度为 $|h| \times (n-1)|e|$；U 为隐藏层到输出层的权重矩阵，维度为 $|V| \times |h|$，$|V|$ 表示词表的大小，其他绝对值符号类似；b 为模型中的偏置项。NNLM 中计算量最大的操作就是从隐藏层到输出层的矩阵运算 Uh。输出变量 y 是一个 $|V|$ 维向量，该向量的每个分量依次对应下一个词为词表中某个词的可能性。用 $y(w)$ 表示由 NNLM 计算得到的目标词 w 的输出量，为保证输出 $y(w)$ 计算得到的概率值，需要对输出层进行归一化操作。一般会在输出层之后加入 softmax 函数，将 y 转成对应的概率值，具体表达式为

$$P(w_i \mid w_{i-(n-1)}, \cdots, w_{i-1}) = \frac{\exp(y(w_i))}{\sum_{k=1}^{|V|} \exp(y(w_k))}$$

由于 NNLM 使用低维紧凑的词向量对上文进行表示，解决了词袋模型数据稀疏、语义鸿沟等问题，显然 NNLM 是一种更好的 n 元语言模型。另一方面，在相似的上下文语境中，NNLM 可以预测出相似的目标词，相对传统模型是一个比较大的优势。例如，在某语料中 A＝“一只小狗躺在地毯上”出现了 2000 次，而 B＝“一只猫躺在地毯上”出现了 1 次。根据频率来计算概率，$P(A)$ 要远远大于 $P(B)$，而语料 A 和语料 B 唯一的区别在于猫和狗，这两个词无论在词义和语法上都相似，而 $P(A)$ 远大于 $P(B)$ 显然是不合理的。采用 NNLM 计算得到的 $P(A)$ 和 $P(B)$ 是相似的，这是因为 NNLM 采用低维的向量表示词语，其假定相似的词其词向量也相似。

如前所述，输出的 $y(w)$ 代表上文出现词序列 $w_{i-(n-1)}, \cdots, w_{i-1}$ 的情况下，下一个词为 w_i 的概率，因此在语料库 D 中最大化 $y(w)$ 便是 NNLM 的目标函数，对应的 w_i 作为预测值，表达式为

$$\sum_{w_{i-(n-1)} \in D} \lg P(w_i \mid w_{i-(n-1)}, \cdots, w_{i-1})$$

一般使用随机梯度下降算法对 NNLM 进行训练。在训练每个批次（batch）时，随机从语料库 D 中抽取若干样本进行训练。梯度迭代公式为

$$\theta : \theta + \alpha \frac{\partial \lg P(w_i \mid w_{i-(n-1)}, \cdots, w_{i-1})}{\partial \theta}$$

式中：α 是学习率；θ 是模型中涉及的所有参数，包括 NNLM 中的权重、偏置以及输入的词向量。

5.1.2 C&W 模型

NNLM 的目标是构建一个语言概率模型，而 C&W 模型（由 Collobert 和 Weston 提出的模型）则是以直接生成词向量为目标。在 NNLM 的求解中，最费时的部分当属隐藏层到输出层的权重计算。而 C&W 模型没有采用语言模型的方式去求解词语上下文的条件概率，而是直接对 n 元短语打分，这是一种更为快速的获取词向量的方式。C&W 模型的结构如图 5-2 所示，其核心机理是：在语料库中出现过的 n 元短语，会得到高分；反之，则会得到较低的评分。

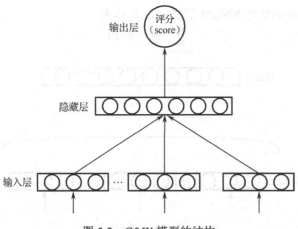

输出层（评分（score）

隐藏层

输入层

图 5-2　C&W 模型的结构

相对于整个语料库而言，C&W 模型需要优化的目标函数为

$$\sum_{(w,c)\in D}\sum_{w'\in V}\max(0,1-\text{score}(w,c)+\text{score}(w',c))$$

式中：(w,c) 为从语料中抽取的 n 元短语，为保证上下文词数的一致性，n 应为奇数；w 是目标词；c 表示目标词的上下文语境；w' 是从词典中随机抽取的一个词语。C&W 模型采用成对词语对目标函数进行优化，且对上式分析可知，目标函数期望正样本的得分比负样本至少高 1 分。这里 (w,c) 表示正样本，该样本来自语料库；(w',c) 表示负样本，负样本是将正样本序列中的中间词替换成其他词得到的。一般而言，用一个随机的词语替换正确文本序列的中间词，得到新的文本序列基本上都是不符合语法习惯的错误序列，因此这种构造负样本的方法是合理的。同时由于负样本仅仅是修改了正样本一个词得来的，其基本的语境没有改变，因此不会对分类效果造成太大的影响。

与 NNLM 的目标词在输出层不同，C&W 模型的输入层就包含了目标词，其输出层也变为一个节点，该节点输出值的大小代表 n 元短语得分的高低。相应的，C&W 模型的最后一层运算次数为 $|h|$，远低于 NNLM 的 $|V|\times|h|$ 次。综上所述，较 NNLM 而言，C&W 模型可大大降低运算量。

5.1.3　CBOW 模型和 Skip-gram 模型

为了更高效地获取词向量，有研究者综合了 NNLM 和 C&W 模型的核心部分，得到了 CBOW（Continuous Bag of Words）模型和 Skip-gram 模型。

1. CBOW 模型

CBOW 模型的结构如图 5-3 所示，该模型使用一段文本的中间词作为目标词；同时，CBOW 模型去掉了隐藏层，大幅提升了运算速率。此外，CBOW 模型使用上下文各词词向量的平均值替代 NNLM 中各个拼接的词向量。由于 CBOW 模型去除了隐藏层，所以其输入层就是语义上下文的表示。

CBOW 模型对目标词的条件概率计算式为

$$P(w\,|\,c)=\frac{\exp(e'(w)^{\text{T}}x)}{\sum_{w'\in V}\exp(e'(w)^{\text{T}}x)}$$

CBOW 模型的目标函数与 NNLM 的类似，具体为

$$\sum_{(w,c)\in D} \lg P(w\,|\,c)$$

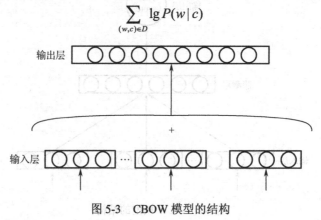

图 5-3　CBOW 模型的结构

2．Skip-gram 模型

Skip-gram 模型的结构如图 5-4 所示，该模型同样没有隐藏层。但与 CBOW 模型输入上下文词的平均词向量不同，Skip-gram 模型是从目标词 w 的上下文中选择一个词，将其词向量组成上下文的表示。

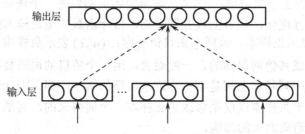

图 5-4　Skip-gram 模型的结构

对整个语料而言，Skip-gram 模型的目标函数为

$$\max\Big(\sum_{(w,c)\in D}\sum_{w_j\in c} \lg P(w\,|\,w_j)\Big)$$

Skip-gram 模型和 CBOW 模型实际上是 word2vec 两种不同思想的实现：CBOW 模型根据上下文来预测当前词语的概率，且上下文所有的词对当前词出现概率的影响的权重是一样的，如在袋子中取词，取出数量足够的词就可以了，取出的先后顺序则是无关紧要的；Skip-gram 模型刚好相反，它是根据当前词语来预测上下文概率的。在实际使用中，算法本身并无优劣之分，需要根据呈现的效果来进行选择。

5.2　关键词提取技术概述

在信息爆炸的时代，我们只能筛选出一些我们感兴趣的或者有用的信息，一般会采用关键词搜索的方法。使用关键词进行搜索的前提是对信息进行关键词提取。如果可以准确地将文档用几个简单的关键词描述出来，就可以根据关键词大概了解一篇文章是不是人们所需要的，这样会大大提高信息获取效率。

类似于其他的机器学习方法，关键词提取算法一般也可以分为有监督和无监督两类。

● 有监督的关键词提取算法主要通过分类的方式进行，通过构建一个较为丰富和完善的词表，然后判断每个文档与词表中每个词的匹配程度，以类似打标签的方式，达到关键词提取的效果。有监督的关键词提取算法能够获得较高的精度，但缺点是需要大批量的标注数据，人工成本过高。另外，大数据时代，每时每刻都有大量的新信息出现，一个固定的词表无法涵盖所有的新信息，而且人工维护这个受控的词表需要很高的人力成本，这也是使用有监督算法进行关键词提取的一个比较大的缺陷。

● 相对而言，无监督的关键词提取算法对数据的要求要低得多，它既不需要一张人工生成、维护的词表，也不需要人工标准语料辅助进行训练。因此，这类算法在关键词提取领域的应用受到大家的青睐。本章主要介绍一些目前较常用的无监督的关键词提取算法，如TF-IDF 算法、TextRank 算法和主题模型算法（包括 LSA、LSI、LDA 等）。

5.3 TF-IDF 算法

TF-IDF（Term Frequency-Inverse Document Frequency，词频–逆文档频次算法）是一种基于统计的计算方法，常用于评估某个词对一份文档的重要程度，重要程度高的词会成为关键词。

TF-IDF 算法的组成有两部分：TF 算法与 IDF 算法。TF 算法统计在一篇文档中一个词出现的频次，其核心为某个词在一个文档中出现的次数越多，则它对文档的表达能力也越强；而 IDF 算法是统计一个词在文档集的多少个文档中出现，其核心为某个词在越少的文档中出现，它区分文档的能力就越强。

在实际应用中，会将 TF 算法和 IDF 算法结合使用，由此就能从词频、逆文档频次这两个角度来衡量词的重要性。

TF 的计算公式为

$$\text{tf}_{ij} = \frac{n_{ij}}{\sum_k n_{kj}}$$

式中：n_{ij} 代表词 i 在文档 j 里的出现频次。但若仅用频次来表示，较长文本中的词出现频次高的概率就会越大，所以有时会影响到不同文档之间关键词权值的相比，因此增加了对词频进行归一化的过程，分母是统计文档中每个词出现次数的总和，即词所在文档的总词数。

IDF 的计算公式为

$$\text{idf}_i = \lg\left(\frac{|D|}{1+|D_i|}\right)$$

式中：$|D|$ 是文档总数；$|D_i|$ 是词 i 在文档集中出现的文档数量。分母之所以加 1 是采用了拉普拉斯平滑，以避免一部分新词没有在语料库里出现，导致分母为 0 情况的发生，从而提高算法的健壮性。

TF-IDF 的计算公式为

$$\text{tf} \cdot \text{idf}(i,j) = \text{tf}_{ij} \cdot \text{idf}_i = \frac{n_{ij}}{\sum_k n_{kj}} \cdot \lg\left(\frac{|D|}{1+|D_i|}\right)$$

TF-IDF 算法是结合使用了 TF 算法和 IDF 算法，而此处的 TF 和 IDF 相乘则是经验所得。

学者们对这两种方法的组合方式做了很多研究，经过大量的理论推导和实验研究后，确定了上式是较为有效的计算方式之一。

TF-IDF 算法也有很多变种的加权方法。传统的 TF-IDF 算法仅考虑了词的两个统计信息（出现频次、在多少个文档中出现），其对文本信息的利用程度考虑较少。而文本中的许多信息，如每个词的词性、出现的位置等，对关键词的提取能起到很好的指导作用。在某些特定的场景中，如在传统的 TF-IDF 基础上，加上这些辅助信息，能很好地增强对关键词提取的效果。如在文本中，名词作为一种定义现实实体的词，带有更多的关键信息，在关键词提取过程中，对名词赋予更高的权重，能使提取出来的关键词更合理。此外，在某些场景中，文本的起始段落和末尾段落比其他部分的文本更重要，对出现在这些位置的词赋予更高的权重，也能提升关键词的提取效果。

5.4　TextRank 算法

其他的算法都基于一个现成的词库，而 TextRank 算法则是脱离词库的，仅对单篇文档进行分析，并能提取其中的关键词，这也是 TextRank 算法的一大特点。TextRank 算法早期应用于文档的自动摘要，基于句子维度进行分析，对每个句子进行打分，将分数最高的句子作为文档的关键词，从而实现自动摘要的效果。

在介绍 TextRank 算法之前，需要先了解一下谷歌的 PageRank 算法，因该算法启发了TextRank 算法。PageRank 算法是谷歌构建原始搜索系统时提出的链式分析算法，该算法是用来评价搜索系统网页重要性的一种方法，是一个成功的网页排序算法，其结构如图 5-5 所示。

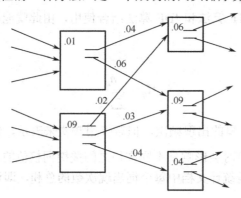

图 5-5　PageRank 算法的结构

PageRank 算法有两个核心思想：

（1）链接数量。例如，一个网页被越多其他的网页链接，说明该网页越重要。

（2）链接质量。例如，一个网页被越高权值的网页链接，说明该网页越重要。

下面介绍几个基本概念。

● 出链：如果在网页 a 中附加了网页 b 的超链接 b-link，用户浏览网页 a 时可以单击 b-link然后进入网页 b，这种 a 附有 b-link 的情况表示 a 出链 b。

● 入链：通过单击网页 a 中 b-link 进入网页 b，表示由 a 入链 b。如果用户在浏览器输入栏输入网页 b 的 URL，然后进入网页 b，表示用户通过输入 URL 入链 b。

● 无出链：如果网页 a 中没有附加其他网页的超链接，表示 a 无出链。

● PageRank（又称 PR）值：一个网页被访问的概率。

一个网页的 PageRank 值算法公式为

$$S(V_i) = \sum_{j \in \text{In}(V_i)} \left(\frac{1}{|\text{Out}(V_j)|} \cdot S(V_j) \right)$$

式中：$\text{In}(V_i)$ 为 V_i 的入链集合；$\text{Out}(V_j)$ 为 V_j 的出链集合；$|\text{Out}(V_j)|$ 是出链的数量。由于每个网页要将自身的分数均匀分给每个出链，则 $\frac{1}{|\text{Out}(V_j)|} \cdot S(V_j)$ 即为 V_j 给 V_i 的分数。将 V_i 所有入链给它的分数加起来，就是 V_i 的分数。

用公式进行计算会导致一些无出链、无入链和无网页的得分为 0，而得分为 0 的网页不会被访问到。为了避免出现这种情况，这里对计算公式进行了改进，加入了阻尼系数 d，改进后的计算公式为（这样即使是无出链及无入链网页，其自身也会有得分）

$$S(V_i) = (1-d) + d \cdot \sum_{j \in \text{In}(V_i)} \left(\frac{1}{|\text{Out}(V_j)|} \cdot S(V_j) \right)$$

以上就是 PageRank 的理论，也是 TextRank 的理论基础。不同的是，PageRank 是有向无权图，而 TextRank 算法是有权图，因为 TextRank 在记分时除了考虑链接句的重要性，还考虑两个句子间的相似性。即计算每个句子给它链接句的贡献时，不是通过平均分配的方式，而是通过计算权重占总权重的比例来分配的。在这里，权重就是两个句子之间的相似度，相似度的计算可以采用编辑距离、余弦相似度等。需要注意的一点是，在对一篇文档进行自动摘要时，默认每个语句和其他所有句子都是有链接关系的，也就是一个有向完全图。TextRank 的计算公式为

$$WS(V_i) = (1-d) + d \cdot \sum_{V_j \in \text{In}(V_i)} \left(\frac{w_{ji}}{\sum_{V_k \in \text{Out}(V_j)} w_{jk}} WS(V_j) \right)$$

TextRank 用于关键词提取与用于自动摘要中主要有两点不同：①词与词之间的关联没有权重；②每个词不是与文档中的所有词都有链接。

由于第一点不同，TextRank 中的分数计算公式退化为与 PageRank 一致，即将得分平均贡献给每个链接的词。公式为

$$WS(V_i) = (1-d) + d \cdot \sum_{j \in \text{In}(V_i)} \left(\frac{1}{|\text{Out}(V_j)|} WS(V_j) \right)$$

对于第二点不同，既然每个词不是与所有词相连，那么如何界定链接关系就成为一个问题。在 TextRank 应用于关键词提取中时，学者们提出了窗口的概念，在窗口中的词相互间都有链接关系。现以下面的文本为例说明"窗口"的概念。

世界献血日，学校团体、献血服务志愿者等可到血液中心参观检验加工过程，我们会对检验结果进行公示，同时血液的价格也将进行公示。

经过分词后为"世界，献血，日，学校，团体，献血，服务，志愿者等"。

现在将窗口大小设为 5，可得到以下几个窗口：

（1）[世界, 献血, 日, 学校, 团体]。

（2）[献血, 日, 学校, 团体, 献血]。

（3）[日,学校,团体,献血,服务]。

（4）[学校,团体,献血,服务,志愿者]。

（5）[团体,献血,服务,志愿者等]。

......

每个窗口内所有词之间都有链接关系,如[世界]和[献血,日,学校,团体]之间有链接关系,随后就可以使用 TextRank 的公式,对每个词的得分进行计算,最后选择得分最高的 n 个词作为文档的关键词。

5.5 LSA/LSI/LDA 算法

一般来说,TF-IDF 算法和 TextRank 算法能满足大部分关键词提取的任务。但是在某些场景下,关键词并不一定会显式地出现在文档中,如一篇关于动物生存环境的科普文章,通篇介绍了狮子、老虎、鳄鱼等各种动物的情况,但是文中并没有显式地出现动物二字。这种情况下,前面的两种算法显然不能提取出动物这个隐含的主题信息,此时就需要用到主题模型。

主题模型认为词和文档应该由一个维度串联起来,主题模型将这个维度称为主题。每个文档都应该对应着一个或多个主题,每个主题都有对应的词分布,通过主题可以得到每个文档的词分布。依据这一原理,就可以得到主题模型的一个核心公式,即

$$P(w_j \mid d_i) = \sum_{k=1}^{K} (P(w_j \mid z_k) P(z_k \mid d_i))$$

在一个已知的数据集中,每个词和文档对应的 $P(w_j \mid d_i)$ 都是已知的。而主题模型就是根据这个已知的信息,通过计算 $P(w_j \mid z_k)$ 和 $P(z_k \mid d_i)$ 的值,从而得到主题的词分布和文档的主题分布信息。要得到这个分布信息,常用的方法是 LSA/LSI（Latent Semantic Analysis,潜在语义分析/Latent Semantic Index,潜在语义索引）和 LDA（Latent Dirichlet Allocation,隐含狄利克雷分布）。其中,LSA 主要采用 SVD（Singular Value Decomposition,奇异值分解）的方法进行暴力破解,而 LDA 则通过贝叶斯学派的方法对分布信息进行拟合。

5.5.1 LSA/LSI 算法

LSA 和 LSI 经常被认为是一个算法,但两者的应用场景略有不同。LSA 与 LSI 都是对文档的潜在语义进行分析,而潜在语义索引是在分析之后,运用分析得出的结果去建立相关的索引。

LSA 的主要步骤如下:

（1）通过 BoW 模型把每个文档代表为向量;

（2）将全部的文档词向量排在一起构成词-文档矩阵($m \times n$);

（3）对词-文档矩阵进行 SVD 操作($[m \times r] \cdot [r \times r] \cdot [r \times n]$);

（4）根据 SVD 操作的结果,将词-文档矩阵映射到一个更低维度,即维度为 k($[m \times k] \cdot [k \times k] \cdot [k \times n]$, $0<k<r$)的相似 SVD 结果,每个词和文档都能够代表为 k 个主题构成的空间中的单个点,计算每个词和文档的相似度（可以使用余弦相似度或 KL 相似度进行计算）,能够得出每个文档中对每个词的相似度结果,相似度最高的一个词即为文档的关键词。

LSA 利用 SVD 把文档、词映射到一个低维的语义空间,发掘出词、文档的浅层语义信

息，可以更本质地表达词、文档，在有限利用文本语义信息的同时，也极大地降低了计算的成本，提升了分析的质量。

LSA 是一个初级的主题模型，也存在缺点。其最主要的不足为：SVD 的计算复杂度特别高，在特征空间维度较大的情况下，计算效率非常低。另外，LSA 提取的分布信息以已有数据集为基础，在一个新文档进入已有特征空间时，要重新训练整个空间，才可得到加入新文档后对应的分布信息。此外，LSA 仍存在对物理解释性薄弱、词的频率分布不敏感等诸多问题。为了解决以上问题，学者们在 LSA 原有的基础上优化升级，研究出 pLSA 算法，其利用 EM（Expectation-Maximum，期望最大化）算法对分布信息进行拟合，代替了最初使用 SVD 来进行暴力破解，消除了 LSA 的部分缺点。随后学者们以 pLSA 为基础，引进贝叶斯模型，得到了目前主题模型（Topic Model）的主流方法——LDA。

5.5.2　LDA 算法

LDA 在 2003 年由 David Blei 等人提出，以贝叶斯理论为基础。LDA 通过对词的共现信息进行分析，拟合出词-文档-主题的分布，从而把词、文本都映射到一个语义空间中。

LDA 算法假设主题中词的先验分布与文档中主题的先验分布都服从狄利克雷分布（隐含狄利克雷分布这一名称的由来）。在贝叶斯学派看来，先验分布+数据（似然）=后验分布。统计已有的数据集，能够得出每个主题对应词的多项式分布与每篇文档中主题的多项式分布。随后可以依据贝叶斯学派的办法，依据先验的狄利克雷分布与观测数据得到的多项式分布，得出一组狄利克雷多项式（Dirichlet-multi）共轭，且根据该共轭来推断主题中词的后验分布与文档中主题的后验分布。

吉布斯采样是 LDA 模型求解的一种主流方法。结合吉布斯采样的 LDA 模型训练过程如下：

（1）随机初始化：对语料中每篇文档中的每个词 w，随机赋予一个主题（Topic）编号 z。

（2）重新扫描语料库：对每个词 w 按吉布斯采样公式重新采样它的主题，同时在语料中进行更新。

（3）重复以上语料库的重新采样过程直至吉布斯采样收敛。

（4）最后统计语料库的主题-词（Topic-word）共现频率矩阵，即为 LDA 的模型。

通过以上步骤可以获得一个训练好的 LDA 模型，之后就可按照一定的方式预估新文档的主题，具体步骤如下：

（1）随机初始化：对当前文档中的每个词 w，随机赋一个主题编号 z。

（2）重新扫描当前文档，按照吉布斯采样公式，重新采样它的主题。

（3）重复以上过程直到吉布斯采样收敛。

（4）统计文档中的主题分布，即为预估结果。

LDA 的具体流程并不复杂，但仍有许多需要注意的地方。例如，如何确定共轭分布中的超参，如何通过狄利克雷分布和多项式分布得到共轭分布，如何实现吉布斯采样等。

根据 LSA 或 LDA 算法，可以获得文档对主题的分布和主题对词的分布，通过这些信息可以进行关键词抽取，即根据这些分布信息计算文档和词的相似性，获得文档最相似的词列表，从而获得文档的关键词。

5.6 提取文本关键词

前面介绍了关键词提取的常用算法，接下来运用这些算法从一个数据集中提取关键词。

本章代码主要应用了 Jieba 以及 Gensim，这里主要应用 Jieba 工具中 analyse 模块封装的 TextRank 算法。Gensim 是一个开源的第三方 Python 工具包，其用于原始的非结构化的文本中，进行无监督学习到文本隐藏层的主题向量表达，支持 TF-IDF、LSA、LDA 和 word2vec 的主题模型算法，提供信息检索、相似度计算等 API 接口。本节主要调用 Gensim 中 LSI、LDA 模型的接口，可在命令行中输入 "pip install genism" 命令来安装 Gensim。

要提取文本关键词，首先应引入相关库。由于 Python3 的 sorted 函数中没有 cmp 参数，所以这里使用 cmp_to_key 函数来实现 cmp 功能。引入相关库代码如下：

```
import math
import jieba
import jieba.posseg as psg
from genism import corpora, models
from jieba import analyse
import functools
```

通过之前的学习，可以了解到除 TextRank 算法外，其余两类算法都要在一个已知的数据集中才可以提取关键词，因此需要先导入一个由多个文本组成的数据集。开始导入的是一段完整的文字，要实现关键词提取算法，前提为要有词的信息，因此首先应对所有输入的文本进行分词。

分词后的每个文档都可以作为一系列词的集合，为之后的操作奠定基础。但一个文档中除了能表达文章信息的实词外，还有很多"的""地"等虚词和一些无意义的词，这些词不是要提取的关键词且会阻碍算法的运行，称之为干扰词。所以在算法运算前，需要去除停用词，因此在程序中首先要加载一个受控的停用词表。在中文自然语言处理中，目前较常用的停用词表为哈工大的停用词表，表中包含许多中文文本中经常可见的干扰词。在实际项目中，会根据具体项目和应用场景，建立和维护一个合适的停用词表。

完成以上步骤后，就可用已预处理好的数据来训练算法。TF-IDF 算法与主题模型都要用一个现有的模型进行训练，训练完成后就可以运用训练好的模型提取关键词。但 TextRank 不需要训练就能用一个文档进行关键词提取。

由上可知，关键词提取算法至少需要实行以下几步：

（1）加载文档数据集。

（2）加载停用词表。

（3）对数据集进行分词，参照停用词表过滤干扰词。

（4）依据数据集训练算法。

根据训练好的关键词提取算法对新文档进行关键词提取要经过以下环节：

（1）对新文档进行分词。

（2）根据停用词表，过滤干扰词。

（3）根据训练好的算法提取关键词。

下面开始一个完整的关键词提取算法的实现过程。

（1）加载停用词表，代码如下：

```
#停用词表
def get_stopword_list():
#停用词表存储路径，每行为一个词，可按行读取进行加载
#进行编码转换，确保匹配准确率
    stop_word_path = './stopword.txt'
    stopword_list = [sw.replace('\n', '') for sw in open(stop_word_path,encoding='utf-8').readlines()]
    return stopword_list
```

（2）定义分词方法，代码如下（参数 pos 用于判断是否采用词性标注）：

```
#调用 Jieba 接口
def seg_to_list(sentence, pos=False) :
    if not pos:
        #不进行词性标注的分词方法
        seg_list = jieba.cut ( sentence)
    else:
        #进行词性标注的分词方法
        seg_list = psg.cut( sentence)
        return seg_list
```

（3）过滤干扰词。依据分词结果过滤干扰词，依据 pos 判断是否过滤除名词外的其他词性，再判断长度是否大于等于 2、词是否在停用词表中等。代码如下：

```
#去除干扰词
def word_filter ( seg_list, pos=False ) :
    stopword_list = get_stopword_list( )
    filter_list = [ ]
        #根据 pos 参数选择是否进行词性过滤
        #不进行词性过滤，则将词性都标记为 n，表示全部保留
        for seg in seg_list:
            if not pos:
                word = seg
                flag = 'n'
            else:
                word = seg.word
                flag = seg.flag
            if not flag.startswith('n'):
                continue
            #过滤停用词表中的词，以及长度小于 2 的词
            if not word in stopword_list and len(word) > 1:
                filter_list.append(word)
        return filter_list
```

（4）对数据集中的数据实行分词并过滤干扰词。原始数据集为单个文件，文件中的每行为一个文本。按行读取后对文本进行分词、过滤干扰词，每个文本最终变成一个非干扰词组成的词语列表。代码如下：

```
#数据加载，pos 为是否采用词性标注，corpus_path 为数据集路径
```

```
def load_data(pos=False, corpus_path='./corpus.txt'):
    #处理后的数据只保留非干扰词
    doc_list = []
    for line in open(corpus_path, 'r',encoding='utf-8'):
        content = line.strip()
        seg_list = seg_to_list(content, pos)
        filter_list = word_filter(seg_list, pos)
        doc_list.append(filter_list)
    return doc_list
```

所有算法都有各自的特点，TF-IDF 算法依据数据集生成相应的 IDF 值字典，之后在计算每个词的 TF-IDF 时，能直接从生成的字典里读取；LSI 算法和 LDA 算法依据现有的数据集生成主题-词分布矩阵与文档-主题分布矩阵，能在 Gensim 中直接调用写好的训练方法。TF-IDF 值统计功能代码如下：

```
#IDF 值统计方法
def train_idf(doc_list):
    idf_dic = {}
    #总文档数
    tt_count = len(doc_list)
    #每个词出现的文档数
    for doc in doc_list:
        for word in set(doc):
            idf_dic[word] = idf_dic.get(word, 0.0) + 1.0
    #按公式转换为 IDF 值，分母加 1 进行平滑处理
    for k, v in idf_dic.items():
        idf_dic[k] = math.log(tt_count / (1.0 + v))
    #对于没有在字典中的词，默认其仅在一个文档中出现，得到默认的 IDF 值
    default_idf = math.log(tt_count / (1.0))
    return idf_dic, default_idf
```

在进行 TF-IDF 算法之前需对文本进行 cmp 函数处理。下面的 cmp 函数的目的：在输出关键词时，首先按照关键词的权值排序；当分值相同时，依据关键词来排序。

```
#排序函数，用于关键词的排序
def cmp(e1, e2):
    import numpy as np
    res = np.sign(e1[1] - e2[1])
    if res != 0:
        return res
    else:
        a = e1[0] + e2[0]
        b = e2[0] + e1[0]
        if a > b:
            return 1
        elif a == b:
            return 0
        else:
            return -1
```

TF-IDF 算法实现：依据要处理的文本，计算每个词的 TF 值，并获得之前训练好的 IDF 数据及每个词的 IDF 值，最后综合计算每个词的 TF-IDF。TF-IDF 类的传入参数有三个：word_list 是通过分词、去除干扰词后的待提取关键词文本，是一个非干扰词组成的列表；idf_dic 为之前训练好的 IDF 数据；keyword_num 决定需要提取多少个关键词。TF-IDF 类代码如下：

```
#TF-IDF 类
class TfIdf(object):
    #4 个参数分别是：训练好的 IDF 字典、默认 IDF 值、处理后的待提取文本、关键词数量
    def __init__(self, idf_dic, default_idf, word_list, keyword_num):
        self.word_list = word_list
        self.idf_dic, self.default_idf = idf_dic, default_idf
        self.tf_dic = self.get_tf_dic()
        self.keyword_num = keyword_num

    #统计 TF 值
    def get_tf_dic(self):
        tf_dic = {}
        for word in self.word_list:
            tf_dic[word] = tf_dic.get(word, 0.0) + 1.0

        tt_count = len(self.word_list)
        for k, v in tf_dic.items():
            tf_dic[k] = float(v) / tt_count

        return tf_dic

    #按公式计算 TF-IDF
    def get_tfidf(self):
        tfidf_dic = {}
        for word in self.word_list:
            idf = self.idf_dic.get(word, self.default_idf)
            tf = self.tf_dic.get(word, 0)

            tfidf = tf * idf
            tfidf_dic[word] = tfidf

        tfidf_dic.items()
        #根据 TF-IDF 排序，取排名前 keyword_num 的词作为关键词
        for k, v in sorted(tfidf_dic.items(), key=functools.cmp_to_key(cmp), reverse=True)[:self.keyword_
                    num]:
            print(k + "/ ", end='')
        print()
```

下面的主题模型实现方法中实现了 LSI 算法和 LDA 算法，并依据传入参数 model 来选择采用哪种算法。主题模型类的传入参数如下：

（1）doc_list：之前数据集加载方法的返回结果。

（2）keyword_num：之前数据集加载返回结果的个数，是关键词数量。

（3）model：本主题模型的具体算法，传入 LSI 或 LDA，默认是 LSI。

（4）num_topics：主题模型的主题数量。

主题模型实现如下：

```python
#主题模型
class TopicModel(object):
    #4 个传入参数：处理后的数据集、关键词数量、具体模型（LSI、LDA）、主题数量
    def __init__(self, doc_list, keyword_num, model='LSI', num_topics=4):
        #使用 Gensim 的接口，将文本转为向量化表示
        #先构建词空间
        self.dictionary = corpora.Dictionary(doc_list)
        #使用 BoW 模型向量化
        corpus = [self.dictionary.doc2bow(doc) for doc in doc_list]
        #根据 TF-IDF 对每个词进行加权，得到加权后的向量表示
        self.tfidf_model = models.TfidfModel(corpus)
        self.corpus_tfidf = self.tfidf_model[corpus]


        self.keyword_num = keyword_num
        self.num_topics = num_topics
        #选择加载的模型
        if model == 'LSI':
            self.model = self.train_lsi()
        else:
            self.model = self.train_lda()


        #得到数据集的主题-词分布
        word_dic = self.word_dictionary(doc_list)
        self.wordtopic_dic = self.get_wordtopic(word_dic)

    def train_lsi(self):
        lsi = models.LsiModel(self.corpus_tfidf, id2word=self.dictionary, num_topics=self.num_topics)
        return lsi

    def train_lda(self):
        lda = models.LdaModel(self.corpus_tfidf, id2word=self.dictionary, num_topics=self.num_topics)
        return lda

    def get_wordtopic(self, word_dic):
        wordtopic_dic = {}

        for word in word_dic:
            single_list = [word]
            wordcorpus = self.tfidf_model[self.dictionary.doc2bow(single_list)]
            wordtopic = self.model[wordcorpus]
            wordtopic_dic[word] = wordtopic
        return wordtopic_dic
```

```
#计算词的分布和文档的分布的相似度，取相似度最高的 keyword_num 个词作为关键词
def get_simword(self, word_list):
    sentcorpus = self.tfidf_model[self.dictionary.doc2bow(word_list)]
    senttopic = self.model[sentcorpus]

    #余弦相似度计算
    def calsim(l1, l2):
        a, b, c = 0.0, 0.0, 0.0
        for t1, t2 in zip(l1, l2):
            x1 = t1[1]
            x2 = t2[1]
            a += x1 * x1
            b += x1 * x1
            c += x2 * x2
        sim = a / math.sqrt(b * c) if not (b * c) == 0.0 else 0.0
        return sim

    #计算输入文本和每个词的主题分布相似度
    sim_dic = {}
    for k, v in self.wordtopic_dic.items():
        if k not in word_list:
            continue
        sim = calsim(v, senttopic)
        sim_dic[k] = sim

    for k, v in sorted(sim_dic.items(), key=functools.cmp_to_key(cmp), reverse=True)[:self.keyword_num]:
        print(k + "/ ", end='')
    print()

#没有 Gensim 接口时，使用词空间构建方法和向量化方法
def word_dictionary(self, doc_list):
    dictionary = []
    for doc in doc_list:
        dictionary.extend(doc)

    dictionary = list(set(dictionary))

    return dictionary

def doc2bowvec(self, word_list):
    vec_list = [1 if word in word_list else 0 for word in self.dictionary]
    return vec_list
```

封装以上算法，统一调用以下接口：

```
def tfidf_extract(word_list, pos=False, keyword_num=10):
    doc_list = load_data(pos)
```

```
        idf_dic, default_idf = train_idf(doc_list)
        tfidf_model = TfIdf(idf_dic, default_idf, word_list, keyword_num)
        tfidf_model.get_tfidf()

def textrank_extract(text, pos=False, keyword_num=10):
    textrank = analyse.textrank
    keywords = textrank(text, keyword_num)
    #输出提取的关键词
    for keyword in keywords:
        print(keyword + "/ ", end='')
    print()

def topic_extract(word_list, model, pos=False, keyword_num=10):
    doc_list = load_data(pos)
    topic_model = TopicModel(doc_list, keyword_num, model=model)
    topic_model.get_simword(word_list)
```

最后, 进行算法测试:

```
if __name__ == '__main__':
    text = '永磁电机驱动的纯电动大巴车坡道起步防溜策略, 本发明公开了一种永磁电机驱动的纯电动
大巴车坡道起步防溜策略, 即本策略当制动踏板已踩下、永磁电机转速小于设定值并持续一定时间, 整车控
制单元产生一个刹车触发信号, 当油门踏板开度小于设定值, 且挡位装置为非空挡时, 电机控制单元产生一
个防溜功能使能信号并自动进入防溜控制使永磁电机进入转速闭环控制于某个目标转速, 若整车控制单元检
测到制动踏板仍然踩下, 则限制永磁电机输出力矩, 否则, 恢复永磁电机输出力矩; 当整车控制单元检测到
油门踏板开度大于设置值、挡位装置为空挡或手刹装置处于驻车位置, 则退出防溜控制, 同时切换到力矩控
制。本策略无须更改现有车辆结构或添加辅助传感器等硬件设备, 实现车辆防溜目的。'
    pos = True
    seg_list = seg_to_list(text, pos)
    filter_list = word_filter(seg_list, pos)

    print('TF-IDF: ')
    tfidf_extract(filter_list)
    print('TextRank: ')
    textrank_extract(text)
    print('LSI: ')
    topic_extract(filter_list, 'LSI', pos)
    print('LDA: ')
    topic_extract(filter_list, 'LDA', pos)
```

以上算法不进行词性过滤得出的结果如下:

TF-IDF:

永磁电机驱动的纯电动大巴车坡道起步防溜策略, 电机 防溜 永磁 控制 策略 踏板 单元 力矩 整车
转速

TextRank:

永磁电机驱动的纯电动大巴车坡道起步防溜策略，控制 防溜 电机 永磁 单元 踏板 策略 车辆 整车 转速

LSI:

防溜 控制 策略 装置 踏板 单元

LDA:

公开 电动 大巴车 控制单元

当使用了词性过滤后得出的结果如下：

TF-IDF:
电机 防溜 永磁 控制 策略 踏板 限制 退出
TextRank:
永磁 单元 踏板 策略 车辆 整车 转速 否则
LSI:
控制 策略 目标 否则 恢复
LDA:
策略 公开 触发 信号 车辆

第6章　句法分析

句法分析（Syntactic Parsing）是自然语言处理中的关键技术之一，其基本任务是确定句子的句法结构（Syntactic Structure）或句子中词汇之间的依存关系。一般来说，句法分析并不是一个自然语言处理任务的最终目标，但是，它往往是实现最终目标的重要环节，甚至是关键环节。因此，在自然语言处理研究中，句法分析始终是研究的核心问题之一。

6.1　句法分析概述

在自然语言处理中，句法分析是自然语言处理的核心技术，也是对语言进行深层次理解的基石。句法分析的主要任务是识别出句子所包含的句法成分以及这些成分之间的关系，一般以分析树来表示句法分析的结果。自20世纪50年代初至今，自然语言处理研究已经有70多年的历史，而句法分析一直是自然语言处理前进的巨大障碍。句法分析主要有以下两个难点：

（1）歧义。自然语言区别于人工语言的一个重要特点就是它存在大量的歧义现象。人类自身可以依靠大量的先验知识有效地消除各种歧义，而机器由于在知识表示和获取方面存在严重不足，很难像人类那样进行句法消歧。

（2）搜索空间。句法分析是一个极为复杂的任务，候选树个数会随着句子的增多呈指数级增长，搜索空间非常大。因此，必须设计出合适的解码器，以确保能够在可以容忍的时间内搜索到模型定义最优解。

6.1.1　句法分析的基本概念

句法分析是指判断输入的单词序列（一般为句子）的构成是否符合给定的语法，分析出合乎语法的句子的句法结构。句法结构一般用树状数据结构表示，通常称为句法分析树（Syntactic Parsing Tree），简称分析树（Parsing Tree）。完成这种分析过程的程序模块称为句法分析器（Syntactic Parser），通常简称为分析器（Parser）。

一般而言，句法分析有三个任务：

（1）判断输入的字符串是否属于某种语言。

（2）消除输入句子中词法和结构等方面的歧义。

（3）分析输入句子的内部结构，如成分构成、上下文关系等。

如果一个句子有多种结构表示，句法分析器应该分析出该句子最有可能的结构。在实际应用过程中，系统通常已经知道或者默认了被分析的句子属于哪一种语言，因此一般不考虑任务（1），而着重考虑任务（2）和（3）的处理问题。

句法分析的种类很多，根据其侧重目标可以将其分为完全句法分析和局部句法分析两种。两者的差别在于，完全句法分析以获取整个句子的句法结构为目的；而局部句法分析只关注局部的一些成分，如常用的依存句法分析就是一种局部句法分析方法。

6.1.2　句法分析的基本方法

句法分析的基本方法可以分为基于规则的句法分析方法和基于统计的句法分析方法两大类。

1．基于规则的句法分析方法

基于规则的句法分析方法（规则方法）的基本思路是：由人工组织语法规则，建立语法知识库，通过条件约束和检查来实现句法结构歧义的消除。在过去的几十年里，人们先后提出了若干有影响力的句法分析算法，如 CYK 分析算法、欧雷分析算法、线图分析算法、移进－规约算法、GLR 分析算法和左角分析算法等。人们对这些算法做了大量的改进工作，并将其应用于自然语言处理的相关研究和开发任务中。

根据句法分析树形成方向的区别，人们通常将这些分析方法划分为三种类型：自顶向下（Top-down）的分析方法、自底向上（Bottom-up）的分析方法和两者相结合的分析方法。自顶向下的分析方法实现的是规则推导的过程，分析树从根节点开始不断生长，最后形成分析句子的叶节点。自底向上的分析方法的实现过程恰好相反，它是从句子符号串开始，执行不断归约的过程，最后形成根节点。有些方法本身是确定的，而有些方法既可以采用自底向上的方法实现，也可以采用自顶向下的方法实现。

基于规则的句法分析方法的主要优点是：可以利用手工编写的语法规则分析出输入句子所有可能的句法结构；对于特定的领域和目的，利用手工编写的有针对性的规则能够较好地处理输入句子中的部分歧义和一些超语法现象。但是，该方法也存在以下缺陷：

（1）对于一个中等长度的输入句子来说，要利用大覆盖度的语法规则分析出所有可能的句子结构是非常困难的，分析过程的复杂性往往使程序无法实现。

（2）即使能够分析出句子所有可能的结构，也难以在巨大的句法分析结果集合中实现有效的消歧，并选择出最有可能的分析结果。

（3）手工编写的规则一般带有一定的主观性，对于实际应用系统来说，往往难以覆盖大领域的所有复杂语言。

（4）手工编写规则本身是一件大工作量的复杂劳动，而且编写的规则与特定的领域有密切的相关性，不利于句法分析系统向其他领域移植。

2．基于统计的句法分析方法

基于统计的上下文无关文法（Probabilistic Context-Free Grammar，PCFG）的短语结构分析方法可以说是目前最成功的语法驱动的基于统计的句法分析方法（统计方法）。该方法采用的模型主要包括词汇化的概率模型和非词汇化的概率模型两种。基于统计的句法分析模型本质是一套面向候选树的评价方法，其会给正确的句法分析树赋予一个较高的分值，而给不合理的句法分析树赋予一个较低的分值，这样就可以借用候选树的分值进行消歧。本章将着重介绍基于统计的句法分析方法。

6.2　句法分析的数据集与评测方法

基于统计的句法分析方法自 20 世纪 80 年代提出以来，受到了众多学者的关注。由于这种方法既有基于规则的句法分析方法的特点，又运用了概率信息，因此，可以认为是基于规则的句法分析方法与基于统计的句法分析方法的紧密结合。基于统计的句法分析方法一般都离不开语料数据集和相应的评价体系的支撑，本节将介绍这两方面的内容。

6.2.1　句法分析的数据集

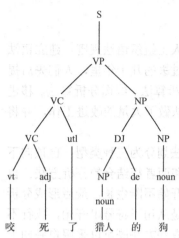

相较于分词或词性标注，句法分析的数据集要复杂得多。句法分析的数据集是一种树状的标注结构，因此也称为树库。图 6-1 所示是一个典型的语料标注。

根据所描述句子结构的不同，树库大体上可以分为两类：短语结构树库和依存结构树库。短语结构树库一般采用句子的结构成分描述句子的结构，可以用来提取短语，其目的是分析句子的产生过程；而依存结构树库是根据句子的依存结构而建立的树库。依存结构描述的是句子中词与词之间直接的句法关系，相应的树结构也被称为依存树。依存结构树库的目的并不是探讨"句子如何产生"这样的命题，而是研究"已产生的句子"内部的依存关系。

目前使用最多的英文树库来自美国宾夕法尼亚大学加工的英文宾州树库（Penn TreeBank，PTB）。PTB 的前身为 ATIS

图 6-1　一个典型的语料标注

（Air Travel Information System，航空旅行信息系统）和 WSJ（The Wall Street Journal，华尔街日报）树库，其具有较高的一致性和标注准确率。

近几年来，中文信息处理技术发展很快，进行中文树库句法自动标注研究的条件已基本成熟。理由如下：

（1）汉语自动切分和词性标注的处理技术已成熟，为进一步进行句法分析研究打下了很好的基础。

（2）对汉语句法分析方法、依存关系标注、基本句型分析等方面的探索为进行系统、全面的短语分析积累了丰富的经验。

比较著名的中文树库有中文宾州树库（Chinese TreeBank，CTB）、清华树库（Tsinghua Chinese TreeBank，TCT）、中国台湾中研院树库等。其中，中文宾州树库是宾夕法尼亚大学标注的汉语句法树库，也是目前绝大多数的中文句法分析研究的基准语料库。清华树库是清华大学计算机系智能技术与系统国家重点实验室人员从汉语平衡语料库中提取出 100 万规模的汉字语料文本，经过自动句法分析和人工校对，形成的高质量的有完整句法结构的中文句法语料库。中国台湾中研院树库是中国台湾中研院词库小组从中研院平衡语料库中抽取句子，经过计算机自动分析成句法树，并加以人工修改、检验后所得的成果。

构建汉语树库的一项基础性工作是确定合适的句法标记集，不同的树库有着不同的标记体系，表 6-1 所示为清华树库的汉语成分标记表（部分）。注意：不要用一种树库的句法分析器，却用其他树库的标记体系来解释。

表 6-1　清华树库的汉语成分标记表（部分）

序　号	标 记 代 码	标 记 名 称
1	np	名词短语，如漂亮的帽子
2	tp	时间短语，如战争初期、周末晚上
3	sp	空间短语，如村子里、中国内地

序　号	标　记　代　码	标　记　名　称
4	vp	动词短语，如给他一本书、去看电影
5	ap	形容词短语，如特别安静、更舒服
6	bp	区别词短语，如大型、中型、小型
7	dp	副词短语，如虚心地、非常非常
8	pp	介词短语，如在北京、被他的老师
9	mbar	数词准短语，如一千、三百
10	mp	数量短语，如两三天、这群

在现代汉语中，对短语进行分类一般采用以下两大标准：①内部结构；②外部功能。按照内部结构，短语可分为联合短语、偏正短语、述宾短语、述补短语、主谓短语、连动短语、兼语短语、复指短语等几类；而按照外部功能，短语一般可分为名词短语、动词短语、形容词短语和副词短语等几类。汉语成分标记集对汉语短语的描述主要采用了外部功能分类的方法。

6.2.2　句法分析的评测方法

句法分析评测的主要任务是评测句法分析器生成的树结构与手工标注的树结构之间的相似程度。其主要考虑两方面的性能：满意度和效率。满意度是指测试句法分析器是否适合或胜任某个特定的自然语言处理任务；而效率主要用于对比句法分析器的运行时间。

目前主流的句法分析评测方法是 PARSEVAL 评测体系，它是一种粒度比较适中、较为理想的评价方法，主要指标有标记准确率、标记召回率、交叉括号数。

（1）标记准确率（Labeled Precision，LP）表示分析得到的正确短语个数占分析得到的短语总数的比例，即分析结果中与标准句法树中相匹配的短语个数占分析结果中所有短语个数的比例。

$$LP = \frac{分析得到的正确短语个数}{分析得到的短语总数} \times 100\%$$

（2）标记召回率（Labeled Recall，LR）表示分析得到的正确短语个数占标准树库中的短语个数的比例。

$$LR = \frac{分析得到的正确短语个数}{标准树库中的短语个数} \times 100\%$$

（3）交叉括号表示分析得到的某一个短语的覆盖范围与标准句法分析结果的某个短语的覆盖范围存在重叠又不包含关系，即构成了一个交叉括号；而交叉括号数（Crossing Brackets，CBs）表示一棵短语结构树中所包含的与标准分析树中边界相交叉的短语个数。

6.3　句法分析的常用方法

在句法分析的研究过程中，科研工作者投入了大量的精力，他们基于不同的语法形式，提出了各种不同的算法。在这些算法中，以短语结构树为目标的句法分析器目前被研究得最为彻底，应用也最为广泛，其他很多形式语法对应的句法分析器都能通过对短语结构语法的改造而得到。

6.3.1 基于PCFG的句法分析

PCFG（Probabilistic Context Free Grammar）自20世纪80年代提出以来，受到了众多学者的关注。这种方法是基于概率的短语结构分析方法，是目前研究最为充分、形式最为简单的统计句法分析模型，也可以认为是规则方法与统计方法的结合。最近几年，随着统计方法研究的不断升温和统计方法必须与规则方法相结合的观点得到普遍认同，基于PCFG的句法分析方法的研究备受关注。

PCFG是上下文无关文法的扩展，是一种生成式的方法，可以用一个五元组(X, V, S, R, P)表示，各元素含义如下：

X：一个有限词汇的集合，它的元素称为词汇或终结符。

V：一个有限标注的集合，称为非终结符集合。

S：称为文法的开始符号，包含在V中，即$S \in V$。

R：有序偶对(α, β)的集合，也是规则集合。

P：每个产生规则的统计概率。

下面通过一个例子来讲解使用PCFG求解最优句法树的过程，待句法分析的句子为：astronomers saw stars with ears。

规则集和规则概率对应表如表6-2所示。

表6-2 规则集与规则概率对应表

规 则 集	概率（P）
S -> NP VP	1.00
PP -> P NP	1.00
VP -> V NP	0.70
VP -> VP PP	0.30
P -> with	1.00
V -> saw	1.00
NP -> NP PP	0.40
NP -> astronomers	0.10
NP -> ears	0.18
NP -> saw	0.04
NP -> stars	0.18

表6-2中，第一列表示规则，第二列表示该规则成立的概率。

根据给定的句子：astronomers saw stars with ears，可以得到两棵句法树，图6-2所示是单句的两种句法树表示。

两个句法树的概率计算公式如下：

$$P(T_1) = P(S) \times P(NP) \times P(VP) \times P(V) \times P(NP) \times P(NP) \times P(PP) \times P(P) \times P(NP)$$
$$= 1.00 \times 0.10 \times 0.70 \times 1.00 \times 0.40 \times 0.18 \times 1.00 \times 1.00 \times 0.18$$
$$= 0.000\ 907\ 2$$

$$P(T_2) = P(S) \times P(NP) \times P(VP) \times P(VP) \times P(V) \times P(NP) \times P(PP) \times P(P) \times P(NP)$$
$$= 1.00 \times 0.10 \times 0.30 \times 0.70 \times 1.00 \times 0.18 \times 1.00 \times 1.00 \times 0.18$$
$$= 0.000\,680\,4$$

$P(T_1) > P(T_2)$，所以选择 T_1 作为句子"astronomers saw stars with ears"的最终句法树。

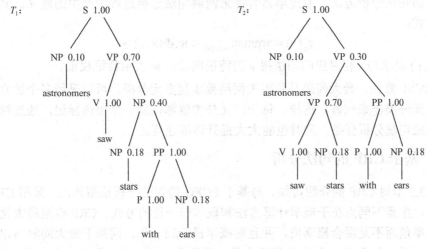

图 6-2 单句的两种句法树表示

综上，PCFG 可以解决以下问题：

（1）计算句法树的概率值。

（2）假如一个句子有多个句法树，可以根据概率值对所有的句法树进行排序。

（3）进行句法歧义的排除，面对多个分析结果选择概率值最大的句法树。

以句子 S = astronomers saw stars with ears 为例子，对应 PCFG 的三个基本问题如下：

（1）给定上下文无关文法 G，如何计算句子 S 的概率，即计算 $P(S|G)$？

（2）给定上下文无关文法 G 以及句子 S，如何选择最佳的句法树，也就是计算 $\text{argmax}_T P(T/S,G)$？

（3）如何为文法规则选择参数，使得训练得到的句子成功的概率最大化，也就是计算 $\text{argmax}_G P(S/G)$？

作为目前最成功的语法驱动的基于统计的句法分析方法，PCFG 衍生出了各种形式的算法，其中包括基于单纯 PCFG 的句法分析方法、基于词汇化 PCFG 的句法分析方法、基于子类划分 PCFG 的句法分析方法等。

6.3.2 基于最大间隔马尔可夫网络的句法分析

随着语料库的发展，近 10 年来国内外基于语料库统计方法进行句法分析已经有了很大的发展，也都各有其成效。HMM 是一种描述隐含未知参数的方法，20 世纪 70 年代后被用于语音、词性标注和无嵌套名词短语识别等方面，并发挥了非常好的作用。鉴于 HMM 统计方法在自然语言处理中的独特优势和语言句法的自身特点，最近几年自然语言处理的研究重点转向了将最大间隔马尔可夫网络（Max-Margin Markov Networks）用在句法分析中。

最大间隔是 SVM（支持向量机）中的重要理论，而 SVM 的最大间隔是为了将线性可分的数据集彻底分开，并分得最好。SVM 的原始目标是找到一个平面（用 w, b 表示，二维数据中是一条直线），使得该平面与正负两类样本的最近样本点的距离最大化。

马尔可夫网络是概率图模型中一种具备一定结构处理关系能力的算法，最大间隔马尔可夫网络就是将 SVM 的最大间隔特性与马尔可夫网络概率图模型算法相结合，解决复杂的结构化预测问题，特别适合用于句法分析任务。基于最大间隔马尔可夫网络的句法分析是一种基于判别式的句法分析方法，通过丰富特征来消解句法分析过程中产生的歧义。其判别函数采用如下形式：

$$f_x(x) = \mathrm{argmax}_{y \in G(x)} < w, \boldsymbol{\Phi}(x, y) >$$

式中：$\boldsymbol{\Phi}(x, y)$ 表示与 x 相对应的句法树 y 的特征向量；w 表示特征权重。

类似 SVM 算法，最大间隔马尔可夫网络要实现多元分类，可以采用多个独立且可以并行训练的二元分类器来代替。这样，每个二元分类器都识别一个短语标记，通过组合这些分类器就能完成句法分析任务，同时也能大大提升训练速度。

6.3.3　基于 CRF 的句法分析

通过 4.3.2 节对 CRF 的介绍可知，与基于 PCFG 的句法分析模型相比，采用 CRF 模型进行句法分析，主要不同点在于概率计算方法和概率归一化的方式。CRF 模型最大化的是句法树的条件概率值而不是联合概率值，并且对概率进行归一化。同基于最大间隔马尔可夫网络的句法分析一样，基于 CRF 的句法分析也是一种判别式的方法，需要融合大量的特征。

6.3.4　基于移进-归约的句法分析模型

移进-归约算法（Shift-Reduce Algorithm）是一种自下而上的句法分析方法。该算法的基本思想是：从输入串开始，逐步进行"归约"，直至归约到句子文法的开始符号。移进-归约算法类似于下推自动机的 LR 分析法，其操作的基本数据结构是堆栈。移进-规约算法主要涉及以下 4 种操作。

（1）移进：从句子左端将一个终结符移到栈顶。

（2）归约：根据规则，将栈顶的若干个字符替换为一个符号。

（3）接受：句子中所有词语都已经移进栈中，且栈中只剩下一个符号根节点 S（句法树的根节点）则表示分析成功，移进-规约算法结束。

（4）拒绝：句子中所有词语都已移进栈中，栈中并非只有一个符号 S（句法树的根节点），也无法进行任何归约操作，则表示分析失败，移进-规约算法结束。

由于自然语言在使用的过程中带有歧义性，在移进-归约算法的分析过程中可能出现移进-归约冲突和归约-归约冲突。

● 移进-归约冲突：在字符移进和若干字符替换的过程中既可以移进，又可以归约。

● 归约-归约冲突：在若干字符替换的过程中，可以使用不同的规则归约。

可以通过使用带回溯的分析策略来解决算法过程中的冲突，即允许在分析到某一时刻，发现无法进行下去时，就回退到前一步，然后继续这种分析。对于互相冲突的各项操作，需要给出一个选择顺序。例如，在移进-归约冲突中采取先归约，后移进的策略；在归约-归约冲突中支持最长规则优先，即尽可能地归约栈中最多的符号。

下面以"我是学生"这句话为例来展示基于移进-规约算法的句法分析过程，其对应的句法分析树结构如图 6-3 所示。

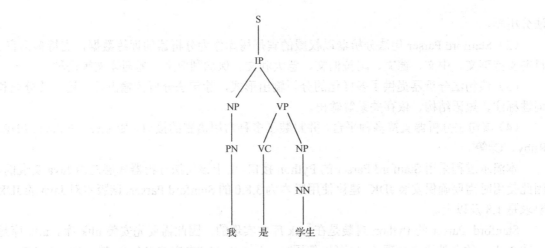

图 6-3 "我是学生"句法分析树

"我是学生"移进-归约演示如表 6-3 所示。

表 6-3 "我是学生"移进-归约演示

步　骤	栈	输　　入	操　作	规　　则
1	#	我 是 学生	移进	
2	#我	是 学生	归约	PN->我
3	#PN	是 学生	归约	NP->PN
4	#NP	是 学生	移进	
5	#NP 是	学生	归约	VC->是
6	#NP VC	学生	移进	
7	#NP VC 元首		归约	NN->学生
8	#NP VC NN		归约	NP->NN
9	#NP VC NP		归约	VP->VC NP
10	#NP VP		归约	IP->NP VP
11	#IP		归约	S->IP
12	#S		接受	

6.4　使用 Stanford Parser 的 PCFG 算法进行句法分析

前面介绍了基于 PCFG 的句法分析方法、基于最大间隔马尔可夫网络的句法分析方法、基于 CRF 的句法分析方法和基于移进-归约的句法分析方法，本节具体演示基于 Stanford Parser 的 PCFG 句法分析方法的全过程。首先介绍 Stanford Parser 的基本情况和安装方法，然后使用其进行中文句法分析的句法树展示。

6.4.1　Stanford Parser

Stanford Parser 是斯坦福大学自然语言小组开发的开源句法分析器，它以概率统计句法分析理论为基础，使用 Java 语言编写。Stanford Parser 主要有以下优点：

（1）它既是一个高度优化的概率上下句无关句法分析器，也是一个词汇化上下文无关句法分析器。

（2）Stanford Parser 句法分析器以权威的宾州树库作为分析器的训练数据，支持多语言。目前支持英文、中文、德文、阿拉伯文、意大利文、保加利亚文、葡萄牙文等语种。

（3）该句法分析器提供了多样化的分析输出形式，除句法分析树输出外，还支持分词和词性标注、短语结构、依存关系等输出。

（4）该句法分析器支持多种平台，并封装了多种常用语言的接口，如 Java、Python、PHP、Ruby、C#等。

本演示过程采用 Stanford Parser 的 Python 接口。由于该句法分析器底层是由 Java 实现的，因此使用时需要确保安装 JDK。建议使用版本为 3.8.0 的 Stanford Parser，该版本对 Java 的 JDK 要求是 1.8 及以上。

Stanford Parser 的 Python 封装是在 nltk 库中实现的，因此需要先安装 nltk 库。nltk 库是一款 Python 的自然语言处理工具，可以使用"pip install nltk"来安装 nltk 库，基于 Stanford Parser 的句法分析主要使用 nltk.parse 中的 Stanford 模块。

接下来，需要下载 Stanford Parser 的 jar 包，主要有两个：stanford-parser.jar 和 stanford-parser-3.8.0-models.jar。在 Stanford Parser 3.8.0 官方版本中已经内置了中文句法分析的一些算法，若在程序运行时出现缺失算法包的问题，下载中文包替换即可。在官方网站下载相应的文件，并解压，即可在目录下找到上面所述的 jar 包。

6.4.2 基于 PCFG 的中文句法分析实战

本节以"他驾驶汽车去了游乐场。"这句话为例子，进行句法分析与可视化操作。在 Stanford Parser 相关依赖安装完以及 jar 包获得后，即可进行实战演示。

首先进行分词处理，这里采用 Jieba 分词，代码如下：

```
#分词
import jieba
string ='他驾驶汽车去了游乐场。'
seg_list = jieba.cut(string,cut_all=False,HMM=True)
seg_str = ''.join(seg_list)
```

分词后的结果为：

```
'他 驾驶 汽车 去 了 游乐场。'
```

需要指出的是，在分词的代码中"''.join(seg_list)"用于将词用空格切分后再重新拼接成字符串。这样做的原因是 Stanford Parser 句法分析器接收的输入是分词完后以空格隔开的句子。

再采用中文 PCFG 算法进行句法分析，代码如下：

```
#PCFG 句法分析
#导入 Stanford Parser 的 jar 包
from nltk.parse import stanford
import os
root='./'
parser_path = root + 'stanford-parser.jar'
model_path = root + 'stanford-parser-3.8.0-models.jar'
```

```
#指定 JDK 路径
if not os.environ.get('JAVA__HOME '):
    JAVA_HOME = 'D:\Java\jdk1.8.0_211'
    os.environ['JAVA_HOME'] = JAVA_HOME
#PCFG 模型路径
pcfg_path = './edu/stanford/nlp/models/lexparser/chinesePCFG.ser.gz'
#获得 Stanford 的句法解析对象 StanfordParser
parser = stanford.StanfordParser(path_to_jar=parser_path,path_to_models_jar=model_path,model_path=pcfg_path)
#通过 Stanford 的句法解析对象 StanfordParser 对指定的句子分词 seg_str 进行解析
sentence = parser.raw_parse(seg_str)
#打印解析结果
for line in sentence:
    print(line)
    line.draw()
```

代码运行后，生成的句法树结构为：

```
(ROOT
  (IP
    (NP (PN 他))
    (VP (VP (VV 驾驶) (NP (NN 汽车))) (VP (VV 去) (AS 了) (NP (NN 游乐场))))
    (PU。)))
```

生成的句法树图形如图 6-4 所示。

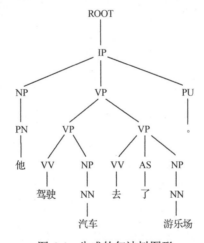

图 6-4　生成的句法树图形

图 6-4 中的叶子节点可以通过方法 line.leaves 获取，代码如下：

```
for line in sentence:
    print(line.leaves())
    line.draw()
```

代码运行后，结果如下所示：

```
['他', '驾驶', '汽车', '去', '了', '游乐场', '。']
```

可以看到，叶子节点对应的就是分词后的结果，每个词对应着一个叶子节点。

函数 stanford.StanfordParser 中主要使用了三个参数：

- path_to_jar：Stanford Parser 的主功能 jar 包的路径。
- path_to_models_jar：训练好的 Stanford Parser 模型 jar 包的路径。
- model_path：句法分析 PCFG 算法的路径。

需要注意的是，传入路径时应尽量按照文本的方式进行组织，将依赖的 jar 包放置在工作目录下。此外，若系统未设置 JAVA_HOME 变量，则需要在代码中明确指定。

第7章 语义分析

语义分析是人工智能（Artificial Intelligence，AI）的一个重要分支，也是自然语言处理技术的核心任务。一般来说，一个自然语言处理系统，如果完全没有语义分析的参与，很难获得很好的系统性能。语义分析能够促进其他自然语言处理任务的快速发展。AI 中的语义分析技术近年来发展迅速，随着深度学习（Deep Learning）技术的迅猛发展，其在自动驾驶、围棋对弈、图像识别以及语音识别等多个领域取得了突破性进展。

语义分析是指运用各种方法，学习与理解一段文本所表示的真实的语义内容，任何对语言的理解都可以归为语义分析的范畴。一段文本通常由词、句子和段落来构成，根据理解对象的语言单元的不同，语义分析又可细致地分解为词汇级语义分析、句子级语义分析以及篇章级语义分析。通常来说，词汇级语义分析关注的核心是如何获取或区别单词的语义，句子级语义分析的核心则是试图分析整个句子所表达的语义，而篇章级语义分析则主要是研究自然语言文本的内在结构并能够理解文本间的语义关系。简言之，语义分析的目标是通过建立有效的模型和系统，实现在各个语言单元（包括词汇、句子和篇章等）的自动化语义分析，从而实现能够理解整个文本表达的真实语义。

语义分析从分析的深度上分为浅层语义分析和深层语义推理两个层次。其中，浅层语义分析包括词义消歧（Word Sence Disambiguation，WSD）和语义角色标注等方面的内容。

7.1　词义消歧

歧义存在于自然语言处理的各个层面，语义层面也不例外。在进行语义分析时需要解决一个很重要的问题，即词的多义现象。由于词是能够独立运用的最小语言单位，句子中的每个词的含义及其在特定语境下的相互作用构成了整个句子的含义。因此，词义消歧是句子和篇章语义理解的基础，有时也称为词义标注，其任务是确定一个多义词在给定语境中的具体含义。

在自然语言处理过程中一般会把词的多义分为三类：

第一类是意义相关的多义，一般这类词的多个意义在某种意义上有一定的联系。如"open"的两个意义"公开的"和"开着的"。

第二类是意义完全无关的多义，一般这类词的多个意义彼此没有任何相关性。如"单位"的两个意义"公司单位"和"计量单位"。

第三类是词性不同的多义，指一个词在不同词性下的不同意义。如"包"的意义"package"和"wrap"，前者是名词，而后者是动词。

因此，要使自然语言处理系统根据某个多义词所处的特定上下文情境，自动排除歧义，确定句子中某个词的真正含义，既是非常重要的，也是非常困难的。

在以上三类多义中，第三类实际上就是词性兼类，也称为"同词异类"。目前词性标注正确率已经很高，因此这类歧义相对比较容易消除。第二类词的多义由于意义区别较为明显、场景明显不同，因此比较容易确定词的正确词义，研究也已经比较成熟。第一类词的多义确定其正确词性比较困难，因为第一类词的多义对于大部分词汇来说，其语义并没有很清楚地划分，大部分情况下其语义是不确定的，并且内容是杂糅在一起的。

词性标注可以看成一种词义消歧问题，词义消歧也可以看成一种标注问题，不过词义消歧中使用的是语义标记而非词性标记。语义标记和词性标记在概念上是有一定区别的，一方面是问题本质的区别，另一方面是两种标注所使用的处理方法不同。通常情况下，邻近的结构信息大多数是用来确定词性的，而相隔很远的实词则用来确定语义。在自然语言处理中，词性标注模型一般可以使用当前上下文以确定其正确的词性，而对于语义消歧模型则需要使用规模较为广泛的上下文中的实词。

通常人在处理词的多义现象时会包含较多层次的知识，如词法、句法、语义，甚至会依靠直觉。同样，计算机在处理词的多义时，也需要多层次的知识，如词法、句法、语义以及语用等。在自然语言处理中，词法和句法的使用较为实际，而因语义和语用知识获取比较困难，所以语义和语用知识的应用相对较少。

本节将词义消歧方法分为三类：基于规则的词义消歧、基于语料库的词义消歧和基于词典的词义消歧。基于语料库的词义消歧又可具体划分为基于统计的词义消歧和基于实例的词义消歧。

7.1.1　基于规则的词义消歧

词义消歧本身并不是最终目的，而是在大多数自然语言处理系统的某些层次上都需要的一项中间任务。20 世纪 50 年代初期，人们在机器翻译研究中开始关注词义的消歧问题。同其他自然语言处理任务的研究一样，早期的词义消歧的研究一般采用基于规则的分析方法。

基于规则的分析方法通常应用选择限制进行词义消歧。选择限制（Selectional Preference，SP）由语言学家 Katz 提出，其认为语义关系的核心是相关联的各部分之间的相互限制和选择。选择限制学说重点讨论的是词与词连用时各个词之间的相互限制。如"吃"这个动词的主语倾向于选择表示"人或动物"的名词，宾语倾向于选择表示"食物"的名词。可以用函数 $sP_r(v,n)$ 表示语义选择倾向，v 表示谓语动词，r 表示论元类型，n 表示名词，sP 值为实数，值越大表示 n 越适合充当 v 的论元 r。例如，"苹果"比"石头"更适合充当"吃"的"宾语"。因此，可以根据选择限制学说，选择满足规则限制的词义。例如，对谓语动词进行词义消歧，则谓语动词的主格和宾格要根据谓语作为不同词义的语义类加以限制。

选择限制并不总能解决词义消歧的问题，有时也会遇到一些问题：

（1）因可利用的选择限制过于空泛而导致不能唯一地选择出其准确的含义。例如，"他买了苹果"，在这个句子中需要利用较多的上下文内容或其他方法来解决歧义问题，即"苹果"在这里的意思是指"水果"还是"一部手机"。

（2）明显违反选择限制但又是完全良构和可以理解的例子。例如，"不要总玩游戏，当你饿了的时候，又不能吃游戏充饥"。

（3）隐喻和换喻给词义消歧带来新的挑战。例如，"这辆车真是在喝汽油"，"编制梦想"。

为减少这种问题，可以把选择限制看作优先选择，也就是将词语之间的选择限制降低，视这些限制为优先选择，与此同时也允许其他选择，即"优选语义学"。

在优选语义学中，动词和名词、形容词和名词、介词和名词之间都被赋予优选数值，名词的语义特征和动词的语义取向距离越远，则优选数值越小。例如，动词"跑"有以下两个词义：

（1）快速移动（S，+动物，+9）（S，−动物，+2）。

（2）行驶（S，+车辆，+9）（S，−车辆，+2）。

对于词义（1），（S，+动物，+9）是指当主语是动物性名词时，优选数值得"+9分"；如果主语位置不是动物性名词，则优选数值得"+2分"。同样，语义（2）也有类似的解释。

简单句子的语义合理性是由各搭配词间优选数值之和来表示的，而复杂句子的语义合理性是由各句子优选数值之和来表示的。这种优选是指在各种可供选择的情况下的优选。如果只能导出一种结构，并且这个结构不符合优选规则，那这个结构也会被无条件接受。只有这样才能够处理比喻问题。例如，在处理"山顶的石头都跑了"时，"石头"既不是动物也不是车辆，如果按照选择限制学说，则这个句子是不符合要求的。但使用优选语义学说，这个句子是可接受的，这是一种"拟人"的修辞手法。

7.1.2 基于统计的词义消歧

目前语料库语言学已经成为自然语言处理的研究热点之一，基于语料库的方法也成为处理自然语言问题的主流方法。词义消歧和其他自然语言问题一样都离不开语料库的支持。

基于统计的词义消歧方法是在训练语料中运用统计学技术自动获取所需的知识，如歧义词与上下文词语之间的语法关系或语义关系等，并将这些知识用于词义的识别和判断。20世纪90年代初，P. F. Brown等人提出了借助上下文特征和互信息的消歧方法，目前已经证实很多常见的机器学习方法，如决策树、支持向量机、最大熵都可以用于统计词义消歧。1992年，W. A. Gale等人提出利用贝叶斯分类器的词义消歧方法。

1．基于互信息论的词义消歧方法

P. F. Brown等人率先提出的基于互信息的词义消歧方法受统计机器翻译模型的启发，其核心思想是对每一个需要消歧的多义词进行查找，以便能够准确地标识该多义词在特定上下文语境中所使用的语义的特征。

按照统计机器翻译的思路，对于一个以法语和英语为双语的语料库，使用词语对齐模型，每个法语都可以找到对应的英语单词，而一个具有多义的法语单词在不同的上下文语境中会有不同的英语翻译。表7-1所示为一些关于法语歧义词语义指示器的例子。

表7-1　关于法语歧义词语义指示器的例子

歧　义　词	指　示　器	例子：值→语义
prendre	object	mesure→to take\ decision→to make
vouloir	tense	present→to want\ conditional→to like
cent	word to the left	per→%\ number→c.[money]

通过表中的例子，我们可以把有一个具有多义法语单词翻译成的英语单词看作这个法语单词的语义解释，而把决定法语多义词语义的条件看作语义指示器。因此，只要知道了多义词的语义指示器，就能确定该词在特定上下文的语义。这样，多义词的消歧就变成了一个分类问题。

这种方法的关键在于其特征的选择，为此可以采用互信息、信息增益、决策树以及最大熵等方法进行特征选择。

2．基于贝叶斯分类器的消歧方法

基于贝叶斯分类器（朴素贝叶斯分类器）的消歧方法的核心思想是：在双语语料库中多

义词 w 的语义（翻译）s' 取决于多义词所处的上下文的语境 c。如果多义词 w 有多个语义 $s_1, s_2, \cdots, s_n$，则可以通过计算 $\arg_{s_i} \max P(s_i|c)$ 来确定 w 的词义 s'，即 $s' = \arg_{s_i} \max P(s_i|c)$。

贝叶斯公式为

$$s' = \arg_{s_i} \max P(s_i|c) = \arg_{s_i} \max \frac{P(s_i, c)}{P(c)} = \arg_{s_i} \max \frac{P(c|s_i)P(s_i)}{P(c)} = \arg_{s_i} \max P(c|s_i)P(s_i)$$

式中：s_i 为词 w 的第 i 个义项；c 为词 w 在语料库中的上下文语境。其中：

$$P(c|s_k) = P(\{v_j | v_j \ln c\} | s_k) \overset{\text{朴素贝叶斯假设}}{\approx} \prod_{v_j \ln c} P(v_j | s_k)$$

式中：v_j 为 c 中的上下文语境。

W. A. Gale 等人利用上述方法对加拿大国会议事录（Canadian Hansards）中的 6 个歧义词（duty, drug, land, language, position, sentence）进行消歧实验，准确率高达 90%。

基于贝叶斯分类器的消歧方法是借助双语语料库，利用其他语言所提供的信息实现目标语言的词义消歧，因此，这类方法又称为利用外部信息的词义消歧方法。

7.1.3 基于实例的词义消歧

基于实例的词义消歧方法有两个关键的问题，一个是词义消歧实例的获得，另一个是实例间相似度的计算。1996 年，Ng 等人在其 LEXAS 系统中成功地采用了基于实例的词义消歧方法。该系统综合多种知识实现词义消歧，如上下文的词性知识、歧义词的用法、词语搭配关系等。

LEXAS 系统为每个歧义词建立了一个分类器。它的操作分两个阶段，第一个阶段是训练阶段，第二个阶段是测试阶段。在训练阶段，LEXAS 接收一个句子集，每个句子都包含标注的待消歧词，LEXAS 提取出待消歧词周边词的词性、形态、同现词等。如果待消歧词是名词，则名词的谓语动词也会被提取。以上特征值组成的序列构成一个待消歧词的实例。

在测验阶段，对于在训练集中从未出现过且包含待消歧词的新句子，LEXAS 系统从中抽取出特征值序列构成待消歧词的测试实例。将待消歧词的测试实例与待消歧词的所有训练实例进行对比，则待消歧词的词义就是与测试实例最匹配的训练集实例所对应的语义。

在用 LEXAS 系统对华尔街杂志语料进行语义消歧的实验中，Ng 等人选择了 191 个常用的歧义词，共获得 192 800 个实例，使用人工对包含这些实例的句子进行词义标注，并将这些实例作为训练数据，测试的正确率达 69%。

7.1.4 基于词典的词义消歧

本节简单介绍基于词典的三类词义消歧方法：基于词典语义定义的词义消歧方法、基于义类辞典的词义消歧方法和基于双语词典的词义消歧方法。

1. 基于词典语义定义的词义消歧方法

1986 年，M. Lesk 首次提出了使用词典进行语义消歧的思想，即基于词典语义定义的词义消歧方法。M. Lesk 认为词典中词条本身的定义就可以作为判断其语义的依据。

以单词 ash 为例，ash 在词典中有两个定义，一个是指"木犀科梣属落叶乔木"，另一个是指"材料燃烧后留下的固体残渣，即灰烬"。如果在文本中，"树（tree）"或者"焚烧（burn）"与 ash 同时出现在上下文中，ash 的语义就可以确定，即 ash 和 tree 同时出现在上下文时，其语义是指"木犀科梣属落叶乔木";与 burn 同时出现时，则其语义为"灰烬"。

M. Lesk 算法的实现过程如下：

```
comment: Given: context c
for all senses  s_k  of  w  do
score( s_k ) = overlap( D_k, ∪_{v_j In c} E_{v_j} )
end
choose  s'  s.t.  s' = argmax_{s_k} score( s_k )
```

其中：D_k 为语义 s_k 的词典定义；E_{v_j} 为词 v_j 在词典定义中出现的词集；overlap 函数为统计两个集合 D_k 和 $\bigcup_{v_j \ln c} E_{v_j}$ 中出现的词的数目。

M. Lesk 对小说《傲慢与偏见》和一个 AP（The Associated Press，美国联合通讯社）新闻专线的文章中选取的较短的样例，利用该算法进行词义消歧，准确率为 50%～70%。

这种方法的主要问题在于，词典中对多义词的描述一般是由语言学家完成的，语言学家根据多义词不同语义的使用情况进行归纳、总结，然后概括地进行描述，这些描述与实际使用的情况不完全一样，因此，词典信息对于高质量的词义消歧是不够的。

2．基于义类辞典的词义消歧方法

1987 年，D. E. Walker 提出基于义类辞典的词义消歧方法。该方法认为多义词的不同义项在使用时可以通过上下文词汇的语义范畴大体上确定这个语段的语义范畴，即可以通过上下文的语义范畴判断多义词的使用义项。

在表 7-2 所示的例子中，词汇 w_i 在语义词典中有 3 个义项，义项代号分别为 002、004 和 006。从表中可以看出，在 w_i 的上下文中（$w_{i-4} \sim w_{i+4}$），语义取 002 的词汇有 1 个（w_{i+1}），语义取 004 的词汇有 3 个（$w_{i-3}, w_{i-1}, w_{i+3}$），语义取 006 的词汇有 0 个，所以 w_i 在这里的语义被识别为 004。

表 7-2　基于义类辞典的词义消歧方法举例

w_{i-4}	w_{i-3}	w_{i-2}	w_{i-1}	w_i	w_{i+1}	w_{i+2}	w_{i+3}	w_{i+4}
008	004 009	001	005 004	$s_1=002$ $s_1=004$ $s_1=006$	002	007 005	004	003

基于义类辞典的词义消歧方法其实质是通过对多义词所处语境的"主题领域"的猜测来判断多义词的语义。当义类词典中的范畴和语义能够和主题吻合时，使用这种方式会有很高的准确率。不过，当语义涉及的主题比较多时，利用这种算法区分多义词语义的效果会比较差。

3．基于双语词典的词义消歧方法

基于双语词典的词义消歧方法要求把需要消歧的语言作为第一语言，把需要借助的另一语言作为第二语言，即在双语词典中作为目标语言。例如，要借助汉语对英语的多义词进行词义消歧，则英语为第一语言，汉语为第二语言。则此时需要一部英汉双语词典和一个汉语的语料库。若要对英语句子中的单词（如 plant）进行语义消歧，根据英汉双语词典，可识别出 plant 有两个含义，一个是"植物"，另一个是"工厂"。

为了对 plant 进行消歧，需要识别出 plant 所处的短语。如果 plant 所处的短语为"processing

plant"，在英汉双语词典中，processing 翻译为"处理，加工"，在汉语语料库中，"处理，加工"和"工厂"同时出现，则在"processing plant"中 plant 的语义为"工厂"；如果 plant 所处的短语为"plant life"，在英汉双语词典中"life"翻译为"生命"，"生命"和"植物"同时出现的概率更高，因此，可以确定"plant life"中 plant 的语义为"植物"。

通过上面的例子可以看出，基于双语词典的语义消歧方法是一种非常重要的消歧策略。

7.2 语义角色标注

语义角色标注是一种浅层语义分析技术，以句子为单位，分析句子的"谓词-论元"结构（其理论基础来源于 Fillmore 于 1968 年提出的格语法），但不对句子所包含的语义信息进行深入分析。具体来说，语义角色标注的任务就是以句子的谓词为中心，研究句子中各成分与谓词之间的关系，并且用语义角色来描述它们之间的关系。语义角色标注就是针对句子中的（核心）谓词来确定其他论元以及其他论元的角色。

7.2.1 格语法

格语法（Case Grammar）是美国语言学家查尔斯·菲尔墨（Charles J. Fillmore）于 20 世纪 60 年代末对转换语法进行修正而提出的一种语法分析理论。格语法继承了转换语法关于深层结构经过转换得到表层结构的基本假设，但在格语法中深层结构表现为中心动词与一组名词短语。这些名词短语与动词间存在语义关系，被称为"深层格"，其中"格"这一术语即是对传统屈折语中表层格概念的推广。菲尔墨认为深层格与表层格不同，它是所有语言共有的，只是转换规则的不同导致了表层结构中表现的不同。但对语言中有多少格并没有定论，可根据需要来确定。菲尔墨建议使用 9 个格，分别为施事格、受事格、对象格、工具格、来源格、目的格、场所格、时间格、路径格。

例如，使用格语法分析"The student solved problems with a calculator in the classroom this morning"（这个学生今天上午在教室用计算器解决问题）一句，solve（解决）为中心动词，the student（学生）为施事格，problems（问题）为受事格，with a calculator（计算器）为工具格，in the classroom（教室）为场所格，this morning（上午）为时间格。其中，受事格（problems）是不可缺少的，没有受事格，就形成不了完整的句子；而施事格（the student）、场所格（in the classroom）、时间格（this morning）和工具格（with a calculator）是可有可无的，没有它们，句子的含义并不会受影响。必须具有的格称作必备格，可有可无的格称作选用格。选用格可以提供更多的信息，没有选用格，也不会破坏句子的完整性。

格的中心是动词，动词可以通过格关系的基本式和扩展式来描述。基本式是必备格组成的框架及其所变换的句式。扩展式则是选用格及其格位的描述。例如，动词"打"的描述为用手或者器具撞击物体，其意义格框架为格框架=施事(任务)+受事(物体)，即必备格有两个：施事格和受事格。格关系的基本式、扩展式如表 7-3、表 7-4 所示。

表 7-3 格关系的"基本式"

基 本 式	举 例
施事+"打"+受事	渔民打了一些鱼
施事+"把"+受事+"打"	农民把枣子都打下来了

基 本 式	举 例
受事+"被"+施事+"打"	野果都被他们打下来了
受事+"打"	枣子打下来了

表7-4　格关系的"扩展式"

扩展式	举 例
[与事]	我来<替你>打鼓
[结果]	小伙子打鼓打了<一身汗>
[工具]	小孩<用弹弓>把玻璃打了
[所处]	<窗户上>打了一个大窟窿

7.2.2　基于统计机器学习技术的语义角色标注

基于统计机器学习技术的语义角色标注通常情况下可以划分为剪枝、识别、分类和后处理4个步骤。其中，剪枝是剔除大部分不可能作为语义角色的标注单元，经过剪枝后，可以在很大程度上减少待识别实例的数目，提高系统的运行效率。识别是对标注单元进行判断，如果实例为语义角色则保留该标注单元，然后通过分类进一步区分出该单元是属于哪一类语义角色。识别也可以减少进入分类判别的实例数目，加快处理的速度。最后再根据语义角色之间的一些固有的约束进行后处理。固有约束一般是指一个谓语动词不能有重复的核心语义角色，而且语义角色也不能存在相互重叠或嵌套等情况。

在语义角色标注的4个步骤中，识别和分类两个步骤尤为重要。通常可以把角色标注看成分类问题。也就是说，可以通过逐一判断一个标注单元是否是某一个动词的语义角色，以便继续预测该标注单元属于哪种具体的语义角色。最初人们使用基于规则的方法来解决分类问题，该方法需要构建规模比较庞大的知识库。但随着知识库的扩大，产生了各种矛盾和冲突的规则，后来人们开始使用机器学习的方法解决相关的问题。如 Pradhan 等人使用支持向量机进行语义角色标注，Carreras 等人使用感知器方法进行语义角色标注，并且比支持向量机更快。此外，AdaBoost 算法、最大熵模型、决策树模型以及随机森林算法都先后用于语义角色标注。

经研究，影响语义角色标注系统性的主要因素是使用的特征，而不是机器学习的模型。所以，要获得更好的性能，需要更加精细地划分特征。目前，由 Gildea 等人使用的语言学特征被当作各个语义角色标注系统的基本特征使用，具体如下。

1．句法成分相关特征

句法成分相关特征为：

（1）短语类型。

（2）句法成分核心词。

（3）句法成分核心词的词性。

2．谓词相关特征

谓词相关特征为：

（1）谓语动词原型。

（2）语态。

（3）子类框架。

（4）谓语动词的词性。

3．谓语动词-句法成分关系特征

谓语动词-句法成分关系特征为：

（1）句法树中，从句法成分到谓语动词之间的句法路径。

（2）句法成分和谓语动词之间的位置关系。

在 Gildea 等人的语言学特征基础上，人们又不断开发出新的、更有效的特征，如句法框架、动词类别等。另外，通过对已有特征进行组合生成新的特征也有效提高了系统的性能。

7.3 深层语义推理

在自然语言处理研究中，除分析句子的表面含义外，还需要推理出句子的深层语义，分析理解深层次语义是当前自然语言处理领域中的重点和难点。基于推理的语义分析主要是分析实体与实体之间的因果关系，常用的方法包括命题逻辑、谓词逻辑、语义网络和概念依存理论等。

7.3.1 命题逻辑和谓词逻辑

命题逻辑和谓词逻辑是最先应用于人工智能的两种逻辑，对于知识的形式化表示，特别是定理的证明发挥了重要作用。谓词逻辑是在命题逻辑的基础上发展起来的，命题逻辑可看作谓词逻辑的一种特殊形式。谓词逻辑是人工智能中一个重要的知识表示方法。

1．命题逻辑

在命题逻辑中，命题是一个具有真假意义的陈述句，而知识是以公式的形式表示的。例如，"$A \rightarrow B$"是一种较为常见的命题形式，表示"如果 A，则 B"，称为蕴含关系。

如给定命题："下雨了，地面会淋湿"，如果"下雨了"是一个事实，就可以推断出"地面会淋湿"。抽象成公式：

给定：$A \rightarrow B$，由 A 可以推断出 B。

类似地，如给定命题："今天是晴天或者今天多云"，如果"今天不是晴天"，则可以推断"今天多云"。抽象成公式：

给定：$A \vee B$，$\neg A$，则可以推断出 B。

其中，"$\vee$"代表"或"，表示析取关系；"$\neg A$"代表"非"，表示否定关系；"$\wedge$"代表"与"，表示合取关系。在命题逻辑中，上述"$A \vee B$""$A \wedge B$""$A \rightarrow B$""$\neg A$"等都是公式。命题逻辑公式的定义如下：

（1）命题是一个公式。

（2）如果 A 和 B 都是公式，则"$A \vee B$""$A \wedge B$""$A \rightarrow B$""$\neg A$"也是公式。

（3）由（2）经过有限次组合生成的也都是公式。

2．谓词逻辑

谓词逻辑是一种更强的逻辑形式。在谓词逻辑中，命题是用谓词来表示的。一个谓词可分为谓词名和个体词两个部分。其中，个体词是命题中的主语，用来表示独立存在的事物或抽象的概念；谓词名是命题中的谓语，用来表示客体的性质、状态或客体之间的关系等。

如果命题里只有一个个体词，此时表示该个体词性质或属性的词就是谓词，称一元（目）

谓词，使用 $P(x)$、$Q(x)$、$R(x)$ 表示。如果命题里的个体词大于一个，则表示个体词之间关系的词就是谓词，这是多元（目）谓词。有 n 个个体的谓词 $P(x_1,x_2,\cdots,x_n)$ 称 n 元（目）谓词，使用 $P(x_i,y_i)$、$Q(x_i,y_i)$、$R(x_i,y_i)$ 等表示。

在谓词 $P(x_1,x_2,\cdots,x_n)$ 中，如果 $x_i(i=1,2,\cdots,n)$ 都是客体常量、变量或者函数，则称为一阶谓词；如果 x_i 本身是一阶谓词，则称为二阶谓词。

用来表示个体数量的词是量词（Quantification），给谓词加上量词称作谓词的量化，可看作对个体词进行限制、约束。以下讨论两个最通用的数量限制词：全称量词和存在量词。

全称量词用符号"$\forall x$"表示，读作"所有的 x"或者"任意的 x"，相当于"任意的""所有的""每一个"等；存在量词用符号"$\exists x$"表示，读作"存在 x"，相当于"某个""有的""至少有一个"等。

在一阶谓词演算中，合法的表达式称为合式公式，即谓词公式。对合式公式的定义涉及"项"的定义，具体如下。

（1）项：把客体常量、客体变量及函数统一起来的概念。

项满足如下规则：

① 单独一个客体词是项。

② 若 $t_1,t_2,\cdots,t_n$ 是项，f 是 n 元函数，则 $f(t_1,t_2,\cdots,t_n)$ 是项。

③ 由①和②生成的表达式是项。

（2）原子谓词公式：若 $t_1,t_2,\cdots,t_n$ 是项，P 是谓语符号，则 $f(t_1,t_2,\cdots,t_n)$ 是原子谓词公式。

（3）合式公式：

① 单独原子谓词公式是合式公式。

② 若 A 和 B 都是合式公式，则 $A\vee B$、$A\wedge B$、$A\rightarrow B$、$\neg A$ 也是合式公式。

③ 若 A 是合式公式，x 是项，则 $(\forall x)A$ 和 $(\exists x)A$ 也是合式公式。

在合式公式中，连接词的优先级别是 $\neg$、$\wedge$、$\vee$、$\rightarrow$。

7.3.2　语义网络

语义网络是一种用实体及其语义关系来表达知识的有向图。由西蒙（Simon）于 1972 年正式提出。

在一个语义网络中，信息被表达为一组节点，节点通过一组带标记的有向直线彼此相连，用于表示节点间的关系。有向图的节点代表实体（Entity）或者概念（Concept），而有向图的边代表实体/概念之间的各种语义关系，如两个实体之间的相似关系。语义关系主要由 ISA、PART-OF、IS 等谓词表示。

谓词 ISA 体现的是"具体与抽象"的概念，含义为"是一个"，表示一个事物是另外一个事物的一个实例。例如，"梨是一种水果"这个命题，可以表示为图 7-1 所示的形式。

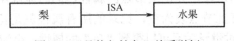

图 7-1　"具体与抽象"关系举例

谓词 PART-OF 指具有组织或者结构特征的"部分与整体"之间的关系，是一种包含关系。例如，"手是身体的一部分"这个命题，可以表示为图 7-2 所示的形式。

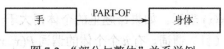

图 7-2 "部分与整体"关系举例

谓词 IS 表示一个节点是另外节点的一个属性。例如，"北京是中国的首都"这个命题，可以表示为图 7-3 所示的形式。

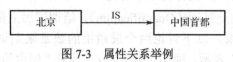

图 7-3 属性关系举例

除以上三种关系，语义网络节点之间的关系还可以有施事（Agent）、受事（Object）、位置（Location）等。例如，"狮子在草原上捕食羚羊"这一事件，可以表示为图 7-4 所示的形式。

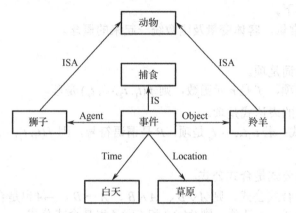

图 7-4 "狮子在草原上捕食羚羊"语义网络

在这一事件中，图中节点表现为自然语言的词和短语，语义关系则是句子中动词和主语、宾语等的关系，动词和名词或者是名词性成分的关系是语义网络的核心内容。

用语义网络表示知识的问题求解系统主要由两大部分组成，一部分是语义网络构成的知识库，另一部分是用于求解问题的推理机构。语义网络的推理过程主要有两种：继承和匹配。

1. 继承

继承是指把事物的描述从抽象的节点传递到实例节点。通过继承可以得到所需节点的一些属性，这些属性值通常是沿着 ISA、AKO 等继承弧进行的。继承的主要流程为：

（1）首先建立一个用于存放节点（待求节点和所有通过继承弧连接的节点）的表。初始情况下，节点表中只有待求节点。

（2）检查第一个待求节点是否有继承弧，如果没有，则删除节点；如果有，则把继承弧连接的节点都放入节点表的末尾，并记录节点的属性，同时删除第一个节点。

（3）重复步骤（2），直到节点表为空，记录的所有属性就是待求节点继承的属性。

例如，在图 7-5 中，通过继承关系可以得到"鱼"的属性：会游泳、生活在水中、会吃等。

2. 匹配

匹配是指在知识库的语义网络中查找和待求解问题相符合的语义网络模式。匹配的主要流程如下：

（1）首先根据待求解问题构建一个语义网络片断，片断中部分节点或继承弧是空的，称为询问处，它反映的是待求解的问题。

（2）根据构建的语义片断，去知识库查询需要的信息。

（3）若知识库的某个语义网络片断和待求解的片断相匹配，则相匹配的事实就是待求解问题的解。

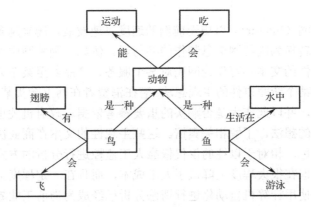

图 7-5　动物分类语义网络

例如，根据图 7-6 所示的语义网络，求解"王强在哪工作"这个问题。

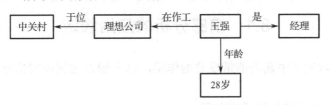

图 7-6　含有"王强"的语义网络

根据问题的要求，可以构建图 7-7 所示的待求解问题语义网络片断。

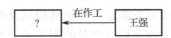

图 7-7　待求解问题语义网络片断

当用待求解问题语义网络片断和图 7-7 所示的语义网络进行匹配时，由弧"工作在"所连接的节点可以得到问题的解，即"王强在理想公司工作"。如果还要查询其他问题，则在语义网络片断增加相应的空节点即可。

7.3.3　概念依存理论

概念依存理论是用若干语义基元来表示所有行动和状态的一种思想。这种理论是 R.Schank 在 20 世纪 70 年代初期提出的，目的在于为自然语言的机器处理提供比较全面的手段（包括对输入原文的释意、翻译、推理和回答问题），同时也为研究人的语言处理提供一种直观理论。采用概念依存理论的自然语言处理程序将语义作为首要的考虑因素，而几乎摒弃了传统语法的一切形式，其效果是用精确性来换得灵活性，因此有人将其称为无语法型分析程序。

第8章 情感分析

最近几年，因特网（Internet）以史无前例的速度飞速发展，越来越多的因特网用户由之前单纯的信息受众者转换为因特网信息制作的参与者。例如，因特网中的微博、博客以及各式各样的论坛等主观性的文本均可作为网民对某个服务、产品甚至某个人的评价，以及广大网民对个别政策或者某个新闻事件的主观想法。潜在消费者在网上购买某个产品或者服务时，首先获取相关的评价，并以此作为是否购买的重要参考依据。政府机关也需要通过查看公众对政策或者新闻事件的想法，了解相关舆情。这些主观性的文本在商业决策者进行决策时，扮演着非常重要的角色，相对于以往的仅仅依靠人工监控进行分析的方式，采用计算机实现自动化的情感分析不但在很大程度上降低了人工成本，而且在一定程度上也提高了情感分析的响应速度。所以，使用计算机自动化进行情感分析已经成为当前工业界和学术界的研究热潮。如今，情感分析也在实际应用场景中得到了广泛的应用，本章会着重介绍该领域的相关知识、基本概念、方法以及相关原理。

8.1 情感分析的应用领域

情感分析在日常生活中起着非常重要的作用，以下通过案例说明情感分析几个比较常见的应用领域。

1．情感分析在电子商务领域的应用

近几年，电子商务发展迅猛，而电子商务也是情感分析较为重要且比较常见的应用领域。例如，京东、淘宝以及其他网上购物平台，消费者在购买某个商品之前可能会浏览相关的评价，在完成商品的购买后，消费者可以根据自己的体验以及对该商品的想法进行评价。这一类网站也可以通过分数或等级，为产品以及产品的不同功能提供相应的描述信息。这样，用户就可以通过浏览相关评价或者信息对产品或者服务有一个整体上的了解。通过对用户评价的相关数据进行分析后，扬长避短，可以在一定程度上帮助网站提高用户的满意度。

图 8-1 所示为某购物网站针对某健身器材——呼啦圈的评价页面，纵观整体评价可发现，该呼啦圈的质量一般，导致很多消费者都给出了较差的评价。从对消费者对呼啦圈的评价数据分析可知，商家应想办法提高呼啦圈的质量以便提高客户的满意度。

2．情感分析在市场呼声领域的应用

市场呼声是指消费者对竞争对手所提供的产品或者服务的评价。准确且及时的市场呼声有助于在竞争中取得一定的优势，并且也会在一定程度上促进新产品的研发。尽早地发现这些评价对于进行直接且关键的营销活动有一定的帮助。情感分析可以做到实时地为企业捕获消费者的想法，而这种实时的消费者想法可以帮助企业改良产品的功能，制定新的、精准的营销策略，并且还可以对产品可能的故障进行预测。

3．情感分析在舆情分析领域的应用

政府或者公司也需要实时监测社会对其舆论倾向。消费者、客户或者一些第三方机构对其进行正面或者负面的评价，或者新闻报道等均可以对公司的发展或者政府造成一定层面的

影响。相对于消费者,公司更看中品牌声誉。当今时代,互联网具有一定的蝴蝶效应,任何一件较小的事情都有发酵成为很大、很有影响力的舆论风暴的可能,及时感知舆论倾向,并进行一定的情感分析有助于及时进行公关,正确地维护好公司和品牌的声誉。

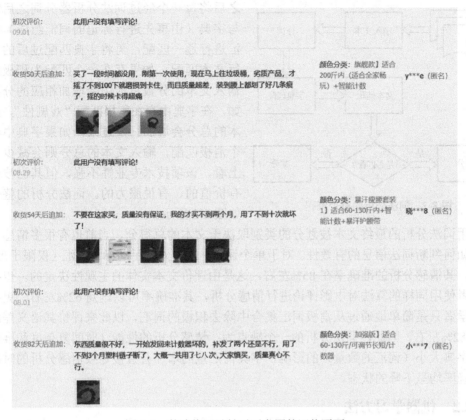

图 8-1　某购物网站针对呼啦圈的评价页面

4．情感分析在消费者呼声领域的应用

消费者呼声指的是个体消费者对于服务或者产品的评价。这就需要针对个体消费者的反馈信息、评分或者评价数据进行分析。消费者呼声是客户体验管理当中较为关键的因素,它有助于企业根据其导向进行产品改进并研发新产品,客户意见的获取及挖掘、分析也可以帮助企业确定新产品的功能需求以及成本、性能等非功能上的需求。

8.2　情感分析的基本方法

对于不同的分析载体,情感分析也涉及很多主题,如商品评论、电影评论以及博客、微博、新闻等主题的情感分析。截至目前,针对情感分析的研究主要分为两个方面:①对主观文本的极性进行情感识别分析;②对文本实体是主观还是客观进行情感识别分析。在情感分析领域,文本实体可以划分为积极和消极两个类别,也可以划分为积极、中性(或不相关)以及消极等多个类别。进行情感分析的主要方法有:词法分析、机器学习方法以及混合分析。接下来对这三种情感分析方法进行详细的介绍。

8.2.1 词法分析

词法分析的算法原理是先使用词法分析器，将输入的待分析文本转换为单词的序列形式，

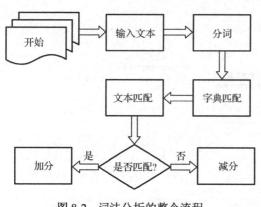

之后将每一个经过词法分析器分词之后的单词与字典（由事先进行标记的词汇组成）中的词汇进行逐一匹配，再将字典匹配过后的文本进行文本匹配。如果存在一个匹配为积极的，则输入文本的分数总池中会增加相应的分数。例如，在字典中存在积极匹配"戏剧性"，此时文本的总分会增加。反过来，如果字典中存在一个消极匹配，输入文本的总分则会减少。主观上看，该项技术专业性不强，但其已被证明是有价值的、有说服力的。词法分析的整个流程如图 8-2 所示。

图 8-2 词法分析的整个流程

使用词法分析的最终文本被划分的类别取决于文本的总得分。当前也有很多情感分析工作研究如何判断词法信息的有效性。对于单个词语，采用人工手动标记词汇（仅限于形容词）的形式，其情感分析的准确率在 85%左右，这是由评价文本实体的主观性决定的。也有一些研究学者使用同样的算法对电影评论进行情感分析，其准确率可以达到 62%左右。更有一部分研究学者只是简单地通过从消极词汇集合中除去积极的词汇，以此来评价其语义差距，准确率在 82%左右。因此，词法分析的一个缺点为：情感分析的性能（时间复杂度和准确率）会受到字典大小（词汇的数量）的影响，字典词汇量的增加会直接导致情感分析的时间复杂度和准确率均呈下降的状态。

8.2.2 机器学习方法

机器学习技术具有较高的准确性和适应性，因而广受相关学者以及相关研究者的追捧。在整个情感分析的过程中，主要采用有监督学习的算法进行分析，这个过程可以划分为三个阶段，即数据的采集、数据的预处理、训练模型并进行情感分类。在训练的过程中，需要一个事先标记好类别的语料库作为训练的数据库。将待分析的文本进行向量化后，分类器使用特征向量进行目标数据的训练并且分类。在机器学习的相关技术中，决定分类器准确率的关键因素是特征向量的选择。一般情况下，特征向量可以是 Unigram（单个短语）、Bigrams（两个连续的短语）或者 Trigrams（三个连续的短语）。SVM、CNN、朴素贝叶斯（Naive Bayes，NB）算法、文档的长度、积极词汇的数量或者消极词汇的数量等均可以作为其他的一些特征，具体取决于所选择的各种特征的一系列组合情况，准确率为 63%～80%。

目前，机器学习技术也面临着很多的挑战，如训练数据如何获取、分类器如何设计、未知短语的正确解释等。相比于词法分析，机器学习技术在字典大小呈指数增长的情况下性能表现良好。

8.2.3 混合分析

在情感分析技术研究飞速发展的今天，很多研究人员开始尝试将两种方法组合使用，取长补短，即屏蔽掉两种算法的缺点，取其优点，这就是混合分析。混合分析既可以利用词法

分析高效率的优点，也可以获得机器学习方法高准确率的特性。有研究者使用一个未标记的数据和由两个词组成的词汇，并将这一系列由两个词组成的词汇分成积极类和消极类，利用被选择的词汇集合中的所有单词产生一些伪文件；然后计算伪文件与未标记文件之间的余弦相似度，并根据余弦相似度的值将该文件划分为积极类别的情感或消极类别的情感；最后将这些训练数据集送入朴素贝叶斯分类器。也有研究者使用背景词法信息作为单词类关联，提出一种统一的框架，设计出一个 Polling 多项式分类器（PMC，又称多项式朴素贝叶斯），并在训练中融入手动标记数据的操作。这些学者声称，利用词法分析技术后机器学习训练的性能得到了提高。

接下来，在案例中逐步演示情感分析的整个过程。

8.3　实战——电影评论情感分析

情感分析是文本分析的一种，它能够从一段文本描述中理解文本的感情色彩，是褒义、贬义还是中性。常见的情感分析的使用场景是客户对商品或服务的评价、反馈，采用自然语言处理的情感分析可以节省大量的人力，提高数据分析的速度和准确度。情感分析被应用在大量的平台中，如淘宝、唯品会等电子商务平台，携程、去哪儿网等公共服务平台，以及豆瓣和欧美的 IMDb 等电影评价平台。这些数据可以用来分析用户对于产品的喜好以及体验感受。表 8-1 所示是从豆瓣上摘取的电影评论及其情感分析。

表 8-1　电影评论及其情感分析

电　影　评　价	类　　别
值得一看的电影，很好！	正面
电影剧情很老套、狗血、还有就是感觉不太切合实际。	负面
太垃圾了，拍的什么！	负面
主题正能量，场面壮观，情节感人。	正面

在自然语言处理的相关问题中，情感分析可以被归类为文本分类问题，主要涉及两个问题：文本表达和文本分类。在深度学习出现之前，主流的表示方法有词袋模型和主题模型，分类模型主要有 SVM 和 LR（Logistic Resgression，逻辑回归）。

但是词袋模型无法抓取到核心的信息，因为它忽略了语法和文法，只是把一句话当成一个词的合集。例如，"这部电影拍得不是很好看，没有达到预期的效果"和"一般，还好，还可以，不太推荐"有着类似的意义，但是"感觉这部电影拍得很好看"和前面一句话有着几乎一样的特征表示，却代表着截然不同的意思。

为了解决这一问题，这里我们使用 word2vec 方法进行特征提取，由于该方法比较复杂且归属于深度学习相关方法，本书的后续会进行相关的介绍，读者可以先单纯地将该方法看成类似词袋模型的一种文本特征提取方法。相较于词袋模型，该方法可以将文本嵌入低维空间，并且不丢失文本的顺序信息，是一种非常方便的端到端的训练模型。

在文本分类模型方面，一般会使用传统的机器学习方法，如 SVM、NB 等，或者深度学习的相关方法，如 CNN、RNN 及其变体。因为这里用到了 RNN 的变体方法，且 RNN 网络借鉴了 CNN 等网络的基础部分，所以本书先介绍 CNN 的基本原理，再深入讲解 RNN 的相关变种方法。

8.3.1 模型选择

1. CNN

如图 8-3 所示，CNN 一般首先使用卷积操作处理词向量序列，生成多通道特征图，其次对特征图采用时间维度上的最大池化操作，得到与此卷积核对应的整句话的特征；最后将所有卷积核得到的特征拼接起来，即为文本的定长向量表示。对于文本分类问题，将其连接至 softmax 层，即构建出完整的模型。在实际应用中，我们会使用多个卷积核来处理数据，窗口大小相同的卷积核堆叠起来形成一个矩阵，这样可以更高效地完成运算。

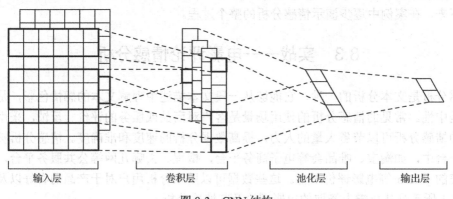

输入层　　　　　　卷积层　　　　　　池化层　　　　输出层

图 8-3　CNN 结构

2. RNN

RNN 是一种能够对时序数据进行精准建模的网络。文本的独特之处在于其是典型的序列数据，每个文字的出现都依赖于前面的单词和后面的单词。近年来，RNN 及其变种长短时记忆网络在自然语言处理领域得到了广泛的应用，如在语言模型、句法分析、语义角色标注、图说模型、对话、机器翻译等领域均有优异的表现。

RNN 按照时间展开，如图 8-4 所示，在 t 时刻，网络读入第 t 个输入 x_t，以及前一时刻的状态值 h_{t-1}（向量表示，h_0 一般表示初始化为 0 的向量），计算得出 t 时刻隐藏层的状态值 h_t，重复直到读取完成。

The	movie	was	$\cdots$	expectations
x_0	x_1	x_2		x_{15}
t=0	t=1	t=2		t=15

图 8-4　句子示意图

将 RNN 的函数表示为 f，则上述情形下的循环神经网络的公式可以表示为

$$h_t = f(x_t, h_{t-1}) = \sigma(W_{xh}x_t + W_{hh}h_{t-1} + b_h)$$

式中：W_{xh} 是输入层到隐藏层的矩阵参数；W_{hh} 是隐藏层到隐藏层的矩阵参数；b_h 为隐藏层偏置（Bias）参数。上述公式中有两个权重矩阵，这两个权重矩阵的大小不但受到当前向量的影响，还受到前面隐藏层的影响。RNN 示意图如图 8-5 所示。

在图 8-5 的右侧，隐藏层的状态向量被送入一个二进制 softmax 分类器中，用于判断文本是积极情绪还是消极情绪。

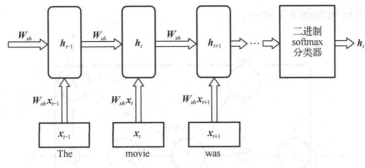

图 8-5　RNN 示意图

3. LSTM

LSTM 是 RNN 的升级版本，由 Hochreiter 和 Schmidhuber 于 1997 年提出，近期被 Alex Graves 改良。从抽象的角度来看，LSTM 保存了文本中的长期依赖信息。LSTM 通过对循环层的刻意设计，避免了长期依赖和梯度消失的问题。

正如我们前面所看到的，传统的 RNN 是非常简单的，这种简单结构不能有效地将历史信息链接在一起。例如，一段文本，LSTM 可以对其历史信息进行记录并学习。从技术角度来看 LSTM 单元，该输入单元输入数据 x_t，隐藏层输出 h_t。在这些单元中，h_t 的表达形式比经典的 RNN 复杂很多。这些复杂组件分为 4 个部分：输入门 i、输出门 o、遗忘门 f 和一个记忆单元 c。这些门和记忆单元组合起来，大大提升了 RNN 处理长序列数据的能力。若将基于 LSTM 的 RNN 表示的函数记为 F，$h_t = F(x_t, h_{t-1})$，则 F 为下列公式组合而成：

$$i_t = \sigma(W_{xi}x_t + W_{hi}h_{t-1} + W_{ci}c_{t-1} + b_i)$$
$$f_t = \sigma(W_{xf}x_t + W_{hf}h_{t-1} + W_{cf}c_{t-1} + b_f)$$
$$c_t = f_t \odot c_{t-1} + i_t \odot \tanh(W_{xi}x_t + W_{hi}h_{t-1} + b_i)$$
$$o_t = \sigma(W_{xo}x_t + W_{ho}h_{t-1} + W_{co}c_t + b_o)$$
$$h_t = o_t \odot \tanh(c_t)$$

式中：W 及 b 为模型参数；$\tanh(c_t)$ 为双曲正切函数，如图 8-6 所示。

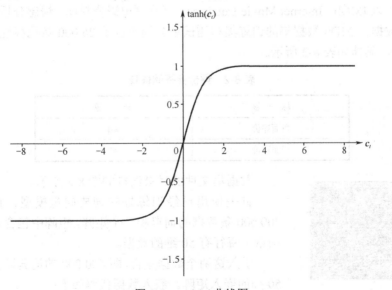

图 8-6　$\tanh(c_t)$ 曲线图

LSTM 单元逻辑图如图 8-7 所示。

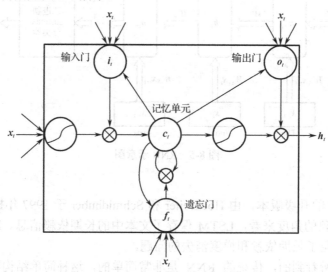

图 8-7 LSTM 单元逻辑图

LSTM 通过给简单的 RNN 增加记忆单元及控制门，增强了它们处理距离依赖问题的能力。

根据前面的学习可知，情感分析的任务是分析一句话是积极、消极还是中性的，因此可把情感分析任务分为 5 个部分：

（1）训练或者载入一个词向量生成模型。

（2）创建一个用于训练集的 ID 矩阵。

（3）创建 LSTM 计算单元。

（4）训练。

（5）测试。

8.3.2 载入数据

本节我们以 IMDb（Internet Movie Database，互联网电影资料库）情感分析数据集为例介绍如何载入数据。IMDb 数据集的训练集和测试集分别包含了 25 000 条已标注的电影评价，满分是 10 分，具体如表 8-2 所示。

表 8-2 评价标签阈值表

标　签	分　数
负面评价	≤4
正面评价	≥7

数据集文件的目录结构如图 8-8 所示。

首先使用已经训练好的词典向量模型，该模型包含有 400 000 条数据的词典和一个矩阵，矩阵中包含 40 000 条文本向量，每行有 50 维的数据。

引入这两个数据集合，即 400 000 的词典以及 400 000 行、50 列的嵌入矩阵。载入数据代码如下：

图 8-8 数据集文件的目录结构

```
#encoding:utf-8
import numpy as np
words_list = np.load('wordsList.npy')
print('载入 word 列表')
words_list = words_list.tolist() #转化为列表
words_list = [word.decode("utf-8") for word in words_list]
word_vectors = np.load('wordVectors.npy')
print('载入文本向量')
#输出载入的数据信息
print(len(words_list))
print(word_vectors.shape)
```

输出结果如下：

```
载入 word 列表
载入文本向量
400000
(400000, 50)
```

在构造整个训练集索引之前，需要先分析数据的情况，从而确定并设置最好的序列长度。我们使用的 IMDb 数据集中，12 500 条是正面的评价，另外 12 500 条是负面的评价。这些数据存放在一个文本文件下面，使用前应先解析这个文本文件。预处理的具体过程如下：

```
import os
from os.path import isfile,join
pos_files = ['pos/'+f for f in os.listdir('pos/') if isfile(join('pos/',f))]
neg_files = ['neg/'+f for f in os.listdir('neg/') if isfile(join('neg/',f))]
num_words = []
for pf in pos_files:
    with open(pf,"r",encoding = "utf-8") as f:
        line = f.readline()
        counter = len(line.split())
        num_words.append(counter)
print('正面评价完结')
for nf in neg_files:
    with open(nf,"r",encoding = "utf-8") as f:
        line = f.readline()
        counter = len(line.split())
        num_words.append(counter)
print('负面评价完结')
num_files = len(num_words)
print('文件总数',num_files)
print('所有词的数量',sum(num_words))
print('平均文件词的长度',sum(num_words)/len(num_words))
```

结果：

```
正面评价完结
负面评价完结
```

文件总数 25000
所有词的数量 5844680
平均文件词的长度 233.7872

8.3.3 辅助函数

以下为一对辅助函数，该辅助函数返回一个数据集的迭代器，用于返回一批训练集合。

```python
from random import randint
def get_train_batch():
    labels = []
    arr = np.zeros([batch_size,maxseq_num])
    for i in range(batch_size):
        if(i % 2 == 0):
            num = randint(1,11499)
            labels.append([1,0])
        else:
            num = randint(13499,24999)
            labels.append([0,1])
        arr[i] = ids[num-1:num]
    return arr,labels
def get_test_batch():
    labels = []
    arr = np.zeros([batch_size,maxseq_num])
    for i in range(batch_size):
        num = randint(11499,13499)
        if(num <= 12499):
            labels.append([1,0])
        else:
            labels.append([0,11])
        arr[i] = ids[num-1:num]
    return arr,labels
```

8.3.4 模型设置

模型设置的具体步骤如下。

1. 构建 TensorFlow 图

可以开始定义一些超参数，如批次的尺寸、LSTM 单元数量、输出的类别数，以及迭代的次数。具体代码如下：

```python
batch_size = 24
lstm_units = 64
nun_labels = 2
iterations = 200000
```

和大部分的 TensorFlow 图相似，我们需要指定两个单元，一个用于输入，一个用于输出。对于单元，最重要的是确定好维度。其中标签的单元代表了一组值，每个值为[1,0]或者[0,1]，输入部分主要是索引数组。代码实现如下：

```
import tensorflow as tf
f.reset_default_graph()
labels = tf.placeholder(tf.float32,[batch_size,nun_labels])
input_data = tf.placeholder(tf.int32,[batch_size,maxseq_num])
```

设置好占位符（tf.placeholder）单元后，可以调用 tf.nn.embedding_lookup 接口函数以获得文本向量。该接口函数会返回 batch_size 个文本的 3D 张量，用于后续的训练。代码表示为：

```
data = tf.Variable(tf.zeros([batch_size,maxSeqLength,numDimensions]),dtype=tf.float32)
data = tf.nn.embedding_lookup(wordVectors,input_data)
```

2．配置 LSTM 网络

使用 tf.contrib.rnn.BasictsTMCell 细胞单元配置 LSTM 的数量，再配置 dropout 参数，以此避免一些过拟合。最后将 LSTM 单元和数据输入 tf.nn.dynanic_rnn 函数，该函数的功能是展开整个网络，并且构建整个 RNN 模型。具体代码如下：

```
lstmCell = tf.contrib.rnn.BasictsTMCell(lstm_units)
lstmCell = tf.contrib.rnn.Dropoutwrapper(cell = lstmCell,output_keep_Prob = 0.75)
value_ = tf.nn.dynanic_rnn(lstmCell,input_data,dtype = tf.float32)
```

动态 RNN（Dynamic RNN）函数的第一个输出可以被认为是最后的隐藏状态，该状态将重新确定维度，然后乘以一个权重加上偏置，可获得最终的标签。代码实现如下：

```
weight = tf.Variable(tf.truncated_normal([lstm_units, num_labels]))
bias = tf.Variable(tf.constant(0.1, shape = [num_labels]))
value = tf.transpose(value, [1, 0, 2])
last = tf.gather(value, int(value.get_shape()[0]) - 1)
prediction = (tf.matnul(last, weight) + bias)
```

3．定义正确的预测函数以及正确率评估参数

正确的预测形式是查看最后的输出向量是否和标记向量相同。具体代码如下：

```
correct_pred = tf.equal(tf.argmax(prediction,1),tf.argmax(labels,1))
accuracy = tf.reduce_mean(tf.cast(correct_pred,tf.float32))
```

4．将标准的交叉熵损失函数定义为损失值

这里使用 Adamoptimizer 函数。具体代码如下：

```
loss = tf.reduce_mean(tf.nn.softaax_cross_entropy_with_1ogits(logits = prediction,labels = labels))
optimizer = tf.train.Adamoptimizer().mininize(1088)
```

可使用 tensorboard 可视化损失值和正确值，具体代码如下：

```
import datetime
sess = tf.InteractiveSession()
tf.device("/gpu:0")
saver = tf.train.Saver()
sess.run(tf.global_variables_initializer())
tf.summary.scalar("Loss",loss)
tf.summary.scalar('Accuracy',accuracy)
merged = tf.summary.nerge_all()
```

```
logdir = "tensorboard/"+datetime.datetime.now().strftime("%Y%m%d-%H%M%S")+"/"
writer = tf.summary.Filewriter(logdir,sess.graph)
for i in range(iterations):
    #下个批次的数据
    nextBatch,nextBatchtabels = get_train_batch()
    sess.run(optimizer,{input_data:nextBatch,labels:nextBatchtabels})
    #每 50 次计分一次
    if(i*50 == 0):
        summary = sess.run(merged,{input_data:nextBatch,labels:nextBatch})
        writer.add_summary(summary,i)
    #每 10 000 次保存一次模型
    if(i % 10000 == 0 and i!=0):
        save_path = saver.save(sess,"models/pretrained_lstm.ckpt",global_step = 1)
        print("saved to %s'% save_path")
writer.close()
```

8.3.5　调参配置

选择合适的参数训练网络非常重要，最终模型的好坏在很大程度上取决于所选择的优化器（Momentum、Nesterov、AdaGrad、RMSProp、AdaDelta、Adam）、学习率（Learning Rate）以及网络架构。特别是 RNN 和 LSTM，单元数量和词向量维度都是决定模型好坏的重要因素。

（1）学习率：RNN 最困难的部分就是它的训练速度慢，耗时非常久，所以学习率至关重要。如果学习率设置过大，则学习曲线会有很大的波动性；如果设置过小，则学习曲线会收敛得非常慢。根据经验，设置为 0.001 比较好。如果训练得非常慢，可以适当增大学习率。

（2）优化器：之所以选择 Adam，是因为其广泛被使用。

（3）LSTM 单元数量：这个值取决于输入文本的平均长度。单元数量过多会导致网络的训练速度非常慢。

（4）词向量维度：词向量一般设置为 50～300，维度越多，存放的单词信息越多，但是也意味着更高的计算成本。

8.3.6　训练过程

使用 TensorFlow 训练的基本过程是：先定义一个 TensorFlow 会话，如果有 GPU 选择用 GPU 运算，然后加载一批文字和对应的标签，之后调用会话的 run 函数。run 函数有两个参数，第一个是 fetches，这个参数定义了我们感兴趣的值；第二个是 feed_dict，用于传入占位单元。可以将一批要处理的评论和标签输入模型，TensorFlow 会不断对这组数据进行训练。可以在 tensorboard 上通过输入如下命令查看训练状态：

```
tensorboard--logdir = tensorboard
```

之后打开浏览器，输入网址后可以查看训练动态，大概需要几个小时，可以训练好模型。

第9章 机器学习与自然语言处理

从本章开始，将引入 NLP 的算法体系。NLP 的算法更多来源于人工智能，本章首先介绍机器学习的相关概念。机器学习是人工智能的一个领域，该领域可以认为是实现人工智能的一种实践方式，特别是如何在经验学习中改善具体算法的性能。机器学习的核心逻辑：从历史数据中自动分析、获得认知模型，利用认知模型对未知数据进行预测。机器学习本质上就是从数据中抽取特点，然后把这个特点总结在一起，这就是认知模型，也称为规律，该模型可以像人一样学习。在 NLP 中应用机器学习算法，就是把自然语言形成的语料当作数据，通过算法来发现文本中的规律，帮助人们完成 NLP 中要实现的任务。

根据所学习的样本数据中是否包含目标特征（Target Feature），机器学习可以分为有监督学习、无监督学习、半监督学习，还有一种比较特殊的学习类型——强化学习。本章重点关注有监督学习和无监督学习在 NLP 中的应用。

9.1 几种常用的机器学习方法

9.1.1 文本分类

在理解文本信息时，由于信息量很庞大，如果仅凭人工方式来收集和挖掘文本数据，不仅需要消耗大量的人力和时间，而且也很难实现。因此，实现自动文本分类就显得尤为重要，它是文本信息挖掘的基本功能，也是处理和组织文本数据的核心技术。

最基础的分类是归到两个类别中，称为二分类（Binary Classification）问题，即判断是非问题，如垃圾邮件过滤，只需要确定"是"或"否"。分到多个类别中的称为多分类问题，如把一篇文本根据写作文字归类到"英文文稿""中文文稿""日文文稿"等类别中。

文本分类过程包括学习和分类两个过程，学习过程的目标是根据已知的训练数据构建分类模型，得到分类器；分类过程的任务是利用学习得到的分类器，预测新数据实例的类标号。

例如，要把邮件分为垃圾邮件和正常邮件，首先要准备好训练文集，每个类别文件中包含一些该类别的名字。如 ham_data.txt 是清洗过的正常的交流邮件，截取其中的一个邮件，查看清洗过后的邮件，其内容如下：

这部片子是我年初就定下来要看的列表中的一个！所以尽管有人说不好，我也一定要看的。看完谈不上失望，但也没有兴奋。嘿嘿！常看的话可以办个会员卡，我办的 800 的，打八折。但早场特价不享受折上折。我看的昨天晚上 10 点 40 那场，好贵，因为很不情愿去，想着是战争片，希望不高，也就不失望了，本来打算去睡觉的，后来才发现是科幻片，至少能吸引人一直看下去吧，反正我觉得还是不错的。

每个电子邮件都是一个实例（Instance）。训练文本可以人工整理，也可以使用爬虫获取打过标签的数据。

常见的分类器有 LR（虽然是回归，但其多用于处理二分类问题）、SVM、NB、K 近邻等。在实际运用中，有必要根据场景选择合适的文本分类器。例如，如果特征数很大，与样本数接近，则选择 LR、NB 或线性 SVM；在特征数较少且样本数量一般，不算大也不算小的情况下，可以选择 SVM 算法中的高斯核函数；如果数据量很大且是非线性的，可以使用集成学习（Ensemble Learning）或者升级版的决策树——随机森林。在文本领域进行分类，一般的线性分类器就能达到足够的精度。

一般的文本分类过程可细分为如下几个步骤。

（1）定义阶段：定义数据以及分类体系，具体分为哪些类别，需要哪些数据。

（2）数据预处理：对文档进行分词、去除停用词等数据清洗的准备工作。

（3）数据特征提取：对文档矩阵进行降维，提取出训练集中最有用的特征。

（4）模型训练阶段：使用适当的分类模型以及算法，训练出文本分类器。

（5）评测阶段：在测试集上测试并评价分类器的性能，并根据需要评估是否需要重新训练模型。

（6）应用阶段：将待分类文档进行相同的预处理和特征提取后，应用性能最高的分类模型进行分类。

9.1.2　特征提取

特征提取本质上是一种文本的结构化表示过程，在进行文本分类之前，需要对文本提取特征，表示成数据。一般来说，特征提取有如下几种经典的方法。

（1）BoW：在信息检索中，该模型假定对于一个文档，忽略它的单词顺序和语法、句法等要素，将其仅仅看作若干个词汇的集合，文档中每个单词的出现都是独立的，不依赖于其他单词是否出现。也就是说，文档中任意一个位置出现的任何单词，都不受该文档语义的影响。具体来说，一个单词/词元就是一个特征，一个文本也可能有成千上万的特征。

（2）统计特征：该方法在 BoW 的基础上考虑了每个特征的权重，包括 TF、IDF，以及合并起来的 TF-IDF。TF-IDF 可以评估一个词元对于这个文档在整个语料库中的重要程度。词元的重要性随着它在文档中出现的次数成正比增加，但同时会随着它在语料库中出现在其他文档的篇数成反比下降。TF-IDF 加权的各种形式常被搜索引擎应用，作为文档与用户查询之间相关程度的度量或评级。除 TF-IDF 外，因特网上的搜索引擎还会使用基于链接分析的评级方法，以确定文件在搜寻结果中出现的顺序。

（3）n-gram：一种考虑了词汇顺序的模型，就是 n 阶 Markov 链，每个样本转换成转移概率矩阵，也能取得不错的效果。

9.1.3　标注

事实上，有一些看似是分类的问题在实际中却难以归为分类。例如，把图 9-1 分类成人或是狗，结果都有些不合理。

图 9-1 中既有人也有狗，还有草、树等。与其把这张图片归为一类，不如把所关心的重要类型都标出。例如，给定一张图片，想知道是否有人、狗、草等。给定一个输入，能输出不定量类别，这就是标注任务。

图 9-1　小女孩与狗的图片

标注在更多时候也称为多标签分类。想象一下，人们可能会把多个标签同时标注在一篇描述时政的新闻稿上，如"国内""农村""财经""扶贫"等，这些标签可能有关联，但非常适合用来作为浏览新闻的依据。当一篇文章可能被标注的数量很大时，人力标注就显得很吃力，这时候就需要使用机器学习的方法。

9.1.4　搜索与排序

在这个数据爆炸的时代，在海量数据的背景下，如何利用算法帮助人们从这些杂乱无章的信息中找到所需要的信息已成为人们的迫切需要，图 9-2 所示为百度搜索引擎对"NLP"关键字的搜索结果。搜索和排序更关注如何对一堆对象进行排序。例如，在信息检索领域，人们常常关注如何把海量的文档按照与检索条目的相关性进行排序；在互联网时代，由于谷歌和百度等搜索引擎的流行，人们更加关注如何对网页进行排序。

图 9-2　百度搜索引擎对"NLP"关键字的搜索结果

目前比较著名的排序算法有词频位置加权排序算法、Direct Hit 算法、PageRank 算法等。下面简单介绍这三种算法。

1．词频位置加权排序算法

词频位置加权排序算法通过查询关键词在页面中出现的次数和位置对网页进行排序，它是计算机情报检索中最基础的排序算法。该算法的基本思想是，对于用户输入的搜索关键词，它在某网页中出现的频率越高，位置越重要，就认为该网页和关键词的相关性越好，也越能满足用户的需求。例如，假设搜索关键词出现在"网页主体 body"中的权重为 1，出现在"标题 title"中的权重为 2，出现在"链接 URL"中的权重为 0.5，那么根据关键词出现的次数和位置加权求和，再进行一些辅助计算，就可以得到网页和关键词的相关性权值，这样就可以根据这一权值对查询结果进行排序。

2．Direct Hit 算法

Direct Hit 算法是一种注重信息质量和用户反馈的排序方法。它的基本思想是，搜索引擎将查询的结果返回用户，并跟踪用户在检索结果中的点击。如果返回结果中排名靠前的网页被用户点击后，浏览时间较短，用户又重新返回点击其他的检索结果，则可以认为其相关度较差，系统将降低该网页的相关性。另外，如果网页被用户点击打开进行浏览，并且浏览的时间较长，该网页的受欢迎程度就高，相应地，系统将增加该网页的相关度。可以看出，在这种方法中，相关度在不停地变化，对于同一个词在不同的时间进行检索，得到结果集合的排序也有可能不同，它是一种动态排序。

3．PageRank 算法

斯坦福大学的 Larry Page 和 Sergey Brin 于 1996 年提出了 PageRank 算法。该算法基于这样的假设：如果一个页面被许多其他页面引用，则这个页面很可能是重要页面；一个页面尽管没有被多次引用，但被一个重要页面引用，这个页面很可能也是重要页面；一个页面的重要性被均分并传递到它所引用的页面。设网页 A 有 $T_1, T_2, \cdots, T_n$ 共 n 个网页指向它，参数 d 是 0～1 间的控制系数，通常为 0.85，$C(T_i)$ 是一个从网页 A 链出的网页数，则 A 的 PageRank 值 PR(A) 由以下公式计算：

$$PR(A) = 1 - d + d \cdot \sum_{i=1}^{n} \frac{PR(T_i)}{C(T_i)}$$

该算法的排序结果并不取决于特定的用户检索条目，这些排序结果可以更好地为所包含的检索条目的网页进行排序。

9.1.5　推荐系统

推荐系统与搜索排名密切相关，广泛应用于电子商务、搜索引擎、新闻门户等领域。推荐系统的主要目标是推荐用户可能感兴趣的内容，其推荐算法使用了大量的信息，如用户的自我描述、过往的购物习惯及对过往推荐的反馈等。图 9-3 所示为某电商网站为用户生成的商品推荐（该用户最近买过洗浴产品）。

协同过滤（Collaborative Filtering）是推荐系统所采用的最为重要的技术之一，其原理是根据相似用户的兴趣来推荐当前用户没有看过但是很可能会感兴趣的信息。所基于的假设是，如果两个用户兴趣类似，那么很有可能当前用户会喜欢另一个用户所喜欢的内容。协同过滤算法的优势在于不受被推荐物品的具体内容的限制，与社会网络紧密结合且推荐的准确性高。物品协同过滤的思想如图 9-4 所示。

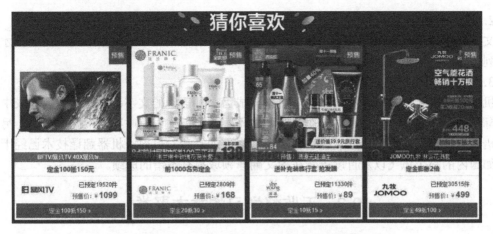

图 9-3　某电商网站为用户生成的商品推荐

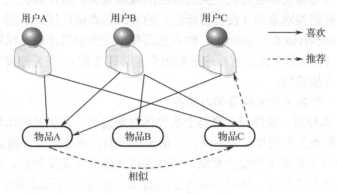

图 9-4　物品协同过滤的思想

9.1.6　序列学习

序列学习是近年来备受关注的机器学习问题。这类问题需要考虑序列顺序，且输入和输出的长度是不固定的（如输入的英语的长度和翻译的中文的长度是不固定的）。这种序列学习的模型可以处理任意长度的输入序列，也可以输出任意长度的序列。当输入输出为可变长度序列时，将这些模型称为 seq2seq，如问答系统、语言翻译模型和语音文本模型。下面是一些常见的序列学习案例。

1．语音识别

在语音识别问题中，输入序列通常是麦克风的声音，如图 9-5 所示，输出是通过麦克风说出的单词的文本转录。这个转换过程存在一些难点。例如，因为声音和文本之间没有一一对应的关系，所以声音通常以特定的采样率进行采样，也就是说，语音识别是一种序列转换问题。这里的输出通常比输入短得多。

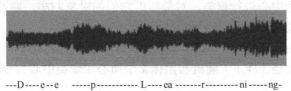

---D----e--e　　-----p----------- L----ea -------r--------- ni -----ng-

图 9-5　语音识别任务

2．文本转语音

文本转语音是语音识别问题的逆问题。该任务中的输入是一个文本序列，而输出才是声音序列。因此，这类问题的输出比输入长。

3．机器翻译

机器翻译的目标是把一种语言的文字翻译成另一种语言的文字，如把英文翻译成中文。机器翻译的复杂程度非常高，同一个词在两种不同的上下文中有时存在不同的含义。另外，符合语法或者语言习惯的语序调整也使机器翻译更加复杂。目前，机器翻译技术已经十分成熟，如国内的科大讯飞以及百度语音在中文翻译领域都有不错的成绩。

9.2　无监督学习的文本聚类

现实生活中，为每篇文本进行人工类别标注的成本太高，由计算机完成这些工作已成为一种迫切的需求。根据类别未知（没有被标记）的训练样本解决模式识别中的各种问题，称为无监督学习（Unsupervised Learning）。输入无监督算法的数据都没有标签，也就是只为算法提供了输入变量（自变量）而没有对应的输出变量（因变量）。在无监督学习中，算法需要自行寻找数据中的有趣结构。

下面简要介绍一些常见的无监督学习任务。

● 聚类：将样本分组，这样同一聚类中的物体与来自另一聚类的物体相比，相互之间会更加类似，而不同聚类之间则尽可能不同。根据实际问题，需要定义数据之间的相似性。

● 降维：减少一个数据集的变量数量，同时保证还能传达重要信息。降维可以通过特征抽取方法和特征选择方法完成。特征抽取方法执行从高维度空间到低维度空间的数据转换，主成分分析为其常用方法。

● 表征学习：表征学习希望在欧几里得空间中找到原始对象的表示方式，从而能在欧几里得空间里表示出原始对象的符号性质。词表示成向量后，可以进行这样的向量运算：男人+皇帝=女人+皇后，这个在后续的深度学习中会提到。

接下来将详细介绍在 NLP 领域中大量使用的聚类。

聚类试图将数据集中的样本划分为若干个通常不相交的子集，每个子集称为一个"簇"（Cluster）。通过这样的划分，每个簇可能对应于一些潜在的类别。这些概念对聚类算法而言事先是未知的，聚类过程仅能自动形成簇结构，簇所对应的含义需要由使用者来把握和命名。聚类常用于寻找数据内在的分布结构，也可作为分类等其他学习任务的前驱过程。

在 NLP 领域，聚类的一个很重要的应用方向是文本聚类。文本聚类有很多种算法，如 k-means、DBSCAN、BIRCH、CURE 等。文本聚类存在大量的使用场景，如信息检索、主题检测、文本概括等。这里只介绍最经典的 k-means 算法。

k-means 算法思想：

以空间中 k 个点为中心进行聚类，对最靠近它们的对象归类，通过迭代的方法，逐次更新各聚类中心的值，直到得到最好的聚类结果。

k-means 算法描述：

（1）从 N 个数据文档（样本）随机初始化 k 个质心（聚类中心），或随机选择 k 个数据样本点。

（2）在第 m 次迭代中，对每个数据文档测量其到每个质心的距离，并把它归到最近的质心的类中。

（3）利用均值重新计算已经得到的各个类的质心。

（4）重复第（2）步和第（3）步，直至新的质心与原质心相等或变化小于指定阈值，算法结束。

初始的聚类点对后续的最终划分有非常大的影响，选择合适的初始点，可以加快算法的收敛速度和增强类之间的区分度。选择初始聚类点的方法有如下几种：

（1）随机选择法。随机地选择 k 个对象作为初始聚类点。

（2）最小最大法。先选择所有对象中相距最遥远的两个对象作为聚类点，然后选择第三个点，使得它与确定的聚类点的最小距离是所有点中最大的，最后按照相同的原则选取。

（3）最小距离法。选择一个正数 r，把所有对象的中心作为第一个聚类点，然后依次输入对象，当前输入对象与已确认的聚类点的距离都大于 r 时，则该对象作为一个新的聚类点。

（4）最近归类法。划分方法决定当前对象应该分到哪个簇中。划分方法中最为流行的是最近归类法，即将当前对象归类于最近的聚类点。

图 9-6 为 k-means 算法举例。

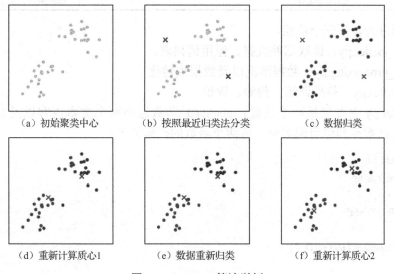

（a）初始聚类中心   （b）按照最近归类法分类   （c）数据归类

（d）重新计算质心1   （e）数据重新归类   （f）重新计算质心2

图 9-6 k-means 算法举例

k-means 算法需要设置自动归类的类别数 k，这里通常是靠经验设定的，也可以使用手肘法辅助选择。手肘法的核心思想是，随着聚类数 k 的增大，样本划分会更加精细，每个簇的聚合程度会逐渐提高；当 k 小于真实聚类数时，k 的增大会大幅增加每个簇的聚合程度；而当 k 到达真实聚类数时，再增加 k 所得到的聚合程度下降回报会迅速变小。手肘法通过所有簇的聚合程度总和的骤降点来判断 k 值是否贴近真实类簇个数，如图 9-7 所示。

图 9-7 中横轴表示分类数 k 的变化，纵轴 SSE（Sum of Squares for Error）是误差项平方和，

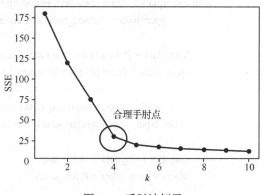

图 9-7 手肘法例子

可以综合地反映聚合程度。折线看起来像是手肘形状，可以看到，$k=4$ 之后，整个数据集的聚合程度下降变化远不如 $k<4$ 时明显。因此 $k=4$ 很可能是数据集真实类别数。

9.3 文本分类实战：中文垃圾邮件分类

9.3.1 实现代码

本节将进行文本分类实战，该实战利用 sklearn 机器学习库可以完成很多功能。为方便学习，将邮件数据保存成文本格式，每行文本对应一个邮件，数据在 classification/data/ 下。邮件数据主要有表 9-1 所示的两类数据。

表 9-1 邮件数据列表

数 据 名 称	数 据 类 型
ham_data.txt	正常邮件
spam_data.txt	垃圾邮件

代码组织分为以下三个功能。

（1）data_loader.py：读取邮件数据、停用词列表。

（2）data_processing.py：数据清洗以及数据集转化。

（3）classifier.py：模型训练、预测、评价。

data_loader.py 主要包括两个功能：get_data 函数返回两个文本内容以及对应的标签，get_stopwords 函数返回停用词集合。这两个函数的代码如下：

```
#coding = utf-8
import numpy as np

DATA_DIR = "data"

def get_data(path = DATA_DIR):
    '''
    获取数据
    :return: 文本数据，对应的 labels
    '''
    with open(path + "/ham_data.txt", encoding = "utf8") as ham_f, \
            open(path + "/spam_data.txt", encoding = "utf8") as spam_f:

        ham_data = [x.strip() for x in ham_f.readlines() if x.strip()]
        spam_data = [x.strip() for x in spam_f.readlines() if x.strip()]

        ham_label = np.ones(len(ham_data)).tolist()
        spam_label = np.zeros(len(spam_data)).tolist()

        corpus = ham_data + spam_data
        labels = ham_label + spam_label
```

```
        return corpus, labels

def get_stopwords(path = DATA_DIR):
    with open(path + "/stop_words.utf8", encoding = "utf8") as f:
        stopword_list = set([x.strip() for x in f.readlines()] +
                            list(r'!"#$%&\'()*+,-./:;<=>?@[\\]^_`{|}~'))
    return    stopword_list
```

data_processing.py 中，norm_corpus 函数用来对文本数据进行分词以及停用词过滤；convert_data 函数使用 sklearn 库中的 vectorizer，将文本数据集转换成可直接进行算法输入的矩阵形式。这两个函数的代码如下：

```
#coding = utf-8
import re
import jieba

def norm_corpus(corpus, stopword_list):
    result_corpus = []
    #匹配连续两个以上的英文+空格符号，后面替换成一个空格
    pattern = re.compile('[{}\\s]'.format(re.escape(r'!"#$%&\'()*+,-./:;<=>?@[\\]^_`{|}~')) + r"{2,}")
    for text in corpus:
        #分词，按停用词表过滤
        seg_text = ' '.join([x.strip() for x in jieba.cut(text) if x.strip() not in stopword_list])
        result_corpus.append(pattern.sub(" ", seg_text))
    return result_corpus

def convert_data(norm_train, norm_test, vectorizer):
    #transform：对切分文字匹配出数字 ID，作为向量维度下标
    #fit_transform：把数据集中所有文字按规则（默认空格）切分成词元后每个词元记录一个数字，并
    #对切分文字匹配出数字 ID，作为向量维度下标
    train_features = vectorizer.fit_transform(norm_train)
    test_feature = vectorizer.transform(norm_test)
    return train_features, test_feature, vectorizer
```

在进行分类前，先查看数据情况（classifier.py 前面部分）：

```
#coding = utf-8
import data_loader
import data_processing
from sklearn.model_selection import train_test_split
from sklearn.feature_extraction.text import CountVectorizer

DATA_DIR = data_loader.DATA_DIR

corpus, labels = data_loader.get_data(DATA_DIR)
stopwords = data_loader.get_stopwords(DATA_DIR)
#train_test_split 将数据集按 test_size 划分为测试集和训练集；random_state 和之前设置保持相同，以便
#在需要重复试验的时候，保证得到一组一样的随机数。例如，每次都填 1，其他参数一样的情况下可
#以得到同样的随机数组，但填 0 或不填，每次得到的结果会不一样
```

```
corpus_train, corpus_test, y_train, y_test = train_test_split(corpus, labels, test_size=0.4, random_state=1)

norm_train = data_processing.norm_corpus(corpus_train, stopwords)
norm_test = data_processing.norm_corpus(corpus_test, stopwords)
#文本数据转成矩阵形式；CountVectorizer 是转换器，保留篇频最小值为 2
x_train, x_test, vectorizer = data_processing.convert_data(
                       norm_train, norm_test, CountVectorizer(min_df=2) )

print("全部数据数量： ", len(corpus_train) + len(corpus_test))
print("训练数据数量： ", len(corpus_train), "\n")
print("分词后的文本样例： \n", norm_train[1])
print("训练集特征词数量： ", len(vectorizer.get_feature_names()))
```

为了后面实验方便，这里将所有数据集先划分为训练集和测试集，之后再进行数据清洗。后续实验使用 CountVectorizer 进行文本转换，x_train、x_test 是转换后的矩阵。运行结果如下：

```
全部数据数量：10001
训练数据数量：6000
分词后的文本样例：
 没有 说法 优秀 标 题 Re 一个 不入流 大学 学生 考 清华 研究生 大专 会 面试 刷掉 内部 规
定 真的 春阳 昨日 碧树鸣 黄鹂 芜然 蕙 草 暮 飒尔 凉风 吹 天秋 木叶 月 冷莎鸡 悲 坐愁 群芳 歇
白露 凋 华滋
 训练集特征词数量：12643
```

接着进行模型训练与预测，代码如下：

```
from sklearn.naive_bayes import BernoulliNB
LABELS = ["垃圾邮件","正常邮件"]

def show_prediction(idx_list):
    model = BernoulliNB()                 #选择模型
    model.fit(x_train, y_train)           #训练模型
    y_pred = model.predict(x_test)        #模型预测，每条记录返回 0,1
    for idx in idx_list:
        print("原来的邮件类别： ", LABELS[int(y_test[idx])])
        print("预测的邮件类别： ", LABELS[int(y_pred[idx])])
        print("正文： \n", corpus_test[idx])
        print("=============================")

show_prediction([0,1])
```

show_prediction 函数中，训练模型只需要使用 model.fit 就可以完成模型训练。调用函数输出测试集前两天记录的结果如下：

```
原来的邮件类别：垃圾邮件
预测的邮件类别：垃圾邮件
正文：-
您好，由于您的信用良好您好，由于您的网上购物评价良好！
邀您业余时间帮商家店铺宝贝拍销量，写评论。20～40 元/单，一单一结，收入 200～400 元/天。
正规平台，无须缴纳任何押金，多劳多得。详询下方客服 QQ。
```

原来的邮件类别：垃圾邮件
预测的邮件类别：垃圾邮件
正文：
****科技有限公司推出新产品：升职、生意发财，详情进入网址：http://****.com/ccc 电话：020-2324****
服务热线：0103685****

可以看到，模型对新的文本类型的判断都正确。

9.3.2　评价指标

分类的评价指标有很多来自信息检索（Infomation Retrieval）领域，这里先介绍一下分类结果的 4 种可能。

● True Positives（TP）：被正确地划分为正例的个数，即实际为正例且被分类器划分为正例的实例数（样本数）；

● False Positives（FP）：被错误地划分为正例的个数，即实际为负例但被分类器划分为正例的实例数；

● False Negatives（FN）：被错误地划分为负例的个数，即实际为正例但被分类器划分为负例的实例数；

● True Negatives（TN）：被正确地划分为负例的个数，即实际为负例且被分类器划分为负例的实例数。

可以用一个混淆矩阵（Confusion Matrix）来表示分类结果，如表 9-2 所示。

表 9-2　混淆矩阵

预测类别/真实类别		真 实 类 别	
		0	1
预测类别	0（Negatives）	TN	FN
	1（Positives）	FP	TP

常用的分类评价指标有准确率（Precision）、召回率（Recall）、精确率（Accuracy），其公式如下：

$$Precision = \frac{TP}{TP + FP}$$

$$Recall = \frac{TP}{TP + FN}$$

$$Accuracy = \frac{TP + FN}{TP + FN + FP + FN}$$

如图 9-8 所示，准确率和召回率整体上是负相关的。

用 F1-measure 能更全面地评估分类整体效果：

$$F1\text{-}measure = \frac{2 \times Precision \times Recall}{Precision + Recall}$$

通过混淆矩阵以及各项评价指标，可以很直观地比较每种分类器之间的优劣。在 sklearn 中，这些评价函数都可以直接使用，无须自行实现，confusion_matrix 函数可以直接返回混淆矩阵，而 classification_report 函数包含准确率、召回率和 F1-measure。下面的代码比较了朴素贝叶斯和逻辑回归两个分类器的效果：

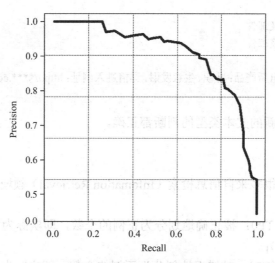

图 9-8　准确率和召回率的相关性曲线

```
from sklearn.linear_model import LogisticRegression
from sklearn.metrics import confusion_matrix, classification_report
def evaluate_models():
    models = { "朴素贝叶斯": BernoulliNB(),"逻辑回归": LogisticRegression()}
    for model_name, model in models.items():
        print("分类器：", model_name)
        model.fit(x_train, y_train)
        y_pred = model.predict(x_test)
        report = classification_report(y_test, y_pred, target_names=LABELS)
        print("混淆矩阵：\n", confusion_matrix(y_test, y_pred))
        print("分类报告\n", report)
evaluate_models()
```

结果如下：

分类器：朴素贝叶斯
混淆矩阵：
 [[1971   16]
 [27 1987]]
分类报告

	precision	recall	f1-score	support
垃圾邮件	0.99	0.99	0.99	1987
正常邮件	0.99	0.99	0.99	2014
accuracy			0.99	4001
macro avg	0.99	0.99	0.99	4001
weighted avg	0.99	0.99	0.99	4001

分类器：逻辑回归
混淆矩阵：
 [[1981   6]

```
[   20 1994]]
```
分类报告

	precision	recall	f1-score	support
垃圾邮件	0.99	1.00	0.99	1987
正常邮件	1.00	0.99	0.99	2014
accuracy			0.99	4001
macro avg	0.99	0.99	0.99	4001
weighted avg	0.99	0.99	0.99	4001

从各项指标来看，两种分类器对本数据集的分类效果都很好。从混淆矩阵的结果可以看出，逻辑回归模型比朴素贝叶斯模型效果更好一些。

9.4　文本聚类实战：用 k-means 对豆瓣读书数据聚类

本节将对豆瓣读书数据进行聚类分析，抓取了豆瓣书籍信息的 5 个字段，以 CSV 格式保存在 data.csv 文件中。其中，数据预处理需要使用 9.3 节的脚本 data_loader.py 和 data_processing.py。

该实战的代码结构分为三个部分，即 data_loader.py、data_processing.py 和 clustering.py。其中，clustering.py 的功能是数据读取、聚类以及结果展示。

首先将书籍数据处理成可用于聚类的格式：

```
import pandas as pd
import data_loader
import data_processing
from sklearn.feature_extraction.text import CountVectorizer

DATA_DIR = data_loader.DATA_DIR

stopwords = data_loader.get_stopwords(DATA_DIR)
book_data = pd.read_csv(DATA_DIR + "/data.csv")

book_titles = book_data['title'].tolist()
book_content = book_data['content'].tolist()

norm_book_content = data_processing.norm_corpus(book_content, stopwords)
feature_matrix, _, vectorizer = data_processing.convert_data(norm_book_content, [""], CountVectorizer())

print("单条数据情况：\n", book_data.iloc[0], '\n')
#查看特征数量
print("数据集维度: ", feature_matrix.shape)
print("部分词特征：\n", vectorizer.get_feature_names()[-10:])
```

结果如图 9-9 所示。

```
单条数据情况:
 title                                                        解忧杂货店
 tag                                                豆瓣图书标签: 小说
 info                [日] 东野圭吾 / 李盈春 / 南海出版公司 / 2014-5 / 39.50元
 comments                                               (225675人评价)
 content      现代人内心流失的东西,这家杂货店能帮你找回——\r\n僻静的街道旁有一家杂货店,只要写下烦恼……
 Name: 0, dtype: object ========

数据集维度: (2055, 15892)
部分词特征:
 ['齐物', '龙之媒', '龙凤', '龙应台', '龙是', '龙有', '龙神', '龙飞凤舞', '龚古尔', '龟兹']
```

图 9-9 clustering.py 处理数据的结果

单条书籍数据以 pandas 的 Series 结构展示,数据集经过转换后有 15 892 个特征词。下面进行聚类操作并展示不同聚类的效果,代码如下:

```
...
from sklearn.cluster import KMeans
from collections import Counter

def kmeans_clustering(feature_matrix, num_clusters=10):
    km = KMeans(n_clusters=num_clusters) #初始化 KMeans
    km.fit(feature_matrix)      #聚类
    clusters = km.labels_       #获取聚类结果
    return km, clusters


def get_cluster_data(clustering_obj, book_data,
                     feature_names, num_clusters,
                     topn_features=10):
    cluster_details = {}
    #获取簇的中心
    ordered_centroids = clustering_obj.cluster_centers_.argsort()[:, ::-1]
    #获取每个簇的关键特征
    #获取每个簇的数
    for cluster_num in range(num_clusters):
        cluster_details[cluster_num] = {}
        cluster_details[cluster_num]['cluster_num'] = cluster_num
        key_features = [feature_names[index]
                            for index
                            in ordered_centroids[cluster_num, :topn_features]]
        cluster_details[cluster_num]['key_features'] = key_features

        books = book_data[book_data['Cluster'] == cluster_num]['title'].values.tolist()
        cluster_details[cluster_num]['books'] = books


    return cluster_details

def print_cluster_data(cluster_data):
    #打印簇的详细信息
    for cluster_num, cluster_details in cluster_data.items():
        print('Cluster {} details:'.format(cluster_num))
```

```
            print('-' * 20)
            print('Key features:', cluster_details['key_features'])
            print('book in this cluster:')
            print(" 《" + '》，《'.join(cluster_details['books']) + "》 ")
            print('=' * 40)


num_clusters = 10
km_obj, clusters = kmeans_clustering(feature_matrix=feature_matrix,
                            num_clusters=num_clusters)
book_data['Cluster'] = clusters


c = Counter(clusters)
for cid, counts in sorted(c.items()):
    print("簇 id : {}  文档数量 : {}".format(cid, counts), end="\n")


print("===========\n  簇详情：")
cluster_data = get_cluster_data(clustering_obj=km_obj,
                            book_data=book_data,
                            feature_names=feature_names,
                            num_clusters=num_clusters,
                            topn_features=5)


print_cluster_data(cluster_data)
```

运行结果如下（选取其中三个簇展示）：

```
簇 id : 0  文档数量 : 28
簇 id : 1  文档数量 : 291
簇 id : 2  文档数量 : 5
簇 id : 3  文档数量 : 1096
簇 id : 4  文档数量 : 280
簇 id : 5  文档数量 : 8
簇 id : 6  文档数量 : 109
簇 id : 7  文档数量 : 81
簇 id : 8  文档数量 : 126
簇 id : 9  文档数量 : 31

===========
  簇详情：
Cluster 0 details:
--------------------
Key features: ['设计', '本书', '用户', '交互', '体验']
book in this cluster:
    《素描的诀窍》，《设计的觉醒》，《深泽直人》，《西文字体》，《认知与设计》，《街道的美学》，《素
描的诀窍》，《摄影构图与色彩设计》，《住宅设计解剖书》，《装修设计解剖书》，《点石成金》，《About
Face 3 交互设计精髓》，《设计师要懂心理学》，《交互设计沉思录》，《HTML & CSS 设计与构建网站》，
《点石成金》，《写给大家看的设计书》，《About Face 3 交互设计精髓》，《用户体验草图设计》，《在你
身边，为你设计》，《设计调研》，《移动设计》，《亲爱的界面》，《设计沟通十器》，《一目了然》，《人
机交互：以用户为中心的设计和评估》，《重塑用户体验》，《体验设计白书》
```

```
...
Cluster 5 details:
--------------------
Key features: ['建筑', '本书', '文化', '中国', '传统']
book in this cluster:
```

《造房子》,《华夏意匠》,《建筑:形式、空间和秩序》,《建筑十书》,《建筑,从那一天开始》,《负建筑》,《走进世界最美的家》

```
Cluster 6 details:
--------------------
Key features: ['中国', '历史', '古代', '本书', '社会']
book in this cluster:
```

《红楼梦》,《看见》,《北鸢》,《倾城之恋》,《中国历代政治得失》,《月光落在左手上》,《摇摇晃晃的人间》,《退步集》,《佛祖在一号线》,《给孩子的故事》,《红楼梦》,《诗词会意:周汝昌评点中华好诗词》,《山海经》,《四世同堂》,《第一炉香》,《怨女》,《望春风》,《谈艺录》,《旧文四篇》,《阿Q正传》,《鲁迅全集(1)》,《中国北方的情人》,《天工开物·栩栩如真》,《福尔摩斯探案全集(上中下)》,《塞拉菲尼抄本》,《余生,请多指教》,《三体全集》,《偏爱你的甜》,《青春》,《金庸散文集》,《我有一切的美妙》,《节日万岁!》,《男生贾里 女生贾梅》,《万历十五年》,《叫魂》,《邓小平时代》,《乡土中国》,《美的历程》,《日本的八个审美意识》,《寻路中国》,《毛泽东选集 第一卷》,《中国建筑史》,《图像中国建筑史》,《中国古代建筑史》,《空谷幽兰》,《金刚经》,《八万四千问》,《万历十五年》,《中国近代史》,《中国大历史》,《姚著中国史》,《中国文化的深层结构》,《中国哲学简史》,《中国古代文化常识》,《中国文化要义》,《经典里的中国》,《李鸿章传》,《如何读中国画》,《沿着塞纳河到翡冷翠》,《隔江山色》,《金刚经》,《楞严经》,《维摩诘经》,《布局天下》,《活着回来的男人》,《中国1945》,《近代中国社会的新陈代谢》,《潮来潮去》,《档案中的历史》,《美术、神话与祭祀》,《宗子维城》,《从历史中醒来》,《黄泉下的美术》,《中国天文考古学》,《中国古代物质文化》,《中国青铜时代》,《唐风吹拂撒马尔罕》,《暗流》,《何以中国》,《白沙宋墓》,《中国古代壁画 唐代》,《自由与繁荣的国度》,《中国美术史讲座》,《寻路中国》,《火车上的中国人》,《我爱这哭不出来的浪漫》,《昨天的中国》,《记忆的性别》,《中国居民膳食指南》,《中国古代房内考》,《人情、面子与权力的再生产》,《这样装修不后悔(插图修订版)》,《100元狂走中国》,《中国自助游》,《2011中国自助游全新彩色升级版》,《中国古镇游》,《中央帝国的财政密码》,《腾讯传》,《市场营销原理》,《史玉柱自述》,《解读基金》,《跌荡一百年(下)》,《跌荡一百年(上)》,《华为的世界》,《中国的大企业》,《广告人手记》,《电视节目策划笔记》,《文明之光(第三册)》,《文明之光(第二册)》

由上面的聚类大致可以看出,Cluster 0 侧重设计,Cluster 5 侧重建筑,Cluster 6 侧重政治、社会等,达到了将相似内容聚集到一起的目标。需要注意的是,由于 k-means 算法不具备稳定性,因此每次运行结果几乎都不一样,聚类效果也不一样。同时也需要看到,以 k-means 为代表的聚类算法由于是以样本距离的比较作为聚集的依据,因此样本距离(或相似度)计算结果将直接影响聚类效果,读者可自行尝试不同 vectorizer 的词权重计算方式并观察聚类结果差异。另外,在本数据集上 k-means 的 k 值取多少合适也需要进行一定的尝试才能有更好的答案。

第 10 章　深度学习与自然语言处理

第 9 章介绍自然语言处理算法的基于统计学的机器学习方法体系，接下来将介绍自然语言处理算法的第二种方法体系：基于人工神经网络（Artificial Neural Network）的深度学习方法。深度学习能自动学习合适的特征与多层次的表达与输出，在自然语言处理领域，主要应用于信息抽取、词性标注、搜索引擎和推荐系统等方面。另外，传统方法使用统计方法来标注，而深度学习能使用词向量来表示各个级别的元素，再通过深度网络自动学习。

鉴于深度学习在自然语言处理各应用领域取得的巨大成功，本章将介绍在自然语言处理中比较流行的深度学习算法及其应用、循环神经网络模型、seq2seq 实例等，并提供可执行代码供读者进一步研究。

10.1　词嵌入算法

基于神经网络的表示称为词嵌入、词向量、分布式表示等，它是一种模仿动物神经网络行为特征，进行分布式并行信息处理的算法数据模型。这种网络依靠系统复杂程度和调节内部大量节点之间相互连接的关系，从而达到处理信息的目的，其核心为上下文表达和上下文与目标词汇之间的映射关系。词嵌入编码了语义空间的线性关系，向量不同的部分表示的语义也不相同，即词嵌入可以表达神经网络复杂的上下文关系，这也是词嵌入算法有效的原因。而常见的基于矩阵的表示方法无法表示上下文之间的关联性，所以空间复杂度会随着单词数量的增加而呈指数级增加。

10.1.1　词向量

词向量（Word Embedding），从概念上讲，它涉及每个单词一维的空间到具体有更低维度的连续向量空间的数学嵌入。在与自然语言处理相关的任务中，第一步是将每个词按顺序编号，这里的词对应一个很长的向量，其维度等于词表大小，对应位置上的数字为 1，其余为 0。在实际应用中，利用词的编号，然后使用稀疏编码进行存储。但是这种方法存在一个很大的问题，即无法捕获词与词之间的相似性，被称为"词汇鸿沟"。One-hot 向量中只有一个分量为 1，其余全为 0，词与词之间的语义和语法关系彼此独立，所以仅从两个向量无法确定词之间的关系，即这种独立性不适用于词汇语义的运算。另外，随着词典规模的增大，句子构成的词袋模型维度越来越大，导致维度爆炸，简单来说就是矩阵变得越来越稀疏，这将极大地消耗计算资源。使用语言模型来捕获词向量中词的上下文信息是为了选择某个模型来描述目标词汇和上下文之间的关系，也是当前最好的办法。

Hinton 于 1986 年首次提出分布式表示，其基本思想是通过训练将每个词映射到 K 维实数向量（K 通常是模型中的超参数），并将词之间的距离（如余弦相似度、欧几里得距离等）作为判断它们之间的语义相似度的标准，而 word2vec 模型就是使用词向量表示的这种分布式，它属于一种简单的神经网络。

10.1.2 word2vec

在对统计语言模型进行研究的背景下，谷歌公司在 2013 年开放了 word2vec 这款用于训练词向量的软件工具，使用的算法是 Bengio 等人在 2001 年提出的神经网络语言模型算法，是一个用来产生词向量的相关模型。但该算法并不适合大型语料库，因为它需要两次变换，导致模型参数多、收敛速度慢。随着深度学习再次成为热点，Milolvo 团队在某种程度上优化了该方法并将其用于实际实例中。优化后的方法拥有简单、快速、高效的特点，特别适合在超大规模数据中使用。因此一经发布，就引起了业界的广泛关注，并在许多应用中取得了很好的效果。

word2vec 和其他词向量模型基于的假设类似：词之间的相似性是根据它们的相邻词汇是否相识来衡量的，这被称为"距离象似性"原理，即词汇及其上下文构成一个"象"，当从语料库学到相识或者相近的"象"时，在语义上它们总相识。word2vec 采用的模型有 CBOW 模型和 Skip-gram 两种。

1. CBOW 模型

CBOW 模型是在自然语言处理和信息检索（Information Retrieval，IR）下被简化的表达模型。在该模型下，句子可以用一个袋子装着这些词的表现方式，这种表现方式不考虑文法和词的顺序。CBOW 模型被广泛应用于文件分类中，词出现的频率可以用来当作训练分类器的特征。关于"词袋"的由来可追溯到泽里格·哈里斯于 1954 年在 *Distributional Structure* 发表的文章，读者可自行查阅。

2. Skip-gram

Skip-gram 是一个简单却非常实用的模型。在自然语言处理中，语料的选取是一个相当重要的问题：第一，语料必须充分。一方面词典的词量要足够大，另一方面要尽可能多地包含反映词语之间关系的句子，例如，只有"鸟在空中飞"这种句式在语料中尽可能多，模型才能够学习到该句中的语义和语法关系，这和人类学习自然语言是一个道理，重复的次数多了，也就会模仿了。第二，语料必须准确。也就是说所选取的语料能够正确反映该语言的语义和语法关系，这一点似乎不难做到，例如，中文里，《人民日报》的语料就比较准确。但是，更多的时候，并不是语料的选取引发了对准确性问题的担忧，而是处理的方法。n 元模型中，因为窗口大小的限制，导致超出窗口范围的词语与当前词之间的关系不能被正确地反映到模型中，如果单纯扩大窗口大小又会增加训练的复杂度。Skip-gram 的提出很好地解决了这些问题。顾名思义，Skip-gram 就是"跳过某些符号"，例如，句子"中国女足踢得真是太赞了"有 4 个三元词组，分别是"中国女足踢得""女足踢得真是""踢得真是太赞了""真是太赞了"，这个句子的本意就是"中国女足太赞"，可是上述 4 个三元词组并不能反映出这个信息。Skip-gram 却允许某些词被跳过，因此可以组成"中国女足太赞"这个三元词组。

通过训练，word2vec 可以将文本内容的处理简化为 K 维向量空间中的向量运算，并且向量空间中的相似度也可以用来表达文本的语义相似度。因此，word2vec 输出的词向量可用于许多与自然语言处理有关的任务，如聚类、找同义词、词性分析等。但是，很多其他降维或主题模型在一定程度上也可以达到相似的效果，而 word2vec 只有少数例子完美符合这种加减法操作，并非所有例子都令人满意。

词向量的评价可以分为两种：

（1）将词向量集成到系统中以提高整个系统的准确性。

（2）从语言学的角度分析词向量，如句子相似度分析、语义偏移等。

另外，好的词向量对于整个自然语言处理系统非常有价值，尤其对基于 LSTM 算法的深度学习的中文分词、词性标注、实体命名等，在实际应用中表现了出色的性能。

10.1.3 词向量模型

一个典型的神经网络是一个包含 4 个层次的结构，包括输入层（Input Layer）、投影层（Projection Layer）、隐藏层（Hidden Layer）和输出层（Output Layer），如图 10-1 所示。

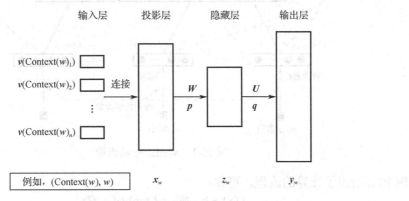

图 10-1 一个典型的神经网络

图 10-1 对应的算法流程为：首先为每个词关联一个特征向量，其次用特征向量来表示词组序列的概率函数，最后使用词组数据来学习特征向量和概率函数的参数。下面对以上内容进行简要说明：

（1）第一步相对简单，对于每个词，随机初始化一个特征向量。

（2）第二步是设计神经网络，本书后续有相应的介绍。

（3）第三步是通过数据训练神经网络，以获得合理的特征向量和神经网络参数。具体步骤是，首先使用前向传播来计算输出，其次使用 BP 算法来计算导数得到结果。

通过以上步骤，可获得压缩特征向量和训练好的神经网络参数。压缩特征向量将显示一些有趣的特征，例如，向量（鸡）与向量（鸭）比较接近，向量（皇后）+向量（男人）和向量（皇帝）则较接近。通过这种把词转化为向量的方式，可以进行分类、聚类等分析。

一个好的目标模型表达式为

$$f(w_t, w_{t-1}, \cdots, w_{t-n+1}) = P(w_t, w_l^{t-1})$$

满足的约束条件为

$$f(w_t, w_{t-1}, \cdots, w_{t-n+1}) > 0$$

$$\sum_{i+1}^{|V|} f(w_t, w_{t-1}, \cdots, w_{t-n+1}) = 1$$

在图 10-2 中，每个输入词都映射到一个用 C 表示的向量，即 $C(w_{t-1})$ 是 w_{t-1} 的词向量。网络最后输出的是第 i 个元素表示概率 $P(w_t = i | w_l^{t-1})$ 的向量。训练的目标函数是最大化对数似然（log-likelihood），即目标为最大似然加正则项，其定义为

$$L = \frac{1}{T}\sum_t \log f(w_t, w_{t-1}, \cdots, w_{t-n+1}; \theta) + R(\theta)$$

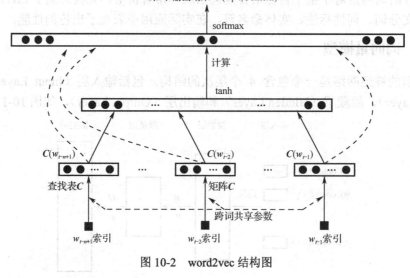

图 10-2　word2vec 结构图

图 10-2 给出了计算的流程，可知：

$$f(x) = b + Wx + U\tanh(d + Hx)$$

式中：$\tanh(x) = \dfrac{e^x - e^{-x}}{e^x + e^{-x}}$。神经网络的输入是 $w_t, w_{t-1}, \cdots, w_{t-n+1}$，通过映射矩阵 C，得到每个词相应的向量化 $C(w_t)$。每次训练，将输入 $w_t, w_{t-1}, \cdots, w_{t-n+1}$ 合并为一个向量，得到新的输入 $x = (C(w_t), C(w_{t-1}), \cdots, C(w_{t-n+1}))$。

因为输出结果可能会大于 1，所以最后增加了一层 softmax 层：

$$P(w_t \mid w_{t-1}, \cdots, w_{t-n+1}) = \frac{e^{y_{wj}}}{\sum_i e^{y_i}}$$

式中：i 表示词 w 在词典中的索引。整个运算过程中先计算前向，分为两步：

$$a = d + Hx$$
$$f(x) = b + Wx + U\tanh(a)$$

然后计算：

$$
\begin{cases}
\dfrac{\partial f(x)}{\partial b} = 1 \\[2mm]
\dfrac{\partial f(x)}{\partial W} = x \\[2mm]
\dfrac{\partial f(x)}{\partial U} = a \\[2mm]
\dfrac{\partial f(x)}{\partial d} = \dfrac{\partial f(x)}{\partial a}\dfrac{\partial a}{\partial d} = U(1 - a^2) \times 1 \\[2mm]
\dfrac{\partial f(x)}{\partial H} = \dfrac{\partial f(x)}{\partial a}\dfrac{\partial a}{\partial H} = U(1 - a^2) \times x
\end{cases}
$$

10.1.4　CBOW 和 Skip-gram

CBOW 和 Skip-gram 是在 word2vec 中用于将文本进行向量表示的实现方法，得到的词向量为目标的模型，如图 10-3 所示。

在 CBOW/Skip-gram 中，目标词 w 是一个词串联的词而不是最后一个词，其拥有的上下文为前后各 m 个词 $w_{t-m}, \cdots, w_{t-1}, w_{t+1}, \cdots, w_{t+m}$；而 NPLM 基于 n-gram，相当于目标词汇只有上文。

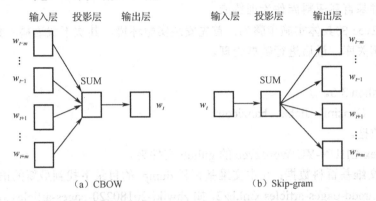

图 10-3　CBOW 和 Skip-gram

图 10-3（a）中，周围的词向量作为输入，当前的词向量作为输出，即通过上下文来预测当前词。

CBOW 包括输入层、投影层和输出层（无隐藏层），其基本计算流程如下：

（1）随机生成所有单词的词向量矩阵，每一行都对应一个单词的向量。

（2）从矩阵中提取某一个单词（中心词）的周边单词词向量。

（3）求周边单词词向量的均值向量。

（4）在该均值向量上用 logistic regression（一个函数方法）训练，激活函数用 softmax。

（5）期望回归得到的概率向量能与真实的概率向量相匹配。

CBOW 使用周围的词来预测其他词；而 Skip-gram 则相反，它用中心词来预测周围的词，即根据当前词来预测周围的词。图 10-3（b）的 Skip-gram 模型主要包含三个部分：输入层、投影层和输出层。输入层只有当前词向量；投影层由于没有上下文，因此只能将 w 投影到 w，为一个恒等映射；输出层是一棵 Huffman 树。

10.2　训练词向量实践

word2vec 算法通过训练将每个语词（word）映射到 K 维的向量空间，然后基于这个词向量进行聚类，找到近似词以及词性分析等相关的应用。本节主要介绍如何用编码来使用 Gensim 版本的 word2vec，包括代码、数据集、在线资源、可视化方法等。

使用 word2vec 算法的基本系统配置如下：

（1）Windows Original：cygwin。

（2）C++11：VS2013 Linux/Mac OS。

（3）任意版本的 word2vec。

使用 word2vec 需要大规模的语料库（至少 GB 级别），还需要对这些语料进行一定的预处理，使其变为精准的分词以提升训练效果。当前国内有很多商业公司和学术机构提供了大规模的中文语料：

（1）中文维基百科语料，解压后有 5.7GB 左右的 xml 文件，包含标题、分类、正文等。

（2）搜狗实验室的搜狗 SouGouT，压缩前的大小超过 5TB，压缩后大概 465GB，数据格式为网页原版。

这种语料库需要大规模的机器运算，一般只有研究机构和大公司才有能力去做相关训练。这里使用中文维基百科语料库作为训练库。

使用 word2vec 的具体实施步骤为：首先安装实验环境，其次下载语料库数据及 Jieba 字典，再次载入相关库，最后进行数据处理。

（1）安装。

● 安装 Python 3.6。

● 安装库：Gensim、Jieba、hanziconv。

（2）下载数据。

● 下载 Alex-CHUN-YU/Word2vec 的 github 文件夹。

● 下载中文维基百科数据：在中文维基百科 dump 的目录下找到最新的语料库数据压缩包 zhwiki-yyyymmdd-pages-articles.xml.bz2，如 zhwiki-20180220-pages-articles.xml.bz2 (1.4GB) 在 "word2vec/data" 的子目录下。

● 下载 Jieba 字典：以 "Download ZIP" 的方式下载 Jieba，解压后将 "extra_dict" 整个目录复制到 "word2vec/model" 子目录下。

（3）载入相关库。

载入相关库代码如下：

```
pip install   hanziconv

#暂时关掉一些警告信息
import warnings
warnings.filterwarnings('ignore')

#Utilities 相关库
import os
import numpy as np
import mmap
from tqdm import tqdm

#可视化相关库
import jieba
from gensim.corpora import WikiCorpus
from gensim.models import word2vec
from hanziconv import HanziConv
import matplotlib.pyplot as plt
```

以下是数据处理的步骤。

（1）参数设置。

参数设置的代码如下：

```
#文档的根目录路径
ROOT_DIR = os.getcwd()

#训练/验证用的文档路径
DATA_PATH = os.path.join(ROOT_DIR, "data")

#模型目录
MODEL_PATH = os.path.join(ROOT_DIR, "model")

#设定 Jieba 自定义字典路径
JIEBA_DICTFILE_PATH = os.path.join(MODEL_PATH,"extra_dict", "dict.txt.big")

#设定字典
jieba.set_dictionary(JIEBA_DICTFILE_PATH)
```

（2）获取 corpus 语料。

由于 word2vec 是基于无监督式学习，语料涵盖得越全面，训练出来的结果越好。这里采用的是维基百科于 2018/02/20 发布的语料库数据压缩包，共有 309 602 篇文章。维基百科会定期更新备份数据，如果 2018 年 8 月 20 日的备份数据被删除了，可以前往维基百科数据库下载挑选更近期的数据。注意，应下载以 pages-articles.xml.bz2 结尾的备份数据，而不是以 pages-articles-multistream.xml.bz2 结尾的备份数据，否则会在清理上出现一些异常，无法正常解析文章。

使用 WikiCorpus 读取语料后，由 get_texts 可迭代每一篇 wikimedia 的文章，它回传的是一个令牌列表（tokens list），以空白符将这些令牌（token）串接起来，统一输出到同一份文本文件里。注意，get_texts 受 WikiCorpus 包中自带文件 wikicorpus.py 中的变量 ARTICLE_MIN_WORDS 的限制，只会回传内容长度大于 50 的文章。取得语料（Corpus）的代码实现如下：

```
#下载 wiki 数据集并提取，且将 xml 文件转换成 plaintext.txt
wiki_articles_xml_file = os.path.join(DATA_PATH, "zhwiki-20180220-pages-articles.xml.bz2")
wiki_articles_txt_file = os.path.join(DATA_PATH, "zhwiki_plaintext.txt")

#使用 WikiCorpus 读取 wiki xml 中的语料
wiki_corpus = WikiCorpus(wiki_articles_xml_file, dictionary = {})

#迭代提取出来的词汇
with open(wiki_articles_txt_file, 'w', encoding='utf-8') as output:
    text_count = 0
    for text in wiki_corpus.get_texts():
        #将词汇写进文件中备用
        output.write(' '.join(text) + '\n')
        text_count += 1
        if text_count % 10000 == 0:
            print("目前已处理 %d 篇文章" % text_count)

print("简繁转换已完毕，总共处理了 %d 篇文章!"% text_count)
```

（3）进行中文分词与 stopword 移除。

处理完 xml 标签的语料后，再将语料中的每个句子进一步拆解成词语，这个步骤称为分词。中文分词的工具有很多，这里采用的是 Jieba。在 wiki 的中文文档中有简体和繁体混在一起的情形，所以在分词前，还需进行简繁转换。简繁转换代码如下：

```python
#取得一个文件行数的函数
def get_num_lines(file_path):
    fp = open(file_path, "r+")
    buf = mmap.mmap(fp.fileno(), 0)
    lines = 0
    while buf.readline():
        lines += 1
    return lines
#简体转繁体
wiki_articles_zh_tw_file = os.path.join(DATA_PATH, "zhwiki_zh_tw.txt")

wiki_articles_zh_tw = open(wiki_articles_zh_tw_file, "w", encoding = "utf-8")

#迭代转换成 plaintext 的 wiki 文件，并透过 HanziConv 进行简繁转换
with open(wiki_articles_txt_file, "r", encoding = "utf-8") as wiki_articles_txt:
    for line in tqdm(wiki_articles_txt, total=get_num_lines(wiki_articles_txt_file)):
        wiki_articles_zh_tw.write(HanziConv.toTraditional(line))

print("成功简繁转换!")

wiki_articles_zh_tw.close()
#进行中文分词并同步停用词过滤
stops_word_file = os.path.join(ROOT_DIR, "stopwords.txt")

#stopword 字词集
stopwordset = set()

#读取 stopword 词典，并保存到 stopwordset 中
with open("stopwords.txt", "r", encoding = "utf-8") as stopwords:
    for stopword in stopwords:
        stopwordset.add(stopword.strip('\n'))

#保存分词后的结果
wiki_articles_segmented_file = os.path.join(DATA_PATH, "zhwiki_segmented.txt")
wiki_articles_segmented = open(wiki_articles_segmented_file, "w", encoding = "utf-8")

#迭代转换成繁体的 wiki 文档，并通过 Jieba 来进行分词
with open(wiki_articles_zh_tw_file, "r", encoding = "utf-8") as Corpus:
    for sentence in tqdm(Corpus, total=get_num_lines(wiki_articles_zh_tw_file)):
        #for sentence in Corpus:
        sentence = sentence.strip("\n")
        pos = jieba.cut(sentence, cut_all = False)
```

```
                for term in pos:
                    if term not in stopwordset:
                        wiki_articles_segmented.write(term + " ")

    print("Jieba 分词完毕，并已完成过滤词工序!")
    wiki_articles_zh_tw_file.close()
```

（4）训练向量词。

训练向量词是最简单的部分，同时也是最困难的部分，简单的是程序代码，困难的是词向量效能上的微调与后训练。

相关参数如下。

● sentences：要训练的句子集。

● size：训练出的向量词的维度。

● alpha：机器学习中的学习率，该值会逐渐收敛到 min_alpha。

● sg：sg=1 表示采用 Skip-gram；sg=0 表示采用 CBOW。

● window：向左或向右查看几个字。

● workers：线程数目，建议不超过 4。

● min_count：若一个词出现的次数小于 min_count，则其不会被视为训练对象

训练向量词的实现代码如下：

```
from gensim.models import word2vec

print("word2vec 模型训练中...")

#加载文件
sentence = word2vec.Text8Corpus(wiki_articles_segmented_file)

#设置参数和训练模型
model = word2vec.Word2Vec(sentence, size = 300, window = 10, min_count = 5, workers = 4, sg = 1)

#保存模型
word2vec_model_file = os.path.join(MODEL_PATH, "zhwiki_word2vec.model")

model.wv.save_word2vec_format(word2vec_model_file, binary = True)
print("word2vec 模型已存储完毕")
```

（5）词向量实验。

训练完成后，可以测试模型的效果。由于 Gensim 会读入整个模型，所以内存会消耗很多。模型测试代码如下：

```
from gensim.models.keyedvectors import KeyedVectors

word_vectors = KeyedVectors.load_word2vec_format(word2vec_model_file, binary = True)
print("相似词前 5 排序")
query_list=['校长']
res = word_vectors.most_similar(query_list[0], topn = 5)
for item in res:
```

```
        print(item[0] + "," + str(item[1]))
print("计算 2 个词汇间的 Cosine 相似度")
query_list=['爸爸','妈妈']
res = word_vectors.similarity(query_list[0], query_list[1])
print(res)
query_list=['爸爸','老公','妈妈']
print("%s 之于%s, 如%s 之于" % (query_list[0], query_list[1], query_list[2]))
res = word_vectors.most_similar(positive = [query_list[0], query_list[1]], negative = [query_list[2]], topn = 5)
for item in res:
        print(item[0] + "," + str(item[1]))
```

10.3　RNN

10.3.1　简单 RNN

前面章节提到的自然语言处理的应用，都没有考虑单词的序列信息。针对序列化学习，RNN 通过在原神经网络的基础上添加记忆单元，理论上可处理任意长度的序列，在架构上比一般神经网络更适合处理序列相关的问题。

RNN 和随后的变体 LSTM 都是基于神经网络开发的，RNN 的思想是利用顺序信息。在传统的神经网络中，假设所有输入、输出相互独立。对于许多任务而言，这个假设是非常糟糕的，因为如果要预测序列中的下一个词，最好知道哪些词在它之前。RNN 对序列中的每个元素执行相同的运算，并且每个运算取决于先前的计算结果，所以它是循环的。换个思路，RNN 会记住到目前为止已计算过的所有信息。所以理论上，RNN 可以使用任意长的序列信息，但在实践中其实只能回顾前面几步。例如，假设将电影中的所有推理应用于后续事件，RNN 可以解决这个问题，因为它具有保持信息的循环网络，即具有保持信息的功能。

如图 10-4 所示，神经网络的模块 A 对应输入为 X_t、输出为 h_t。RNN 的循环模式使得信息从网络的上一步传到了下一步。

RNN 的循环使其看起来有些复杂，但若拆开来看，RNN 和普通的神经网络并没有多大区别。RNN 可以看作相同网络的多重叠加结构，每一个网络把消息传给其继承者。RNN 循环体展开示意图如图 10-5 所示。

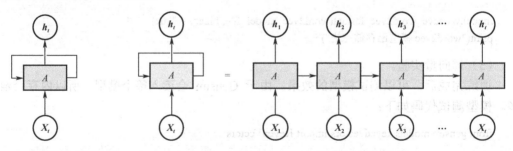

图 10-4　RNN 基本网络单元　　　　　图 10-5　RNN 循环体展开示意图

以上结构表明，RNN 与序列之间有着紧密的联系，且已经被应用到各个领域，具体的实现细节如图 10-6 所示。

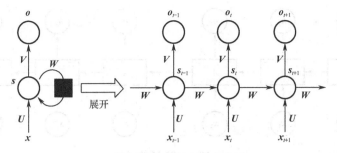

图 10-6　RNN 具体的实现细节

其中：

$$s_t = f(Ux_t + Ws_{t-1})$$
$$y = g(Vs_t)$$

各参数说明如下：

- x_t：t 时刻的输入。
- s_t：t 时刻隐藏状态。
- f：激活函数。
- U,V,W：网络参数，且 RNN 共享同一批网络参数。
- g：激活函数。

展开来看：首先是按时间顺序计算前向传播(Forward Propagation)，其次将反向传播算法用于残差传输。BPTT（Back Propagation Through Time）算法是常用的训练 RNN 的方法，其本质还是 BP 算法，只不过 RNN 处理时间序列数据，所以要基于时间反向传播。

在过去的几年中，RNN 已成功应用于语音识别、机器翻译、图像标注等领域。而取得成功的关键模型之一是 RNN 变体 LSTM，该模型已在情感分析的章节中进行了介绍，这里不再赘述。之所以使用 LSTM，是因为有时仅需要在处理当前任务时查看当前信息。例如，假设有一个语言模型试图根据当前词来预测下一个词。如果尝试预测"中国的首都是北京"的最后一个词，则不需要其他信息（很显然下一个词就是"北京"）。简单来说，如果目标预测的点与其相关信息点之间的间隔较小，则 RNN 可以学习使用过去的信息。

而人类的推理可以追溯到更遥远的信息。在大多数情况下，更多的上下文信息更有助于进行推断。例如，预测："我出生在中国，成长在中国，因而我的母语是汉语"的最后一句话，下个词似乎是一种语言名称，但是如果想缩小确定语言类型的范围，则需要更早之前的"汉语"对应的上下文。此外，要预测的点与其相关点之间的间隔可能会变得非常大，如图 10-7 所示。间隔越大，RNN 越难学习到过往久远的信息，如图 10-8 所示。

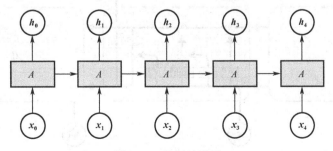

图 10-7　长短时示例

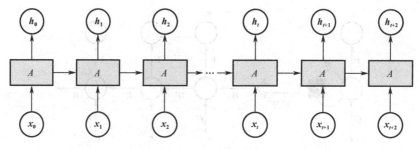

图 10-8　RNN 的限制

10.3.2　LSTM 网络

1．LSTM 的基本结构

LSTM 是一种特殊的 RNN，可以学习长期依赖关系。它是由 Hochreiter 和 Schmidhuber 在 1997 年提出的，后来得到了改进和推广。在许多问题上，LSTM 取得了巨大的成功，并被广泛使用。LSTM 专门用于避免长期依赖的问题，记忆长期信息是 LSTM 的默认行为。链式重复模块神经网络（如图 10-9 所示）存在于所有的 RNN 中，此重复模块具有非常简单的结构。

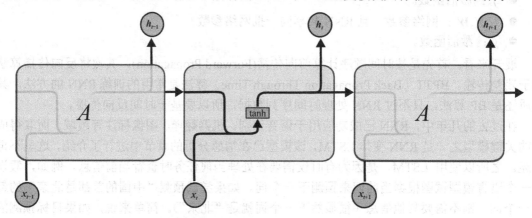

图 10-9　链式重复模块神经网络

LSTM 也具有链式结构，但其重复的模块结构不同。与单独的神经网络层不同的是，LSTM 具有 4 个以特殊方式交互的神经网络层，如图 10-10 所示。

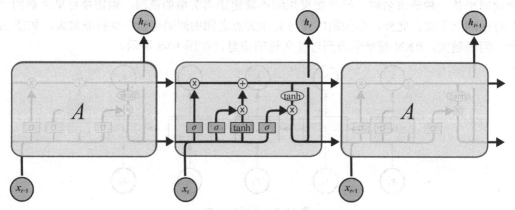

图 10-10　LSTM 的链式结构图

LSTM 的关键是单元状态，如图 10-11 中上方的水平线所示。单元状态如同传送带，从头到尾沿着整个链条运行，其间只有很少的线性交互，信息很容易流动并保持不变。

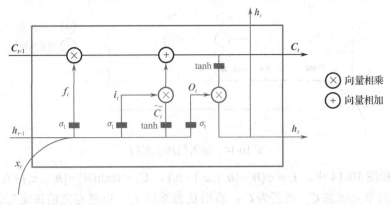

图 10-11　LSTM 的单元状态

LSTM 通过门（Gate）结构添加或删除单元状态的信息。门可以选择性地使信息通过，它们由 S 形神经网络层（sigmoid 层）和逐点乘法运算组成，如图 10-12 所示。

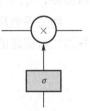

sigmoid 层的输出范围为[0,1]，它表示每个成分通过的程度。0 表示"不让任何东西通过"；1 表示"让所有东西通过"。

LSTM 有三种门来保护和控制单元状态，分别为遗忘门、输入门和状态门。LSTM 的控制操作步骤如下：

图 10-12　门结构

第一步，被称为"遗忘门"的 sigmoid 层决定 LSTM 从单元中丢弃的信息，它将 h_{t-1} 作为 x_t 的输入，并以 C_{t-1} 单位输出介于 0 和 1 之间的数字，"1"表示完全保留，"0"表示完全遗忘。可以使用此模型尝试根据先前的词学习来预测下一个词。在此问题中，单元状态包括当前主语的性别，但是当有一个新主题时，希望它可以忘记先前主语的性别，如图 10-13 所示。其中，$f_t = \sigma(W_f \cdot [h_{t-1}, x_t] + b_f)$。

第二步，确定在单元中存储哪种信息。首先，称为"输入门"的 sigmoid 层确定更新哪些值；其次，tanh 层创建一个新的候选向量 C，并将其添加到状态机中；最后，将两者结合起来以生成状态更新。在语言模型示例中，希望将新主语的性别添加到状态中，以替换希望忘记的旧主语的性别，如图 10-14 所示。

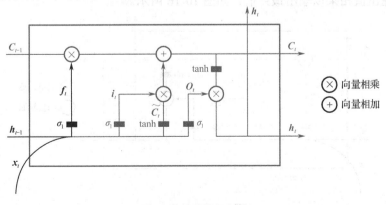

图 10-13　遗忘门部分

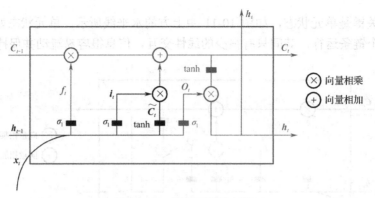

图 10-14　输入门和状态门

图 10-13 和图 10-14 中，$i_t = \sigma(W_i \cdot [h_{t-1}, x_t] + b_i)$，$\widetilde{C}_t = \tanh(W_C \cdot [h_{t-1}, x_t] + b_C)$。

第三步，旧单元状态 C_{t-1} 更新为 C；将旧状态乘以 f_t，以遗忘之前决定忘记的信息；然后添加 $i_t \cdot \widetilde{C}_t$，这是新的候选值。

缩放系数根据决定更新状态的数量来设置，在语言模型中，以下是丢弃旧主语性别信息并添加新信息的地方，如图 10-15 所示。

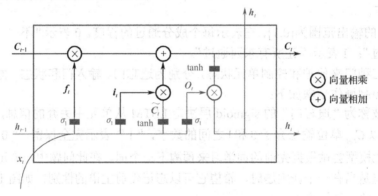

图 10-15　状态更新

图 10-15 中，$C_t = f_t \cdot C_{t-1} + i_t \cdot C_t$。

第四步，决定输出什么，单元状态确定输出的值。首先使用 sigmoid 层来决定要输出单元状态的哪一部分；其次使用 tanh 处理单元状态（将状态值映射到[−1,1]间）；再次将其与sigmoid 门的输出值相乘以输出最终值，如图 10-16 所示。

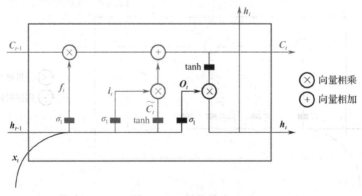

图 10-16　最终输出

图 10-16 中，$O_t = \sigma(W_O \cdot [h_{t-1}, x_t] + b_O)$，$h_t = O_t \cdot \tanh(C_t)$。

2. LSTM 的变体形式

前面描述的都是通用型 LSTM，LSTM 还有许多其他形式，它们之间有着细微的差异。Gers 和 Schmidhuber 于 2000 年提出了流行的 LSTM 变体，增加了窥孔连接（Peephole Connection），如图 10-17 所示，所有的门都加上了窥视孔。

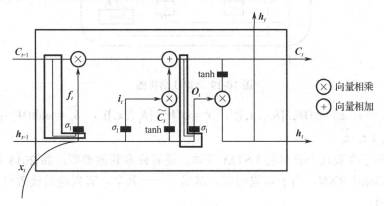

图 10-17　窥孔连接结构图

图 10-17 中，$f_t = \sigma(W_f \cdot [C_{t-1}, h_{t-1}, x_t] + b_f)$，$i_t = \sigma(W_i \cdot [C_{t-1}, h_{t-1}, x_t] + b_i)$，$O_t = \sigma(W_O \cdot [C_t, h_{t-1}, x_t] + b_O)$。

另一个变体是使用配对的遗忘门和输入门。与前面分别决定遗忘与添加信息不同，该变体需要同时决定两者，需要输入内容时才忘记，如图 10-18 所示。其中，$C_t = f_t \cdot C_{t-1} + (1 - f_t) \cdot \widetilde{C}_t$。

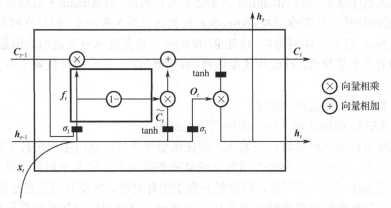

图 10-18　配对遗忘门和输入门结构图

LSTM 的一个更好的变体是 Cho 等人于 2014 年提出的门控循环单元（Gated Recurrent Unit，GRU）。该模型将输入门和遗忘门组合到单个"更新门"中。同时，细胞状态和隐含状态被合并，还进行了其他一些修改。因此，该模型比标准 LSTM 简单，并且变得越来越流行，如图 10-19 所示。

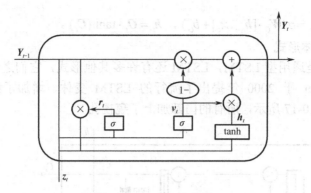

图 10-19　GRU 结构图

图 10-19 中，$z_t = \sigma(W_z \cdot [h_{t-1}, x_t])$，$r_t = \sigma(W_r \cdot [h_{t-1}, x_t])$，$\widetilde{h}_t = \tanh(W_h \cdot [r_t \cdot h_{t-1}, x_t])$，$h_t = (1 - z_t) \cdot h_{t-1} + z_t \cdot \widetilde{h}_t$。

以上只列举了少数几个著名的 LSTM 变体。还有许多其他类型，如 2015 年由 Yao 等人提出的 Depth Gated RNN，由于篇幅问题，这里不一一列举，有兴趣的读者可以自行查阅相关资料进行学习。

GRU 具有模型简化、参数较少、拟合能力较弱等特点，适用于小规模和不太复杂的数据集；而 LSTM 具有较多参数和很强的拟合能力，适用于大规模和高度复杂的数据集。

Greff 将各种著名的 LSTM 变体进行了对比研究，发现其性能基本相同。Jozefowicz 等人也在 2015 年测试了 10 000 多个 RNN 结构，发现了一些在某些任务上表现良好的模型。

10.3.3　Attention 机制

基于人类大脑注意机制的 Attention 机制是非常松散的，但 Attention 机制是深度学习的最新趋势。在神经网络特别是图像领域，Attention 机制具有悠久的历史。但是直到最近，Attention 机制才被引入 NLP 的 LSTM 网络中，这让 RNN 的每一步都能从更大范围的信息中进行选择。Attention 机制的基本思想是，打破传统编码器-解码器结构，在编码时依赖于内部固定长度向量的限制。

Attention 机制的实现由两步组成：

（1）保留 LSTM 编码器输入序列的中间输出结果。

（2）训练模型选择性地学习这些输入，并在模型输出时将输出序列与其关联。

换个角度来看，输出序列中每个项的生成概率都取决于在输入序列中选择了哪些项目。尽管这样做会增加模型的计算负担，但会提升模型的针对性，并使其拥有更好的性能。此外，该模型还可以显示预测输出序列时如何关注输入序列，这将帮助理解和分析模型所关注的内容，以及了解、关注特定输入输出对的程度。所以，Attention 机制在文本翻译、图像描述、语义蕴含、语音识别、文本摘要等都有广泛的应用。

1．文本翻译

给定一个法语句子的输入序列，将它翻译并输出英文句子，这一过程就是文本翻译。Attention 机制用于观察输入序列中与输出序列每一个词相对应的具体单词：在生成目标词时，Attention 机制使模型搜索一些输入单词或由编码器计算得到的单词标注，用于扩展基本的编码器-解码器结构，从而模型不用再将整个源句子编码为一个固定长度的向量，还能使模型聚焦在下一个目标词相关信息上。

2. 图像描述

基于序列的 Attention 机制可以应用在计算机视觉问题上，帮助卷积神经网络重点关注图片的一些局部信息来生成相应的序列。如给定一幅输入图像，输出该图像的英文描述。Attention 机制用于关注与输出序列中的每一个词相关的局部图像。

3. 语音识别

输入一个英文语音片段，输出一个音素序列，这一过程就是语音识别。Attention 机制被用来关联输出序列中的每一个音素和输入序列中特定的语音帧。语音识别是一种综合的应用技术，属于跨学科、跨领域的应用型研究。

4. 文本摘要

输入一段文章，输出输入序列的一段文本总结，这一过程被称为提取文本摘要。Attention 机制被用来关联摘要文本中的每一个词语与源文本中的对应单词。从文本开始，进行语法分析、词法分析、语义分析和其他自然语言理解的过程，得到相应文本的知识模型，然后在此基础上进行知识推理和文摘生成，最后获得文本摘要。文本摘要广泛应用于书籍、情报、资料和其他领域，在现代网络信息访问中具有不可估量的实际应用价值。当前，有许多自动文摘工具可用，如 IBM 的沃森系统。

10.4 seq2seq 模型与实战

10.4.1 seq2seq 模型

对于某些自然语言处理任务，传统方法需要高度完善候选集，从而从候选集中选择答案。随着近年来深度学习的不断发展，国内外学者已将深度学习技术应用于自然语言生成和自然语言理解中，并取得了成果。Encoder-Decoder（编码器-解码器）是过去两年 NLG 和 NLU 中使用最广泛的方法。但是，由于语言本身的复杂性，目前尚没有能够真正解决 NLG 和 NLU 问题的模型。Encoder-Decoder 的基本结构如图 10-20 所示。

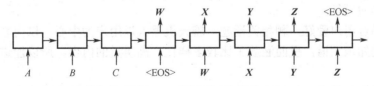

图 10-20　Encoder-Decoder 的基本结构

图 10-20 是在时间维度中打开的 Encoder-Decoder 模型。其中，*ABC* 为输入序列；*WXYZ* 是输出序列（也是输出向量）；<EOS>是句子结束符。两个 RNN 组成了图 10-20 中的模型：

● 第一个 RNN 接收输入序列 *ABC*，并在读取<EOS>时终止输入，然后输出一个向量作为输入序列 *ABC* 的语义表示向量，该过程称为"编码"；

● 第二个 RNN 接收第一个 RNN 生成的输入序列的语义向量，并且时刻 t 的输出词概率与前一个时刻 $t-1$ 的输出相关。

Encoder-Decoder 模型的数学表达式如下。

1．Encoder

Encoder 直接使用 RNN（一般为 LSTM）进行语义向量生成：

$$h_t = f(x_t, h_{t-1})$$
$$c = \phi(h_1, \cdots, h_t)$$

式中：f 是非线性激活函数；h_{t-1} 是上一隐节点的输出（向量）；x_t 是当前时刻 t 的输入。向量 c 一般为 RNN 中的最后一个隐节点（h，hiddenstate），或者是多个隐节点的加权和。

2．Decoder

Decoder 过程是使用另一个 RNN，通过当前隐节点 h_t 的输出来预测对应的输出符号 y_t，h_t 和 y_t 都与前一个隐节点和输出有关：

$$h_t = f(h_{t-1}, y_{t-1}, c)$$
$$P(y_t \mid y_{t-1}, c) = g(h_t, y_{t-1}, c)$$

10.4.2　实战 seq2seq 问答机器人

seq2seq 是谷歌在 GitHub 上开源的项目，这里使用 TensorFlow 推出的 dynamic_rnn 的 seq2seq 模型。

问答系统本质上是一个信息检索系统，它从文本中获取更多的信息，返回更加精准的答案。传统的问答系统将按照以下的流程工作：①问题解析；②信息检索；③答案抽取。

典型的问答系统就是聊天机器人，是一种自动问答系统。它模仿人的语言习惯，通过模式匹配的方式来寻找答案。在它们的对话库中存放着很多句型、模板，对于知道答案的问题，往往回答比较人性化；而对于不知道答案的问题，则通过猜测、转移话题，或者回答不知道的方式回复。

聊天机器人主要解决以下 4 个问题：

（1）怎么让机器人能听懂你的话并想出应该回复什么。针对内容为导向的对话，系统中有内容管理模块，会在网上爬取信息，然后选取相关内容进行对话。

（2）怎样进行开放式的话题，让聊天一直持续下去。在开放式话题上，机器人需要涵盖很广的内容，并且需要区分领域和话题；会首要响应用户的需求，同时将内容推荐作为潜在任务来推进对话的进行。

（3）怎样贴合用户爱好，聊相关话题。聊天机器人以用户为中心，以内容为导向，构建了为对话设计的知识图谱，里面涵盖了比较多样化、高质量的内容，所以能进行一些风格多样化的对话。

（4）面对多样的用户，如何使各种用户都满意。根据对话的历史以及内容的属性来选取最优的策略进行对话，通过心理学的问题来了解用户的性格，从而更好地进行内容推荐。

聊天机器人的基本实现过程如下：用户输入数据→分析用户意图→抓取关键参数→匹配最佳回答→输出回答。以下为一个聊天机器人的实验案例，可以根据用户当前输入的问题自动应答，形成一个有效的问答对话系统。具体过程及主要代码如下。

1．安装

安装 Python 3.6.5。

安装库：Gensim 3.8.3、Jieba 0.42.1、TensorFlow 1.5.0。

2．载入主函数相关库

具体代码如下：

```
import os
import sys
import math
import time

import numpy as np
import tensorflow as tf

import data_utils
import s2s_model
```

3. 设置参数

设置训练（测试）数据路径、学习率、批量训练大小等，代码如下：

```
from random import randint
tf.app.flags.DEFINE_float(
    'learning_rate',
    0.0003,
    '学习率'
)
tf.app.flags.DEFINE_float(
    'max_gradient_norm',
    5.0,
    '梯度最大阈值'
)
tf.app.flags.DEFINE_float(
    'dropout',
    1.0,
    '每层输出 DROPOUT 的大小'
)
tf.app.flags.DEFINE_integer(
    'batch_size',
    64,
    '批量梯度下降的批量大小'
)
tf.app.flags.DEFINE_integer(
    'size',
    512,
    'LSTM 每层神经元数量'
)
tf.app.flags.DEFINE_integer(
    'num_layers',
    2,
    'LSTM 的层数'
)
tf.app.flags.DEFINE_integer(
    'num_epoch',
```

```
            5,
            '训练几轮'
)
tf.app.flags.DEFINE_integer(
            'num_samples',
            512,
            '分批 softmax 的样本量'
)
tf.app.flags.DEFINE_integer(
            'num_per_epoch',
            1000,
            '每轮训练多少随机样本'
)
tf.app.flags.DEFINE_string(
            'buckets_dir',
            './bucket_dbs',
            'sqlite3 数据库所在文件夹'
)
tf.app.flags.DEFINE_string(
            'model_dir',
            './model',
            '模型保存的目录'
)
tf.app.flags.DEFINE_string(
            'model_name',
            'model4',
            '模型保存的名称'
)
tf.app.flags.DEFINE_boolean(
            'use_fp16',
            False,
            '是否使用 16 位浮点数（默认 32 位）'
)
tf.app.flags.DEFINE_integer(
            'bleu',
            -1,
            '是否测试 bleu'
)
tf.app.flags.DEFINE_boolean(
            'test',
            False,
            '是否在测试'
)

FLAGS = tf.app.flags.FLAGS
buckets = data_utils.buckets
```

4. 定义函数

1）定义建立模型函数

建立模型函数代码如下：

```python
def create_model(session, forward_only):
    #建立模型
    dtype = tf.float16 if FLAGS.use_fp16 else tf.float32
    model = s2s_model.S2SModel(
        data_utils.dim,
        data_utils.dim,
        buckets,
        FLAGS.size,
        FLAGS.dropout,
        FLAGS.num_layers,
        FLAGS.max_gradient_norm,
        FLAGS.batch_size,
        FLAGS.learning_rate,
        FLAGS.num_samples,
        forward_only,
        dtype
    )
    return model
#定义 seq2seq 模型，新建 s2s_model.py
class S2SModel(object):
    def __init__(self,
                 source_vocab_size,
                 target_vocab_size,
                 buckets,
                 size,
                 dropout,
                 num_layers,
                 max_gradient_norm,
                 batch_size,
                 learning_rate,
                 num_samples,
                 forward_only=False,
                 dtype=tf.float32):
        #变量初始化
        self.source_vocab_size = source_vocab_size
        self.target_vocab_size = target_vocab_size
        self.buckets = buckets
        self.batch_size = batch_size
        self.learning_rate = learning_rate

        #初始化 LSTM 单元
        cell = tf.contrib.rnn.BasicLSTMCell(size)
        cell = tf.contrib.rnn.DropoutWrapper(cell, output_keep_prob=dropout)
```

```python
cell = tf.contrib.rnn.MultiRNNCell([cell] * num_layers)

output_projection = None
softmax_loss_function = None

#如果词源太大，但还是按照词源来采样，内存会爆
if num_samples > 0 and num_samples < self.target_vocab_size:
    print('开启投影：{}'.format(num_samples))
    w_t = tf.get_variable(
        "proj_w",
        [self.target_vocab_size, size],
        dtype=dtype
    )
    w = tf.transpose(w_t)
    b = tf.get_variable(
        "proj_b",
        [self.target_vocab_size],
        dtype=dtype
    )
    output_projection = (w, b)

    def sampled_loss(labels, logits):
        labels = tf.reshape(labels, [-1, 1])
        #因为之前使用 fp16 进行训练，这里可转换为 fp32
        local_w_t = tf.cast(w_t, tf.float32)
        local_b = tf.cast(b, tf.float32)
        local_inputs = tf.cast(logits, tf.float32)
        return tf.cast(
            tf.nn.sampled_softmax_loss(
                weights=local_w_t,
                biases=local_b,
                labels=labels,
                inputs=local_inputs,
                num_sampled=num_samples,
                num_classes=self.target_vocab_size
            ),
            dtype
        )
    softmax_loss_function = sampled_loss

#seq2seq_f
def seq2seq_f(encoder_inputs, decoder_inputs, do_decode):
    #Encoder。先将 cell 进行深层复制，因为均使用 seq2seq 的两个相同模型，但是模型参数
    #不共享，所以 Encoder 和 Decoder 要使用两个不同的 RnnCell 类
    tmp_cell = copy.deepcopy(cell)

    #cell：RNNCell 类，常见的一些 RNNCell 定义都可以用
```

#num_encoder_symbols: 数据源的 vocab_size 大小，用于 embedding 矩阵定义
#num_decoder_symbols: 目标数据的 vocab_size 大小，用于 embedding 矩阵定义
#embedding_size: embedding 向量的维度
#num_heads: Attention 头的个数，即使用多少种 Attention 的加权方式，用更多的参数来
#求出几种 Attention 向量
#output_projection: 输出的映射层，因为解码输出的维度是 output_projection，所以要得
#到 num_decoder_symbols 对应的词还需要增加一个映射层，参数是 W 和 B，W:[output_
#projection, num_decoder_symbols], B:[num_decoder_symbols]
#feed_previous: 是否将上一时刻的输出作为下一时刻的输入，测试时一般置为 True，此
#时 decoder_inputs 除第一个元素外其他元素都不会使用
return tf.contrib.legacy_seq2seq.embedding_attention_seq2seq(
        encoder_inputs,#输入序列的张量
        decoder_inputs,#需要解码的输入数据
        tmp_cell,#自定义的 cell，可以是 GRU/LSTM，设置 multilayer（多分子层）等
        num_encoder_symbols=source_vocab_size,#输入词库的大小 6000，编码阶段字典的维度
        num_decoder_symbols=target_vocab_size,#输入词库的大小 6000，解码阶段字典的维度
        embedding_size=size,#embedding 维度,512
        num_heads=20, #选 20 个精确度会提高
                        #num_heads 就是 Attention 机制，选一个就是一个头去连，选 5 个就
                        #是 5 个头去连
                        #因为上下句之间，对应关系无法确定，所以可以变动
        output_projection=output_projection,#若不设定，则输出维数可能很大（取决于词表大
                                            #小）；若设定，则投影到一个低维向量
        feed_previous=do_decode,
        dtype=dtype
)

#输入
self.encoder_inputs = []
self.decoder_inputs = []
self.decoder_weights = []
#encoder_inputs 列表对象中的每一个元素表示一个占位符，其名字分别为 encoder0,
#encoder1,…,encoder39，encoder{i}的几何意义是编码器在时刻 i 的输入
#buckets 中的最后一个是最大的（即第"-1"个）
#name: 可选，默认为"model_with_buckets"
for i in range(buckets[-1][0]):
    self.encoder_inputs.append(tf.placeholder(
        tf.int32,
        shape=[None],
        name='encoder_input_{}'.format(i)
    ))
#输出比输入大 1，这是为了保证下面的目标数据可以向左移 1 位
for i in range(buckets[-1][1] + 1):
    self.decoder_inputs.append(tf.placeholder(
        tf.int32,
        shape=[None],
        name='decoder_input_{}'.format(i)

```
                ))
            self.decoder_weights.append(tf.placeholder(
                dtype,
                shape=[None],
                name='decoder_weight_{}'.format(i)
            ))
#将需要解码的输入数据移动一位
targets = [
    self.decoder_inputs[i + 1] for i in range(buckets[-1][1])
]
#同语言模型类似，targets 变量需要解码的输入数据平移一个单位的结果
#encoder_inputs：Encoder 的输入，一个张量的列表。列表中每一项都是编码时的一个词
# （batch）
#decoder_inputs：Decoder 的输入，同上
#targets：目标值，与 decoder_inputs 只相差一个<EOS>符号，int32 型
#buckets：定义的 bucket 值，是一个列表[(5,10),(10,20),(20,30)…]
#seq2seq_f：定义好的 seq2seq 模型，可以使用已经介绍的 embedding_attention_seq2seq、
#embedding_rnn_seq2seq、basic_rnn_seq2seq 等
#softmax_loss_function：计算误差的函数，参数为(labels, logits)，默认为 sparse_softmax_cross_
#entropy_with_logits
#测试阶段
if forward_only:
    self.outputs, self.losses = tf.contrib.legacy_seq2seq.model_with_buckets(
        self.encoder_inputs,
        self.decoder_inputs,
        targets,
        self.decoder_weights,
        buckets,
        lambda x, y: seq2seq_f(x, y, True),
        softmax_loss_function=softmax_loss_function
    )
    if output_projection is not None:
        for b in range(len(buckets)):
            self.outputs[b] = [ tf.matmul(output, output_projection[0] ) + output_projection[1]
                                for output in self.outputs[b]    ]
            #biase = [ tf.matmul(output, output_projection[0] ) + output_projection[1] for output
                      in self.outputs[b]    ]
            #temp = []
            #for output in self.outputs[b]:
                #temp.append( tf.matmul(output, output_projection[0] ) + output_projection[1])
            #self.outputs[b] = temp
#训练阶段
else:
    #将输入长度分成不同的间隔，这样数据在填充时只需要填充到相应的 bucket 长度即可，
    #不需要都填充到最大长度
    #如 buckets 取[(5,10),(10,20),(20,30)…]（每个 bucket 的第一个数字表示源数据填充的长度
    #第二个数字表示目标数据填充的长度，如'我爱你'-->'I love you'，应该会被分配到第一
```

#个 bucket 中
#然后'我爱你'会被划分成长度为 5 的序列，'I love you'会被划分成长度为 10 的序列。即
#每个 bucket 表示一个模型的参数配置）
#这样对每个 bucket 都构造一个模型，然后训练时取相应长度的序列进行，而这些模型将
#会共享参数
#这一部分可以参考现在的 dynamic_rnn 来进行理解，dynamic_rnn 是对每个 batch 的数据
#将其划分至本 batch 中长度最大的样本
#而 bucket 则是在数据预处理环节先对数据长度进行聚类操作。明白了其原理之后我们再
#看一下该函数的参数和内部实现：
#encoder_inputs：Encoder 的输入，一个张量的列表。列表中每一项都是编码时的一个词
#（batch）
#decoder_inputs：Decoder 的输入，同上
#targets：目标值，与 decoder_inputs 只相差一个<EOS>符号，int32 型
#buckets：定义的 bucket 值，是一个列表[(5，10), (10，20),(20，30)...]
#seq2seq_f：定义好的 seq2seq 模型，可以使用后面介绍的 embedding_attention_seq2seq、
#embedding_rnn_seq2seq、basic_rnn_seq2seq 等
#softmax_loss_function: 计算误差的函数，参数为(labels, logits)，默认为 sparse_softmax_
#cross_entropy_with_logits
self.outputs, self.losses = tf.contrib.legacy_seq2seq.model_with_buckets(
    self.encoder_inputs,
    self.decoder_inputs,
    targets,
    self.decoder_weights,
    buckets,
    lambda x, y: seq2seq_f(x, y, False),
    softmax_loss_function=softmax_loss_function
)

params = tf.trainable_variables()
opt = tf.train.AdamOptimizer(
    learning_rate=learning_rate
)

#只有训练阶段才需要计算梯度和参数更新
if not forward_only:
    self.gradient_norms = []
    self.updates = []

    #使用梯度下降法优化
    for output, loss in zip(self.outputs, self.losses):
        gradients = tf.gradients(loss, params)
        clipped_gradients, norm = tf.clip_by_global_norm(
            gradients,
            max_gradient_norm
)
        self.gradient_norms.append(norm)
        self.updates.append(opt.apply_gradients(

```
                    zip(clipped_gradients, params)
            ))
        #self.saver = tf.train.Saver(tf.all_variables())
        self.saver = tf.train.Saver(
            tf.all_variables(),
            write_version=tf.train.SaverDef.V2
        )

    def step(
        self,
        session,
        encoder_inputs,
        decoder_inputs,
        decoder_weights,
        bucket_id,
        forward_only
    ):
        encoder_size, decoder_size = self.buckets[bucket_id]
        if len(encoder_inputs) != encoder_size:
            raise ValueError(
                "Encoder length must be equal to the one in bucket,"
                " %d != %d." % (len(encoder_inputs), encoder_size)
            )
        if len(decoder_inputs) != decoder_size:
            raise ValueError(
                "Decoder length must be equal to the one in bucket,"
                " %d != %d." % (len(decoder_inputs), decoder_size)
            )
        if len(decoder_weights) != decoder_size:
            raise ValueError(
                "Weights length must be equal to the one in bucket,"
                " %d != %d." % (len(decoder_weights), decoder_size)
            )

        input_feed = {}
        for i in range(encoder_size):
            input_feed[self.encoder_inputs[i].name] = encoder_inputs[i]
        for i in range(decoder_size):
            input_feed[self.decoder_inputs[i].name] = decoder_inputs[i]
            input_feed[self.decoder_weights[i].name] = decoder_weights[i]

        #理论上需要解码的输入数据和需要解码的目标数据都是 n 位
        #但实际上，需要解码的输入数据分配了 n+1 位空间
        #输入数据范围是[0, n)，而目标数据范围是[1, n+1)，刚好错开一位
        #最后这一位是没有内容的，所以要补齐最后一位，填充 0
        last_target = self.decoder_inputs[decoder_size].name
        input_feed[last_target] = np.zeros([self.batch_size], dtype=np.int32)
```

```
        if not forward_only:
            output_feed = [
                self.updates[bucket_id],
                self.gradient_norms[bucket_id],
                self.losses[bucket_id]
            ]
            output_feed.append(self.outputs[bucket_id][i])
        else:
            output_feed = [self.losses[bucket_id]]
            for i in range(decoder_size):
                output_feed.append(self.outputs[bucket_id][i])

        outputs = session.run(output_feed, input_feed)
        if not forward_only:
            return outputs[1], outputs[2], outputs[3:]
        else:
            return None, outputs[0], outputs[1:]

    def get_batch_data(self, bucket_dbs, bucket_id):
        data = []
        data_in = []
        bucket_db = bucket_dbs[bucket_id]
        for _ in range(self.batch_size):
            ask, answer = bucket_db.random()
            data.append((ask, answer))
            data_in.append((answer, ask))
        return data, data_in

    def get_batch(self, bucket_dbs, bucket_id, data):
        encoder_size, decoder_size = self.buckets[bucket_id]
        #bucket_db = bucket_dbs[bucket_id]
        encoder_inputs, decoder_inputs = [], []
        for encoder_input, decoder_input in data:
            #encoder_input, decoder_input = random.choice(data[bucket_id])
            #encoder_input, decoder_input = bucket_db.random()
            #把输入句子转化为 ID
            encoder_input = data_utils.sentence_indice(encoder_input)
            decoder_input = data_utils.sentence_indice(decoder_input)
            #Encoder
            encoder_pad = [data_utils.PAD_ID] * ( encoder_size - len(encoder_input)   )
            encoder_inputs.append(list(reversed(encoder_input + encoder_pad)))
            #Decoder
            decoder_pad_size = decoder_size - len(decoder_input) - 2
            decoder_inputs.append(
                [data_utils.GO_ID] + decoder_input +
                [data_utils.EOS_ID] +
```

```
                    [data_utils.PAD_ID] * decoder_pad_size
            )
        batch_encoder_inputs, batch_decoder_inputs, batch_weights = [], [], []
        #批量编码
        for i in range(encoder_size):
            batch_encoder_inputs.append(np.array(
                [encoder_inputs[j][i] for j in range(self.batch_size)],
                dtype=np.int32
            ))
        #批量解码
        for i in range(decoder_size):
            batch_decoder_inputs.append(np.array(
                [decoder_inputs[j][i] for j in range(self.batch_size)],
                dtype=np.int32
            ))
            batch_weight = np.ones(self.batch_size, dtype=np.float32)
            for j in range(self.batch_size):
                if i < decoder_size - 1:
                    target = decoder_inputs[j][i + 1]
                if i == decoder_size - 1 or target == data_utils.PAD_ID:
                    batch_weight[j] = 0.0
            batch_weights.append(batch_weight)
        return batch_encoder_inputs, batch_decoder_inputs, batch_weights
```

2）定义数据转换函数

数据转换函数代码如下：

```
#数据转换函数，新建为 data_utils.py
import os
import sys
import json
import math
import shutil
import pickle
import sqlite3
from collections import OrderedDict, Counter

import numpy as np
from tqdm import tqdm

def with_path(p):
    current_dir = os.path.dirname(os.path.abspath(__file__))
    return os.path.join(current_dir, p)

DICTIONARY_PATH = 'db/dictionary.json'
EOS = '<eos>'
UNK = '<unk>'
PAD = '<pad>'
```

```python
GO = '<go>'

#一般将逗号放到句子后面
#这样比较方便屏蔽某一行，如果是 JavaScript 则不用这样，因为 JavaScript 的 JSON 语法比较宽松，允
#许多余的逗号
buckets = [
        (5, 15)
    , (10, 20)
    , (15, 25)
    , (20, 30)
]

def time(s):
    ret = ''
    if s >= 60 * 60:
        h = math.floor(s / (60 * 60))
        ret += '{}h'.format(h)
        s -= h * 60 * 60
    if s >= 60:
        m = math.floor(s / 60)
        ret += '{}m'.format(m)
        s -= m * 60
    if s >= 1:
        s = math.floor(s)
        ret += '{}s'.format(s)
    return ret

def load_dictionary():
    with open(with_path(DICTIONARY_PATH), 'r', encoding='utf-8') as fp:
        dictionary = [EOS, UNK, PAD, GO] + json.load(fp)
        index_word = OrderedDict()
        word_index = OrderedDict()
        for index, word in enumerate(dictionary):
            index_word[index] = word
            word_index[word] = index
        dim = len(dictionary)
    return dim, dictionary, index_word, word_index

dim, dictionary, index_word, word_index = load_dictionary()

print('dim: ', dim)

EOS_ID = word_index[EOS]
UNK_ID = word_index[UNK]
PAD_ID = word_index[PAD]
GO_ID = word_index[GO]
```

```python
class BucketData(object):
    def __init__(self, buckets_dir, encoder_size, decoder_size):
        self.encoder_size = encoder_size
        self.decoder_size = decoder_size
        self.name = 'bucket_%d_%d.db' % (encoder_size, decoder_size)
        self.path = os.path.join(buckets_dir, self.name)
        self.conn = sqlite3.connect(self.path)
        self.cur = self.conn.cursor()
        #select max(rowid) from conversation;
        self.size = self.cur.execute().fetchall()[0][0]

    def all_answers(self, ask):
        #找出所有数据库中符合问题的答案
        sql = .format(ask.replace("'", "''"))
        ret = []
        for s in self.cur.execute(sql):
            ret.append(s[0])
        return list(set(ret))

    def random(self):
        while True:
            #选择一个[1, max(rowid)]中的整数，读取这一行
            rowid = np.random.randint(1, self.size + 1)
            sql = .format(rowid)
            ret = self.cur.execute(sql).fetchall()
            if len(ret) == 1:
                ask, answer = ret[0]
                if ask is not None and answer is not None:
                    return ask, answer

def read_bucket_dbs(buckets_dir):
    ret = []
    for encoder_size, decoder_size in buckets:
        bucket_data = BucketData(buckets_dir, encoder_size, decoder_size)
        ret.append(bucket_data)
    return ret

def sentence_indice(sentence):
    ret = []
    for    word in sentence:
        if word in word_index:
            ret.append(word_index[word])
        else:
            ret.append(word_index[UNK])
    return ret

def indice_sentence(indice):
```

```python
        ret = []
        for index in indice:
            word = index_word[index]
            if word == EOS:
                break
            if word != UNK and word != GO and word != PAD:
                ret.append(word)
        return ''.join(ret)

def vector_sentence(vector):
    return indice_sentence(vector.argmax(axis=1))

def generate_bucket_dbs(
        input_dir,
        output_dir,
        buckets,
        tolerate_unk=1
    ):
    pool = {}
    word_count = Counter()
    def _get_conn(key):
        if key not in pool:
            if not os.path.exists(output_dir):
                os.makedirs(output_dir)
            name = 'bucket_%d_%d.db' % key
            path = os.path.join(output_dir, name)
            conn = sqlite3.connect(path)
            cur = conn.cursor()
            #createtableifnotexistsconversation (ask text, answer text);
            cur.execute()
            conn.commit()
            pool[key] = (conn, cur)
        return pool[key]
    all_inserted = {}
    for encoder_size, decoder_size in buckets:
        key = (encoder_size, decoder_size)
        all_inserted[key] = 0
    #从 input_dir 中列出数据库列表
    db_paths = []
    for dirpath, _, filenames in os.walk(input_dir):
        for filename in (x for x in sorted(filenames) if x.endswith('.db')):
            db_path = os.path.join(dirpath, filename)
            db_paths.append(db_path)
    #逐个提取数据库列表中的数据库
    for db_path in db_paths:
        print('读取数据库: {}'.format(db_path))
        conn = sqlite3.connect(db_path)
```

```python
            c = conn.cursor()
            def is_valid(s):
                unk = 0
                for w in s:
                    if w not in word_index:
                        unk += 1
                        if unk > tolerate_unk:
                            return False
                return True

            #读取最大的 rowid，如果 rowid 是连续的，结果就是里面的数据条数
            #比 select count(1)要快
            #select max(rowid) from conversation;
            total = c.execute().fetchall()[0][0]
            #select ask, answer from conversation;
            ret = c.execute()
            wait_insert = []
            def _insert(wait_insert):
                if len(wait_insert) > 0:
                    for encoder_size, decoder_size, ask, answer in wait_insert:
                        key = (encoder_size, decoder_size)
                        conn, cur = _get_conn(key)
                        #insert into conversation (ask, answer) values ('{}', '{}');
                        cur.execute(.format(ask.replace("'", "''"), answer.replace("'", "''")))
                        all_inserted[key] += 1
                    for conn, _ in pool.values():
                        conn.commit()
                    wait_insert = []
                return wait_insert

            for ask, answer in tqdm(ret, total=total):
                if is_valid(ask) and is_valid(answer):
                    for i in range(len(buckets)):
                        encoder_size, decoder_size = buckets[i]
                        if len(ask) <= encoder_size and len(answer) < decoder_size:
                            word_count.update(list(ask))
                            word_count.update(list(answer))
                            wait_insert.append((encoder_size, decoder_size, ask, answer))
                            if len(wait_insert) > 10000000:
                                wait_insert = _insert(wait_insert)
                            break
            word_count_arr = [(k, v) for k, v in word_count.items()]
            word_count_arr = sorted(word_count_arr, key=lambda x: x[1], reverse=True)
            wait_insert = _insert(wait_insert)
            return all_inserted, word_count_arr
```

5．定义训练模型函数

训练模型函数代码如下：

```python
def train():
    #训练模型
    #准备数据
    print('准备数据')
    bucket_dbs = data_utils.read_bucket_dbs(FLAGS.buckets_dir)
    bucket_sizes = []
    for i in range(len(buckets)):
        bucket_size = bucket_dbs[i].size
        bucket_sizes.append(bucket_size)
        print('bucket {} 中有数据 {} 条'.format(i, bucket_size))
    total_size = sum(bucket_sizes)
    print('共有数据 {} 条'.format(total_size))
    #开始建模与训练
    with tf.Session() as sess:
        #构建模型
        model = create_model(sess, False)
        #初始化变量
        sess.run(tf.global_variables_initializer())
        buckets_scale = [
            sum(bucket_sizes[:i + 1]) / total_size
            for i in range(len(bucket_sizes))
        ]
        #开始训练
        metrics = '  '.join([
            '\r[{}]',
            '{:.1f}%',
            '{}/{}',
            'loss={:.3f}',
            '{}/{}'
        ])
        bars_max = 20
        with tf.device('/gpu:0'):
            for epoch_index in range(1, FLAGS.num_epoch + 1600):
                print('Epoch {}:'.format(epoch_index))
                time_start = time.time()
                epoch_trained = 0
                batch_loss = []
                while True:
                    #选择一个要训练的 bucket
                    random_number = np.random.random_sample()
                    bucket_id = min([
                        i for i in range(len(buckets_scale))
                        if buckets_scale[i] > random_number
                    ])
```

```
                            data, data_in = model.get_batch_data(
                                bucket_dbs,
                                bucket_id
                            )
                            encoder_inputs, decoder_inputs, decoder_weights = model.get_batch(
                                bucket_dbs,
                                bucket_id,
                                data
                            )
                            _, step_loss, output = model.step(
                                sess,
                                encoder_inputs,
                                decoder_inputs,
                                decoder_weights,
                                bucket_id,
                                False
                            )
                            epoch_trained += FLAGS.batch_size
                            batch_loss.append(step_loss)
                            time_now = time.time()
                            time_spend = time_now - time_start
                            time_estimate = time_spend / (epoch_trained / FLAGS.num_per_epoch)
                            percent = min(100, epoch_trained / FLAGS.num_per_epoch) * 100
                            bars = math.floor(percent / 100 * bars_max)
                            sys.stdout.write(metrics.format(
                                '=' * bars + '-' * (bars_max - bars),
                                percent,
                                epoch_trained, FLAGS.num_per_epoch,
                                np.mean(batch_loss),
                                data_utils.time(time_spend), data_utils.time(time_estimate)
                            ))
                            sys.stdout.flush()
                            if epoch_trained >= FLAGS.num_per_epoch:
                                break
                        print('\n')

            if not os.path.exists(FLAGS.model_dir):
                os.makedirs(FLAGS.model_dir)
            if epoch_index%800==0:
                model.saver.save(sess, os.path.join(FLAGS.model_dir, FLAGS.model_name))
```

6. 定义模型测试函数

模型测试函数代码如下：

```
def test():
    class TestBucket(object):
        def __init__(self, sentence):
            self.sentence = sentence
```

```
        def random(self):
            return sentence, ''

    with tf.Session() as sess:
        #构建模型
        model = create_model(sess, True)
        model.batch_size = 1

        #初始化变量
        sess.run(tf.global_variables_initializer())
        model.saver.restore(sess, os.path.join(FLAGS.model_dir, FLAGS.model_name))
        sys.stdout.write("> ")
        sys.stdout.flush()
        sentence = sys.stdin.readline()
        while sentence:
            #获取最小的分桶 ID
            bucket_id = min([ b for b in range(len(buckets))   if buckets[b][0] > len(sentence) ])
            #输入句子处理
            data, _ = model.get_batch_data( {bucket_id: TestBucket(sentence)}, bucket_id )
            encoder_inputs, decoder_inputs, decoder_weights = model.get_batch( {bucket_id:
                      TestBucket(sentence)},   bucket_id, data )
            _, _, output_logits = model.step(sess,encoder_inputs,decoder_inputs,decoder_weights,
                      bucket_id,True)
            outputs = [int(np.argmax(logit, axis=1)) for logit in output_logits]
            ret = data_utils.indice_sentence(outputs)
            print(ret)
            print("> ", end="")
            sys.stdout.flush()
            sentence = sys.stdin.readline()
```

7. 定义 main 函数

先训练模型，再测试模型。代码如下：

```
def main(_):
    if FLAGS.test:
        #测试模型
        test()
    else:
        #训练模型
        train()


if __name__ == '__main__':
    np.random.seed(0)
    tf.set_random_seed(0)
    tf.app.run()
```

从训练模型过程可以看出，损失值 loss 在逐步收敛；从运行结果可以看出，损失值 loss 在逐步收敛。

运行 train 模型训练函数，得到如下结果：

```
首先检查数据：
dim:    6865
准备数据：
bucket 0 中有数据 506206 条
bucket 1 中有数据 1091400 条
bucket 2 中有数据 726867 条
bucket 3 中有数据 217104 条
共有数据 2541577 条
开启投影：512
训练过程：
Epoch 1:
[====================]  102.4%  1024/1000  loss=6.010  2m36s/2m33s
Epoch 2:
[====================]  102.4%  1024/1000  loss=4.335  2m14s/2m11s
Epoch 3:
[====================]  102.4%  1024/1000  loss=4.141  1m40s/1m38s
Epoch 4:
[====================]  102.4%  1024/1000  loss=4.140  1m43s/1m41s
Epoch 5:
[====================]  102.4%  1024/1000  loss=4.019  1m50s/1m47s
Epoch 6:
[====================]  102.4%  1024/1000  loss=4.020  1m39s/1m37s
Epoch 7:
[====================]  102.4%  1024/1000  loss=4.028  1m55s/1m53s
Epoch 8:
[====================]  102.4%  1024/1000  loss=3.985  1m54s/1m51s
Epoch 9:
[====================]  102.4%  1024/1000  loss=4.022  2m2s/1m59s
Epoch 10:
[====================]  102.4%  1024/1000  loss=3.851  1m33s/1m31s
…
…
…
Epoch 1595:
[====================]  102.4%  1024/1000  loss=2.164  1m53s/1m50s
Epoch 1596:
[====================]  102.4%  1024/1000  loss=2.153  1m34s/1m32s
Epoch 1597:
[====================]  102.4%  1024/1000  loss=2.181  1m50s/1m47s
Epoch 1598:
[====================]  102.4%  1024/1000  loss=2.160  1m25s/1m23s
Epoch 1599:
[====================]  102.4%  1024/1000  loss=2.171  2m6s/2m3s
Epoch 1600:
[====================]  102.4%  1024/1000  loss=2.151  1m48s/1m45s
Epoch 1601:
```

		102.4%	1024/1000	loss=2.215	1m35s/1m33s
Epoch 1602:					
[====================]		102.4%	1024/1000	loss=2.162	1m31s/1m29s
Epoch 1603:					
[====================]		102.4%	1024/1000	loss=2.178	1m47s/1m44s
Epoch 1604:					
[====================]		102.4%	1024/1000	loss=2.174	1m51s/1m48s

运行 test 模型测试函数，在对话框下面会出现"＞"符号，可以输入相应的问题，即可进行如图 10-21 所示的问答式聊天。

> 你好

你好

> 今天心情好么？

我不知道

> 现在几点了？

我们在一起

> 明天会下雨么？

不

> |

图 10-21　seq2seq 问答机器人运行结果

第 11 章　机器翻译与写作

前面章节是自然语言处理的基础篇和技术篇,从本章开始,介绍自然语言处理相关的应用和技术的使用方法,属于应用篇。本章主要介绍机器翻译和机器写作这两种应用。

11.1 节介绍机器翻译,包含机器翻译的意义和应用背景、基于神经网络的机器翻译模型,如基于循环神经网络的神经网络机器翻译模型、基于卷积序列的神经网络机器翻译模型、基于自注意力机制的 Transformer 模型,以及机器翻译译文质量的评测指标和机器翻译面临的挑战。

11.2 节介绍机器写作,包含机器写作的概念等基本知识,还介绍如何使用机器进行诗词、对联等艺术写作,以及如何使用机器进行书稿、故事等当代写作。

11.1　机器翻译

"机器翻译"这一概念源于 1949 年 Warren Weaver(美国洛克菲勒基金会自然科学部的负责人)发表的一份名为《翻译》的备忘录,是指在保持语义一致性的基础上,利用计算机自动地实现不同语言之间的相互转换的过程,是自然语言处理和人工智能的重要研究领域之一。

机器翻译是一个涵盖了语言学、数学、计算科学等多个领域的交叉学科。20 世纪 70 年代以来,机器翻译飞速发展,极大地促进了自然语言处理及其相关领域学科的发展。

11.1.1　机器翻译的意义

机器翻译工具是互联网常用的服务之一,如 Google 翻译、百度翻译等都提供了多种语言之间的在线翻译服务。与人工翻译相比,机器翻译的速度很快,虽然其译文质量在很多情况下还达不到人们的期望,但机器翻译仍是学术界的重要研究方向,也是自然语言处理领域最活跃的研究领域之一。

机器翻译的意义在于:

● 机器翻译能够帮助不同语言的人自由地交流,克服了人类在交流中的语言障碍。

在全球化的大形势下,国际交流、国际合作越来越火热,语言成为不同国家、不同地区、不同民族之间信息传递的主要障碍。如果所有的交流沟通都依赖人工翻译,不仅需要大量精通不同语言的高级人才,而且还需要付出高昂的代价和较长的周期。机器翻译弥补了人工翻译的缺点,具有较高的翻译效率。虽然机器翻译的译文质量不够完美,但多数情况下提供的译文只需要经过少量的矫正就可以满足需求。目前,机器翻译已广泛用于人们的学习、购物、旅游等日常生活中。

● 从学术角度来看,机器翻译是非常有意义的研究课题。

机器翻译的复杂性对于研究人员来说非常具有挑战。机器翻译作为自然语言处理领域的重要研究方向,其研究和发展对自然语言处理的发展具有重要的推动作用。同时,随着机器学习、神经网络等领域的发展,机器翻译也得到了进一步提升。

11.1.2　经典的神经网络机器翻译模型

自机器翻译任务产生以来，机器翻译先后经过了基于规则的机器翻译（Rule-based Machine Translation）和基于统计的机器翻译（Statistical Machine Translation，SMT）两大阶段。自 2014 年起，神经网络开始应用于机器翻译，基于端到端的神经网络机器翻译（Neural Machine Translation，NMT）得到了迅速发展。

神经网络机器翻译与基于统计的机器翻译采用的都是概率最大化的思想，但与基于规则的机器翻译和基于统计的机器翻译不同，神经机器翻译不需要进行短语切分、行词对齐等步骤，也无须进行句法分析等，而是直接使用神经网络来实现源语言文本到目标语言文本的映射。因此，神经机器翻译具有人工成本低、开发周期短的优点，并且较好地克服了统计机器翻译所面临的语义表示、错误传播等问题，成为国内外在线机器翻译系统的核心技术。下面介绍几种经典的神经机器翻译模型。

1．基于 RNN 的神经网络机器翻译

在深度学习兴起之后，神经网络常用于基于统计的机器翻译的语言模型、词语对齐、翻译规则抽取等。神经机器翻译不再使用基于统计的机器翻译的离散表示方法，而是采用连续空间表示方法对词语、短语和句子进行表示。在翻译模型上，不需要进行词语对齐、规则抽取等步骤，直接采用神经网络完成源语言到目标语言的映射。这种翻译模型大致可分为两种，且两种模型在原理上十分相似，具体如下。

1）端到端模型（End-to-End Model）

端到端模型是 Google 提出的翻译模型。在翻译中，输入为源语言，输出为目标语言。如图 11-1 所示，输入为 "*A*" "*B*" "*C*"，在输入条件下依次生成输出 "*W*" "*X*" "*Y*" "*Z*"，其中 "<EOS>" 为人为加入的句子结束标志。

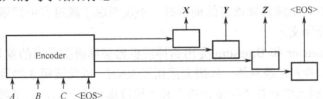

图 11-1　端到端模型

2）编码器–解码器模型（Encoder–Decoder Model）

编码器–解码器模型是蒙特利尔大学提出的翻译模型。如图 11-2 所示，编码器读取源语言的句子，将其编码为维数固定的向量；解码器读取该向量，以此生成目标语言词语序列。

编码器–解码器模型由三部分组成，输入 x、隐层状态 h、输出 y。编码器读取输入 $x = (x_1, x_2, \cdots, x_l)$，将其编码为隐层状态 $h = (h_1, h_2, \cdots, h_l)$。当采用 RNN 时：

$$h_i = f(x_i, h_{i-1})$$
$$c = q(\{h_1, h_2, \cdots, h_l\})$$

式中：c 是源语言句子表示；f 和 q 是非线性函数。

解码器在给定源语言表示 c 和前驱输出序列 $\{y_1, \cdots, y_{l-1}\}$，生成目标语言表示词语 y_i，定义如下：

$$P(y) = \prod_{t=1}^{T} p(y_t \mid \{y_1, \cdots, y_{t-1}\}, c)$$

$y = (y_1, y_2, \cdots, y_T)$ ，当采用 RNN 时：

$$P(y_t \mid \{y_1, \cdots, y_{t-1}\}, c) = g(y_{t-1}, s_t, c)$$

式中：g 是非线性函数，用来计算 y_t 的概率；s_t 是 RNN 的隐层状态，$s_t = f(s_{t-1}, y_{t-1}, c)$。

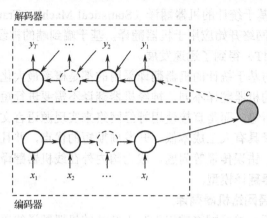

图 11-2　编码器-解码器模型

编码器和解码器可以进行联合训练，形式如下：

$$\mathcal{L}(\theta) = \max \frac{1}{N} \sum_{n=1}^{N} \log P_\theta(y_n \mid x_n)$$

式中：θ 是模型的参数，通过梯度下降法计算；(x_n, y_n) 是源语言和目标语言的双语句对。

编码器-解码器模型是通用的框架，可以由不同的神经网络实现，如 RNN、LSTM、门控制循环神经网络（Gated Recurrent Neural Networks）等。与传统的基于规则的机器翻译和基于统计的机器翻译相比，基于编码器-解码器框架的神经机器翻译系统具有更好的翻译性能，其优势在于：解码器在生成目标语言的词语时，不仅考虑了源语言中词语的全局信息，还考虑了已经生成的部分译文。

2013 年 Kalchbrenner 和 Blunsom 提出的神经机器翻译模型采用的就是编码器-解码器模型，其编码器采用了卷积神经网络，解码器采用了 RNN，以此展现了神经网络的巨大应用潜力。但 RNN 在网络训练中存在"梯度消失"和"梯度爆炸"问题，为了缓解这个问题，谷歌公司的 Sutskever 等人将 LSTM 引入编码器-解码器模型，通过门机制捕获长距离的上下文信息。由于 Sutskever 等人提出的模型在编码器和解码器中都采用了 RNN，也被称为基于 RNN 的神经机器翻译（RNN-based NMT，RNMT）。

基于 RNN 的编码器-解码器框架如图 11-3 所示，该框架体现的翻译过程与图 11-2 具有一致性。给定源语言句子（用 $x_1, x_2, x_3, \cdots, <\text{EOS}>$ 表示，其中"<EOS>"是句尾结束的标记）后，该框架通过编码器编码得到源语言句子的向量表示，然后将其作为解码器的输入信息进行编码，生成对应的翻译（用 $y_1, y_2, y_3, \cdots, </s>$ 表示）。解码器在生成句尾结束标记"<EOS>"后结束解码过程。由于该框架的编码器和解码器都采用神经网络，因此在解码过程中生成的每一个新的英文词，都作为下一个英文词生成过程中的上下文信息。

由于引入了长短期记忆，神经机器翻译的性能获得了大幅度提升，取得了与传统统计机器翻译相当甚至更好的准确率。然而，这种新的框架仍面临一个重要的挑战，即不管是较长的源语言句子，还是较短的源语言句子，编码器都需将其映射成一个维度固定的向量，这对实现准确的编码提出了极大的挑战。而且，向量维度的设置也是一个难点：对于较短的源语言句子，维数设置过大会浪费存储空间和训练时间；对于较长的源语言句子，维数设置过小会造成语义细节信息丢失的问题。

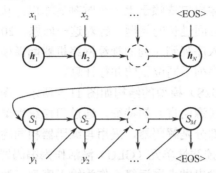

图 11-3　基于 RNN 的编码器–解码器框架

针对编码器生成定长向量的问题，研究人员对传统的神经机器翻译模型进行改进，引入注意力机制（Attention Mechanism）。所谓注意力，是指当解码器在生成单个目标语言词时，仅有小部分的源语言词是相关的，绝大多数源语言词都是无关的。注意力机制是由人脑注意力模型引入的资源分配模型，2014 年，加拿大蒙特利尔大学的 Bahdanau 等人首次将注意力机制应用于 NMT，为每个目标语言词汇动态生成源语言端相关词的权向量，解决了源语言长句子语义细节信息丢失的问题。

基于注意力机制的神经机器翻译将源语言句子编码为向量序列，而不是一个固定向量，在生成目标语言词时，能够利用与生成该词相关的源语言词信息，所对应词在源语言中可以连续存在，也可以离散分布。Bahdanau 等人提出的模型如图 11-4 所示，具体实现方法是：给源语言句子中的每个词都生成包含源语言句子全局信息的向量表示，作为翻译过程中的源语言上下文信息。该模型中的编码器使用双向 RNN 生成源语言句子中的词向量表示序列，用"（$x_1,x_2,x_3,\cdots,<\text{EOS}>$）"表示。该向量通过拼接前向和反向递归神经网络中每个单词对应的隐层状态来获得，包含了词的前后状态信息。其中，前向递归神经网络模型从左到右，使生成的词向量在其左侧包含历史信息；而反向 RNN 从右向左建模，使生成的词向量包含其右侧的历史信息。在解码部分使用了注意力模型，动态地捕获与源语言最相关的词，使得每产生一个输出，都可以充分利用输入序列携带的信息。

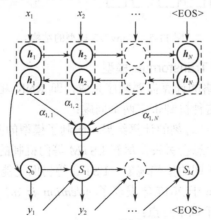

图 11-4　基于注意力机制的 RNN 机器翻译模型

2．从卷积序列到序列模型

经典的序列到序列的神经网络机器翻译模型大多是使用 RNN 来实现的，RNN 本身有一个缺陷：由于下一个时刻的输出要依赖于上一个时刻的输出，从而导致无法在整个序列上进行并行处理，这会引起训练时间过长的问题。针对这一问题，2017 年 5 月，Facebook AI 实验室提出将卷积神经网络引入序列到序列的神经网络机器翻译模型中，这样既可以处理序列变长的问题，又可以实现在序列不同位置的并行计算。

卷积序列到序列（ConvS2S）模型的结构如图 11-5 所示。图中，左上部分是编码器，通过层叠的卷积抽取输入序列（源语言）的特征，通过门控线性单元（GLU）的非线性变换得到相应的隐藏层表示。左下部分是解码器，采用与编码器相同的层叠卷积运算抽取输出序列（目标语言）的特征，经过门控线性单元（GLU）激活作为编码器的输出。中间部分是注意力部分，把编码器和解码器的输出做点乘运算，作为输入序列（源语言）中每个词的权重。中右部分是残差连接（Residual Connection）部分，把注意力部分计算的权重与输入序列相乘，然后加入解码器的输出中得到最终的输出序列。该模型的编码器和解码器之间采用的是多步注意力（Multi-step Attention）机制，即每个卷积层都进行注意力建模，并且将上层卷积的输出作为下一层的输入，经过层层堆叠得到最终的输出。

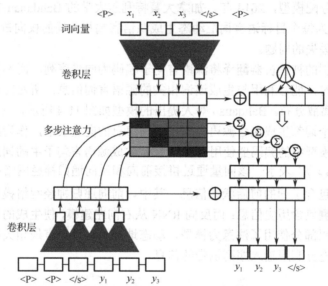

图 11-5　ConvS2S 模型的结构

3．基于自注意力机制的 Transformer 模型

RNN、LSTM、GRU 网络的计算需要顺序完成，即 RNN 相关算法只能从左向右依次计算或者从右向左依次计算，这种机制带来两个问题：

（1）t 时刻的计算依赖 $t-1$ 时刻的计算结果，限制了模型的并行能力。

（2）顺序计算的过程中信息会丢失，尽管 LSTM 等门机制的结构在一定程度上缓解了长期依赖的问题，但对于特别长期的依赖现象，LSTM 等仍旧无能为力。

面对这样的问题，Google 于 2017 年发表了 *Attention is all you need* 这篇文章，提出了 Transformer 模型。其主要在于以下三点：

（1）不同于以往的神经网络机器翻译使用基于 RNN 的序列到序列的模型框架，采用注意力机制代替 RNN 搭建整个模型框架。

（2）提出了多重自注意力（Multi-head Self-attention）机制，在编码器和解码器中大量使用了多重自注意力机制。

（3）在 WMT2014 语料中的英德和英法翻译任务上进行验证，取得了很好的结果，并且训练速度比基于 RNN 的模型更快。

Transformer 模型的结构如图 11-6 所示，其本质上仍是一个编码器和解码器的结构。

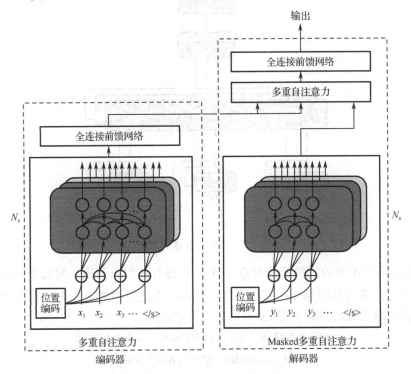

图 11-6　Transformer 模型的结构

编码器是图 11-6 左侧的单元，由 N_x（Google 的论文中 $N_x = 6$）个相同的注意力建模层（Layer）堆叠而成。每个注意力建模层包含两个子建模层（Sub-layer），即多重自注意力机制和一个简单的全连接前馈（Feed Forward）网络。每个子建模层都增加了残差连接和层规范化（Layer Normalization）。因此子建模层的输出可表示为

$$sub\_layer\_output = layernorm(x + (subLayer(x)))$$

Transformer 模型的解码器如图 11-6 右侧所示，与编码器结构类似，都由 N_x 个相同的注意力建模层堆叠而成。但每个注意力建模层包含三个子建模层：一个是自注意力层，另一个是编码器–解码器注意力层（Encoder-Decoder Attention Layer），最后一个是全连接前馈网络层。前两个子建模层都是基于多重自注意力机制的建模层。在机器翻译中，解码过程是一个顺序操作的过程，也就是当解码第 i 个特征向量时，只能看到之前的解码结果，即 Attention（注意力）的计算是根据当前词和前面的词来的，不是后面的。因此，第一个子建模层添加了 masking（使用给定的值对输入的序列信号进行"屏蔽"），被称为 Masked（已建好的模型）多重自注意力机制建模层，其作用是保证预测位置 i 的信息只能参考比 i 小的位置的输出，防止在训练时使用未来输出的单词。

多重自注意力机制是点乘注意力的升级版本。注意力可以表示为

$$attention\_output = attention(\boldsymbol{Q}, \boldsymbol{K}, \boldsymbol{V})$$

式中：$\boldsymbol{Q}$ 是查询（Queries）；$\boldsymbol{K}$ 是键（Keys）；$\boldsymbol{V}$ 是值（Values）。这三个是注意力的输入。

多重自注意力就是将 $\boldsymbol{Q}$、$\boldsymbol{V}$ 和 $\boldsymbol{K}$ 作为输入，如图 11-7 所示。

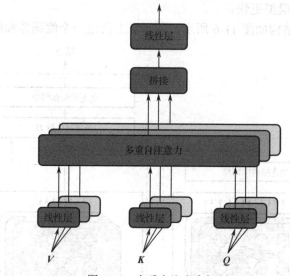

图 11-7　多重自注意力机制

首先，通过 h 个不同的线性变换对 $\boldsymbol{Q}$、$\boldsymbol{K}$、$\boldsymbol{V}$ 进行映射；其次，对每个映射得到的 $\boldsymbol{Q}$、$\boldsymbol{V}$ 和 $\boldsymbol{K}$ 执行并行注意力机制操作；再次，将所有的结果进行拼接，作为多重自注意力机制的输出。多重自注意力机制类似于 CNN 的思想，可表示为

$$multhead(\boldsymbol{Q}, \boldsymbol{K}, \boldsymbol{V}) = concat(head_1, \ldots, head_h)W^O$$

$$head_i = attention(\boldsymbol{Q}W_i^Q, \boldsymbol{K}W_i^K, \boldsymbol{V}W_i^V)$$

注意：在一般的注意力模型中，$\boldsymbol{Q}$ 是解码器的隐藏层，$\boldsymbol{K}$ 是编码器的隐藏层，$\boldsymbol{V}$ 也是编码器的隐藏层。所谓的自注意力就是取 $\boldsymbol{Q}$、$\boldsymbol{K}$、$\boldsymbol{V}$ 相同，均为编码器或者解码器的输入嵌入层（Input Embedding）和位置嵌入层（Positional Embedding），即网络输入是三个相同的量 $\boldsymbol{Q}$、$\boldsymbol{K}$ 和 $\boldsymbol{V}$，是词嵌入层和位置嵌入层相加得到的结果。

Transformer 模型会在三个地方使用多重自注意力机制：

（1）编码器的自注意力（Encoder Self-attention）：输入的 $\boldsymbol{Q}$、$\boldsymbol{K}$、$\boldsymbol{V}$ 相同，都是编码器的输入嵌入层和位置嵌入层。

（2）解码器的自注意力（Decoder Self-attention）：输入的 $\boldsymbol{Q}$、$\boldsymbol{K}$、$\boldsymbol{V}$ 相同，都是解码器的输入嵌入层和位置嵌入层。解码器能够访问当前位置前面的位置，并且加入 Masked，避免在预测过程中使用到后续未知的词。

（3）编码器-解码器注意力（Encoder-Decoder Attention）：输入的是编码器的输出和解码器的自注意力（Self-attention）输出，其中编码器的注意力输出作为 $\boldsymbol{K}$ 和 $\boldsymbol{V}$，解码器的注意力输出作为 $\boldsymbol{Q}$。

11.1.3　机器翻译译文质量评价

译文质量反映着机器翻译结果的优劣。如何评价机器翻译的译文质量呢？若采用人工判

断，则存在评价成本过高、所耗时间过长、不可重用等问题，且评价结果高度依赖评判者的评判标准。因此人工评价机器翻译的译文质量并不是一个好的选择。近些年来，机器翻译的评价指标越来越受到关注，国际上也出现了一些广泛用于评判机器翻译系统好坏的指标，如 BLEU、NIST、METEOR 等。

1. BLEU

BLEU（Bilingual Evaluation Understudy）方法是 IBM 于 2002 年提出的机器翻译系统的评价指标。该指标的基本思想是：翻译系统的译文与人工翻译的译文相似度越高，则译文的质量越高。

BLEU 采用 n-gram 匹配规则比较并统计共同出现的 n 元词的个数，即统计同时出现在系统译文和参考译文中的 n 元词的个数，最后将匹配到的 n 元词的个数除以系统译文的单词数目，并以此作为评测结果。最初的 BLEU 方法非常简单，但对于极端情况容易出现问题，因此，BLEU 进行了修正：先计算一个 n 元词在一个句子中最大可能出现的次数，然后跟候选译文中的该 n 元词出现的次数进行比较，取二者之间的较小值作为这个 n 元词的最终匹配个数。同时引入长度惩罚因子，以避免短句匹配精度的计算错误。

BLEU 评测方法计算简单、容易实现，但仍旧存在很多不足之处：

- 仅考虑了 n 元词的匹配度，没有考虑语法上的准确性。
- 评测精度极易受到常用词的干扰。
- 对翻译短句的评价存在偏差，有时短译句的评测精度会偏高。
- 没有考虑到同义词或相似表达的情况，因此在个别语句上可能表现不好。

2. NIST

NIST 方法是美国标准和技术研究所在 BLEU 方法的基础上，综合考虑了 n 元词的权重提出的评价指标。该方法的基本思想是：利用信息量公式求出每个 n 元词的信息量，对于在参考译文中出现次数更少的 n 元词会赋予更高的权重来体现其所包含的信息量，然后累加起来再除以整个译文的 n 元词片段数据。

NIST 对 BLEU 进行了改进，采用算术平均来代替 BLEU 中的几何平均，从而加大一元词的共现次数对于评分结果的影响，同时还改进了 BLEU 中的惩罚因子，减少了译文长度对评分结果的影响。

NIST 和 BLEU 一样，都不是真正给出了系统的译文与原文的相似度，而是利用已有的多个参考译文对系统译文进行打分，因此原文并不会影响翻译系统的得分。但是参考译文的数量和质量却是影响翻译系统评测的关键因素。

3. METEOR

BLEU 和 NIST 都是基于准确率的方法，对参考译文的数量和质量具有很高的依赖性，系统译文与参考译文相似度越高，则系统译文可获得的分数越高。这两种方法的缺点是都没有考虑到召回率。METEOR 方法是 Lavir 等人于 2004 年提出的评价方法，是一种基于单精度的加权调和平均数和单字召回率的方法。

METEOR 的特别之处在于：它不希望生成块状的译文，如参考译文是"A B C D"，而模型给出的译文是"B A D C"，虽然每个一元词都对上了，但这个模型仍会受到很重的惩罚，METEOR 考虑了基于整个语料库的准确率和召回率而最终得出分值。

上述机器翻译评测方法主要依据字符串、词典的匹配程度等，仍有许多不足之处。当前关于机器翻译评测的热点研究是采用神经网络模型进行翻译评测，很多研究者致力于提出基于神经网络的机器翻译评测方法，并且取得了一定的成绩。

翻译评测对机器翻译起着引导作用，是机器翻译的重要研究方向。如何结合神经网络的优势构建新的评测方法，使自动评测结果更符合人类专家对翻译质量的评价是机器翻译评测的重要目标。

11.1.4　机器翻译面临的挑战

目前，神经机器翻译取得了巨大的成功，在很多语言上的翻译效果已经远远超过了基于统计的机器翻译。自 2014 年以来，神经机器翻译研究方向已经产出了大量的科研成果和实际产品。但由于研究时间较短，神经机器翻译模型仍然存在很多值得深入探索的问题。神经机器翻译的挑战可以概括如下。

1．模型的可解释性

基于编码器–解码器结构的神经机器翻译，实现了源语言到目标语言的直接翻译，但相对于统计机器翻译，神经机器翻译过程更类似在黑盒中运行，难以从语言学的角度对翻译过程进行解释。已有研究表明，可以从模型可视化、隐含句法结构信息抽取等角度对翻译过程进行分析，在一定程度上对神经机器翻译的翻译过程进行解释，从而便于改正翻译错误。从神经机器翻译模型中抽取出相应的语言学知识来解释翻译过程，改进神经机器翻译模型，是神经机器翻译未来重要的研究方向。

2．先验知识的使用

以离散符号表示的外部资源，如句法标注、词性标注、双语词典等是非常重要的先验知识，在神经机器翻译中难以得到充分的利用。原因有两点：一方面，神经网络使用连续向量表达文本语义、语法结构等信息，可解释性差，会使模型分析、解释和改进变得困难；另一方面，先验知识需要用离散符号表示，如何将其有效地转化为对模型训练有益的连续向量也是一个难题。因此，融合更加丰富的先验知识是神经机器翻译的重要研究内容，也是提高翻译效果的重要方法，有待深入研究。

3．深层次语言知识的应用

自然语言具有歧义性，需要背景知识的支持才能完成消歧任务。神经机器翻译大多是词语级的序列到序列的模型，对语言知识的应用不够全面，层次不够深入。更多的语言知识，如分词、构词、词性标注等词语级别的知识，句法标注、语义情景、句子情感等语义级别的知识，以及文章级别的知识都可以被融入神经机器翻译模型，以此来提高模型翻译的效果，这也是神经机器翻译研究的热点之一。

4．多语言机器翻译

连续空间表示法是有效的多语言语义表示方法，经实验证明，注意力机制能够在不同语言之间共享，这为多语言机器翻译研究提供了良好的基础。在多语平行语料，或者多语可比语料基础上研究基于神经网络的多语言机器翻译，不仅具有学术价值，同样具有很高的实用价值，也是未来重要的发展方向。

5．多模态翻译

传统神经机器翻译过程中，文本翻译过程与翻译场景等信息是相互独立的，因此，导致神经机器翻译的结果往往不够智能，不能自适应地产生适合翻译场景的文本翻译结果。然而相同场景中的图像、文本信息属于异类信息，彼此之间存在巨大的语义鸿沟，而神经网络能够以统一的形式对文字、图像、语音等不同模态数据进行表示，因此将对齐后的多模态特征融入神经机器翻译网络，实现多模态神经机器翻译，是提升翻译效果乃至实现智能翻译的一个值得探索的方向。

6. 低资源语言的翻译

基于神经网络的机器翻译模型的性能依赖于其平行语料库的规模、质量以及领域的覆盖面。只有当训练语料库的规模达到一定程度，基于神经网络的机器翻译的翻译性能才能好。然而，除了中文、法文、英文等具有较为丰富资源的语言，世界上还存在着很多小语种，绝大多数语言都缺乏高质量、覆盖率广的大规模语料库。而且，即使是应用最广泛、使用面很广的中文和英文，现有的平行语料库都主要集中在时政新闻和政府文献，其他大部分领域的平行语料库都严重缺乏。如果要人工构建平行语料库又需要耗费大量的人力、物力和时间。因此，如何利用现有的语料数据来缓解资源匮乏的问题成为近几年的研究重点。

11.2　机器写作

11.2.1　什么是机器写作

近年来，"机器写作"对于大众来说已经变得不再陌生：告诉计算机人类的写作意图，计算机便可以根据人们的想法完成需要的写作内容，得到一篇语言流畅、内容充实的文章。这就是普遍意义上的"机器写作"的定义。

能够让机器人实现高质量的写作是科研人员一直以来的梦想，并且将会带来巨大的社会价值。人工智能一共经历了三个阶段：智能计算、感知智能、认知智能。人工智能在不断演变下，具有了会算、会读、能理解的特征；到了认知智能阶段，表达生成变为了人工智能当中的一个重要组成部分。例如，在曹雪芹时代，如果有"机器写作"，曹雪芹就可以在弥留之际将其想法告诉计算机，让计算机帮助他完成后 40 回《红楼梦》的写作内容，从而减少了后世对于续本的争执和悬念。另外，如果现在计算机拥有了成熟的"机器写作"技巧，《冰与火之歌》的作者乔治·R.R.马丁就不会出现书稿创作跟不上影视拍摄进度的窘境了。因为，他可以直接告诉计算机他的创作思路和想法，然后让计算机帮他完成剩余的写作工作。

以上举例的内容对于现在的计算机技术水平，暂时只能停留在假设阶段。因为，对于类似《红楼梦》和《冰与火之歌》这种程度的文章而言，人工智能的"机器写作"水平远远达不到。对于长文本的生成，"机器写作"还有信息丢失、误差传递等多种问题的存在。所以，现有的"机器写作"还只能运用于短文本和规范格式的文体。如深圳报业集团和南方报业集团等媒体运用 Giiso（智搜）研发的写作机器人，来完成日常新闻和文章的创作，既减少了记者的工作量，又能提高新闻的实效性；由于美国总统特朗普发表的推文比较有个性，有人利用深度学习和神经网络技术，来训练特朗普的推文内容，创作出了内容和风格能以假乱真的特朗普"新"推文。

虽然，人们期望着计算机能帮助完成更多比较繁琐的工作。但是，如果计算机真的能帮助人类写出长文本的文章，那么失业问题也是不能回避的一个话题。届时，文字工作者、小说家、新闻记者等工种是否会从世界上消失，这些都是值得深思的问题。基于此，在"机器写作"的定位上，更倾向于机器辅助写作，即通过计算机对海量数据分析后整理出写作材料，写作人员从这些写作资源中得到一定的启发后能更好地完成作品。

综上所述，对于"机器写作"的发展是期望人类能承担更多的创作部分，而机器则辅助完成繁重的文本数据的准备和整理工作，实现更好的人机配合。下面从艺术写作和当代写作两个方面来阐述"机器写作"的现状和发展。

11.2.2 艺术写作

1. 机器写诗

中国传统文化离不开诗歌的存在，最早的诗歌源于上古时期的《弹歌》：断竹、续竹、飞土、逐肉。因为在上古时期，由于交通和语言的限制，各地区之间的交流非常困难，所以人们就想出了利用诗歌将想要表达的内容进行口口相传的方法来传达信息。随着时代的变迁，诗歌逐渐变成了今天大家熟悉的模样。但是，遗憾的是诗歌在现代生活中正逐渐淡出大众的视野，很多人已经忘记了诗歌的样子，也不知道如何去创作诗歌。本来为了交流目的而生的诗歌，却因为现在交通的发达而遇到了可能消失的窘境，那么是什么导致这一现象的发生呢？诗歌的种类很多，而且各自的要求也不尽相同。古诗对于字数、平仄、韵律等要求很严格，即使现在的新诗对于内容和整体的音韵、结构等也有一定的要求，所以导致了写诗的困难程度远远高于一般文章的困难程度。基于此，是否可以利用"机器写作"来完成诗歌的创作呢？

从表面来看，向计算机输入人们的写作意图，然后由计算机程序来完成后续创作，是一项计算机的算法研究和开发工作。其实，从本质上来讲，这是突破人工智能发展的重要一步，因为利用"机器写作"来完成诗歌内容，不仅可以推动诗歌的发展，还可以促进其他"机器写作"任务瓶颈的突破。

1）旧体诗的自动写作

国内研究团队在 2013 年就已经开始对此方面进行深入的研究。主要写作目标是绝句（由 4 个句子组成）和押韵诗（由 8 个句子组成）：每个句子必须包含 7 个或 5 个字；第一、第二和第四句最后一个字必须押韵且不能重复（相同的音节），如图 11-8 的诗——《春晓》中所示的方框字部分。同时，还必须满足平仄的要求。当然，整首诗也必须在上下文上连贯。

图 11-8 四字绝句诗

以 2013 年提出的一种基于信息提取和选择的模型为代表来进行说明：首先，用户输入所需的主题；其次，机器算法系统将在数据库中选择一些相关的诗歌（如唐诗 300 首）。这些诗歌将被分为短语，并根据与主题的相似性和数据库中出现的频率给出权重。假设需要生成四行词，则根据它们之间的相似度将这些词分为四组，每组将相应地生成一些句子。对于押韵部分，该模型首先通过最大限度地选择权重来获得具有相同音节的一组词，并通过多次迭代来满足词数、平仄和连贯性的要求。最后，通过动态编程算法从每组结果中选择最佳组。从整个模型来看，由于它是提取模型，因此不需要大量的训练时间。可以简单地想象整个过程，就像人类从 300 首唐诗中发现了不同的字和词，然后用其来构成一首诗。只是，计算机的拼写速度更快（但不一定能保证质量）。

后来，在深度学习的推动下，诗歌生成任务得到了极大的改善，并且出现了不同的深度神经网络模型，记忆增强神经网络模型即其中之一。记忆增强神经网络模型将 RNN 和注意力机制相结合作为神经网络的一部分，记忆部分直接利用输入和输出之间的关系去记录一些无法学习的信息。在该模型中，值得一提的是其记忆机制会影响所生成结果的风格，在研究过程中发现，神经网络部分仅与所生成诗歌的格式有关，而该部分确实不需要多次反复训练，因为诗歌的格式不会有很大的不同。因此，他们更加关注记忆部分的研究，发现生成的样式取决于记忆部分。通过用不同样式的数据集训练模型的这一部分，可以获得所需的不同生成样式。图 11-9 的左侧是未引入样式时生成的示例，右侧是使用浪漫风格的结果。从结果可以看出，左边的诗更简洁，没有明显的风格，而右边的诗具有更明显的风格特征。与上述提取模型相比，图 11-9 右侧使用生成模型，使生成过程更加灵活。当然，这需要花费更多的时间进行训练，但是结果会更流畅，且更符合人性要求。

平生心事不堪论，
四十年来我自存。
今日相逢消息好，
何须更著一家门。

万顷玻璃漾碧流，
一泓风景自然幽。
平生不尽千寻意，
到此真成半点头。

图 11-9　诗歌生成的不同风格

以百度诗歌等生成系统为代表的诗歌生成相关产品已经出现，这些产品都属于世界巨头公司和研究机构。它们利用大量数据进行训练，系统根据前一句诗来推出后一句，从而保持诗歌的连贯性。但是，这种方式所具有的问题是：容易出现上下文意思重复的情况。因此，一方面，系统根据用户输入的写作意图提取关键字，并将这些关键字用作每个句子的主题，以减少重复性问题。结果表明，系统生成的诗歌主题的一致性得到了明显提高。同时，重复情况也得到了很大的改善。同样，许多研究人员会根据用户输入的主题提取关键词并进行适当的关联，以浏览多句诗的全文。另一方面，清华大学的矣晓沅团队开发了"九歌"，该系统可以生成五字或七字的绝句，而且还是藏头诗。为了训练"九歌"，该团队使用了唐初至清末的 30 万首诗。所以，将"九歌"形容为中国文化和现代技术的结晶毫不夸大。"九歌"参加央视的《机智过人》节目时，接受图灵测验，它与人同时创作诗歌，由其他人来判断哪些是由机器人创作的。最后，它成功通过了测试，足以证明"九歌"的强大能力和成熟技术。有人这样形容"九歌"："如果您在线聊天，很可能会爱上它的智慧"。随着人工智能浪潮的到来，可以期望将来有更多的通过人工智能技术为用户提供类似于机器的书写娱乐和互动的成熟产品。

2）新诗的自动写作

2017 年 5 月，微软亚洲研究院研发的微软机器人小冰完成了第一部完全由人工智能创作的现代诗集《阳光失了玻璃窗》，引发了一段时间的热议。小冰学习了很多对话文本，从而学会了和人类聊天、调侃等，非常风趣。除此之外，科研人员还指导小冰学习了数百位中国近代诗人的作品，给予了小冰创作新诗的能力。其中，不少作品能够以假乱真。

从技术层面来看，虽然新诗没有旧体诗的格式要求严格，约束也较少，但是新诗因为语言更加通俗，所以要求表达思路连贯、意境一致，否则将不符合人类的审美。因此，新诗看似规则少，其实隐式的要求较多，导致新诗限制更多、难度更大。有兴趣的读者可以自行阅读微软亚洲研究院的研究团体发表的多篇论文。

3）机器写诗的未来

值得肯定的是，整个诗歌生成技术的发展，从早期的提取到今天的创作，从早期的粗陋到今天的细腻，经过许多学者和工程师的努力，整个过程和结果是令人兴奋的。从之前的介绍来看，相信读者对诗歌生成和最新研究背后的原理已经有了一个基本的了解。但是，诗歌生成技术是否已经达到完美？答案仍然是否定的。如同人工智能模型在最初被提出来时，它在当时可能是最好的结果，但是今天来回顾，仍然存在许多缺点。该原理同时也适用于当今的模型：它们可能仍然缺乏内容的艺术概念或诗的灵魂。对于模型和算法，定量评估指标尤其重要。如何评价一首诗的好坏呢？目前，很难用可计算的公式进行评估。所以，一般以设定的角度来进行打分，包括可读性（包括度量因子）、主题一致性、审美角度和是否引发情感等。但是，缺乏量化指标也限制了模型方法，使利用迭代模型自动改进很不方便。不过，随着科技的发展，相信这些问题是可以逐步解决的。此外，本节开头提到的诗歌已逐渐淡出大家的生活，人们也希望通过这一任务，使诗歌能重回到大家的视野中。因此，如何吸引用户并将这项研究应用于产品也是现在需要面对的问题。如是否有机会使用此技术来创建诗歌机器人，以帮助用户编写诗歌，并使用模型来评估书面诗歌等。希望将来科研人员能够带来更好的机器诗人，帮助更多的人了解诗歌这一传统艺术的重要性。

2．AI 对联

对联，又称对子或楹联，是中国独有的一种传统文化。在节假日中，人们可以通过对联来抒发个人对美好生活的向往和倾注的情感。特别是在春节，无论南方北方，大部分人都会通过张贴对联来增加节日的喜庆气氛。对联的主题部分由上联和下联组成，两个部分除长度要求一致外，还要求上下句中的某些对应位置保持对仗。例如，图 11-10 中的"四"对"八"、"贵人"对"财报"、"相"对"进"。对联和其他文学体裁最大的不同之处在于用字的要求非常高，所以导致从古至今能写出优秀对联的人寥寥无几。在人工智能时代，是否可以利用计算机的优势来创作对联呢？如给出一个上联，通过计算机的计算生成对应的下联。

四面 贵人 相 照应
八方 财报 进 门庭

图 11-10　对联

1）技术原理

以下内容，就此任务和相关研究讨论了计算机在此方面的优点、缺点和发展趋势。

一方面，计算机的优势在于它可以从庞大的字符库中选择一些未掌握的词。另外，计算机还可以通过培训学习对联中的句型和规则，为人类作者提供更多思路的同时还能确保对联符合规则。

另一方面，计算机的弱点是它无法学习对联的深层含义。而且在此任务中要考虑几个困难：第一，生成句子的长度必须与输入句子的长度相同；第二，在生成句子中特定位置的词必须具有与前一个句子中相应词相似的含义；第三，生成句子的整体含义必须与前面的句子相同；第四，这两个短句中包含的内容和信息非常丰富，这才是对计算机最大的挑战。

基于上述内容，下面来分析一种目前最新的自动对联生成器——计算机自动对联系统。该自动对联生成器收集了大量的文本进行训练，并学习每个词的含义以及由它们的组合形成的词的含义。

首先，递归神经网络被作为编码器。这里的递归神经网络是神经网络的一种，先前的研究表明，它可以很好地处理一些输入序列，如对联中的上联。意思就是，编码器将输入的句子编码为一个向量，以表示整个句子的含义，可以想象整个句子被加密成一个向量。

其次，另一个递归神经网络被用作解码器进行解码。目的是解密在上一步中获得的向量，并参考其内容来创建下一个句子。但是问题也来了，在生成每个词时，计算机不知道应关注哪些部分。这时，可以引入注意力机制。注意力机制根据编码器和解码器中每个词之间的关系生成权重，该权重使解码器知道在解码过程中需要注意什么。另外，该模型将重新运行一定次数，并且每轮训练都将根据上一轮的结果进行调整，就像人类会根据自己的草稿不断进行修改，直到觉得完美为止。

2）技术展望

通过上述内容的介绍，相信读者对于对联的生成机制已经有了一个基本的认识了。除了学术界，工业界也出现了不少线上的服务产品，如腾讯的智能春联 AI，只需要客户给出一个词组，这个词组可以是名字或者其他含义的词，它就能自动生成一副藏头春联。微软亚洲研究院也推出了微软对联，当用户给出上联后，它能够自动生成下联；也可以根据所给内容将对联装裱为一幅图片，甚至还可以输入客户和别人的名字后在上下联中生成一副含有名字的对联。不过，即使这些对联机器人已经非常智能了，但是和人类相比，无论在通顺度还是在用字上面，或者说整体的逻辑性上，还是存在一定的差距。例如，在一个在线对联机器人中输入图 11-10 中的上联部分，对联机器人会输出"平安二字无十春"的下联，可以看到，这句话的整体语义是不符合逻辑的。而为什么会出现这些问题，是值得探讨的问题。

导致问题产生的原因有很多，其中最重要的一点是计算机没有真正理解对联的深层含义。从以上的举例可以看出，如果把机器生成的下联切成一个一个的词序列，单独来看和上联是对仗的，但是合起来后就词不达意了。背后的原因可能是计算机在生成下联的时候只考虑了上联对应位置的用词问题，并没有真正地学习到当前上下文的含义。产生这些问题的原因，也许是模型设计出了问题，也可能是有一些根本性的问题尚未解决。计算机虽然可以提供更多多样性的用词/句子，但是它也受限于自己生成的句子和词语的训练文本的束缚。只要训练文本中没有出现过的词或句型，就不可能出现在输出结果中。即便计算机只是起一个辅助作用，但是在很大程度上，也会让人类的创作受限于模型结构而导致缺乏创新。

至此，相信读者在感受到对联生成器魅力的同时，也知道了其背后的难题，并了解了当前学者对于这项任务的一个研究现状。虽然现在对联生成器还存在不少问题，但是相信随着科技的发展，这些问题都会被一一解决的。而且目前的技术已经能够帮助人们解决一部分问题，这也是大家所期望的结果。如何提高生成句和输入句之间的连贯性和如何让计算机能够真正理解对联的深刻含义，是未来的一个重点工作。希望在不久的将来，科研工作者就可以攻克这一难题，为用户提供更好的使用体验。

11.2.3 当代写作

对于文字工作者来说，当代写作包含系统性的理论和多样性的文体，如故事、文学评论、新闻等。在人工智能研究领域，一般只关注新闻写作和故事创作两个方向，因为：

（1）新闻简明扼要且内容精炼，在现代生活中带给了人们各种有用的信息，产生了一定的价值；

（2）故事创作作为人类叙事的重要内容，是人工智能领域的一个关键研究课题。

本节主要介绍机器写稿和机器故事生成的成就和挑战。

1. 机器写稿

无论是体育娱乐还是金融时代，新闻可以与时事、政治一样大，也可以与社会百态一样小，所以说新闻与大家的生活息息相关，人们可以从新闻中了解到想要的东西。其中，互联网新闻的受众最广、覆盖面最大、阅读时间最长。根据中国互联网络信息中心（CNNIC）的统计，中国网民数量已超过 8 亿，其中 6.7 亿是网络新闻用户，也就是说，有 80%以上的网民会浏览互联网新闻。用户在工作休息时利用手机阅读新闻已经成为一种习惯。以今日头条为例，它的用户有上亿，平均每天看 App 的时间超过 1h。此外，还有互联网新闻平台，如新华网、百度新闻、腾讯新闻和搜狐新闻等。新闻不仅改变了人们的生活，而且产生了巨大的社会和经济效益。例如，在金融领域，股市状况与一些重大新闻密切相关，因此阅读新闻并指导投资行为可以获得经济利益。同时，某些类型新闻的阅读量反映了当前社会的阅读偏好和民意焦点。及时捕获和合理使用这些信息可以帮助人们了解到所关心的问题和需要的信息。

1）机器写稿的现状

鉴于新闻具有的巨大社会和经济价值，导致新闻业从业者众多。仅中国就有超 20 万人持有记者证，而且这个数量每年都在增加。此外，"大众化"趋势的明显发展，又催生了大量的自媒体工作者和商业公众号及其团队。虽然现在新闻从业者很多，其实很多工作都可以由计算机来完成，如编辑和纠错等。和传统作业相比，人工智能在大数据信息的处理和快速发布新闻能力这两点上是拥有明显优势的。例如，中国地震网的机器人在 25s 内就创作并发布了九寨沟 7.0 级地震的快讯；2016 年里约奥运会时，今日头条的"张小明"机器记者快速地整理好了比赛简讯和结果，并进行了信息发布。如果机器人记者能够凭借高效的大数据处理能力去代替人类记者快速地处理一些基础工作，新闻从业者就可以腾出时间来完成更有深度和影响的工作。

现在的人工智能还处于一种"弱智能"的阶段，主要从事一些事实整理工作，其中，表 11-1 列出了一些有代表性的中文写作机器人。

表 11-1　有代表性的中文写作机器人

国内代表机器人	所属机构	题材类型	功　能
Dream Writer	腾讯	财经、科技、体育	写稿、内容抽取
张小明	今日头条	体育新闻	短讯、长文资讯
DT 稿王	阿里巴巴	财经新闻	写稿、热点新闻
快笔小新	新华社	体育、财经	中英文写稿
小封机器人	封面传媒	新闻、人机互动	基于新闻、兴趣、生活与用户展开互动
Giiso	智搜	资讯编辑	内容编辑

从表 11-1 中可以看到，大部分中文写作机器人都集中于写短稿和内容抽取整理上，这表明了当前人工智能还不能完全解决长文本生成的一致和连续性的问题。内容抽取方法主要是从历史信息中选择一些特定消息，用一定的规则和顺序来进行整理和展示。大部分写作机器人的写作题材集中于写财经、科技和体育等新闻内容，其中，智搜开发的写作机器人主要是对写作内容进行编辑。除了表 11-1 中提到的机器人，表 11-2 还列举了有代表性的英文写作机器系统。

表 11-2　有代表性的英文写作机器系统

国外代表系统	所属机构	题材类型
Heliograf	《华尔街邮报》	体育新闻
Quakebot	《洛杉矶时报》	地震和犯罪新闻
Heliograph	《华盛顿邮报》	新闻
Blossom	《纽约时报》	推荐、编辑新闻

从表 11-2 中可以看到，《华尔街邮报》的 Heliograf 系统主要针对体育新闻；《洛杉矶时报》的 Quakebot 针对的是地震和犯罪两个特定的领域和场景；《华盛顿邮报》的 Heliograph 可以针对任何种类的新闻；类似智搜公司的写作机器人，《纽约时报》的 Blossom 可以推荐和编辑新闻内容。

2）机器写稿的技术原理

了解了目前具有代表性的写作机器人及其功能后，下面以"张小明"为例来说明它们背后的技术细节和用户体验。"张小明"机器记者的主要功能是实时解说奥运会的比赛情况，生成体育新闻的内容。它的核心技术在于利用实时文本的关键信息，抽取其中的主要内容，并以特定的格式和逻辑来展示这些信息。体育新闻写作问题被建模为一个抽取式摘要问题，即假设所有新闻中需要的信息和事实都存在于现场解说中，从中抽取关键信息作为新闻报道的内容。另外，生成体育新闻还要考虑现场解说的实时性、冗余性和句子的长短。为了解决这些问题，研发人员把传统句子特征和机器学习方法相结合，取得了较好的成果。2016 年里约奥运会上，"张小明"机器记者利用实时解说评论的信息，可以同步进行对应新闻的撰写和编辑，这些内容包括乒乓球、羽毛球等。在短短的 6 天时间里，就生成了超 200 篇的新闻稿。从用户体验角度来看，"张小明"机器记者的新闻内容虽信息准确，但可读性差，这是因为机器记者仅考虑了新闻内容从实时评论里进行关键信息的摘取，却忽略了新闻语言的可读性。"张小明"机器记者的水平虽然还达不到真正的记者水平，但是生成的新闻内容还是准确传递了比赛的关键信息。"张小明"机器记者对于需要同时采访多场赛事的场景，可以快速地生成冷门场次的新闻报道，从而让人类记者可以更关注于核心比赛的新闻内容。综上所述，当前的新闻写稿机器人可以为读者传递准确的信息，但是可读性差，这方面需要有较大的提升。

尽管机器编写已经引起了广泛的关注并且在过去几年中也进行了广泛的报道，但是当前的人工智能技术仍处于弱智能阶段。在编写长而深入的文章时，写作机器人遇到了各种问题。这是因为当前手稿写作机器人背后的技术是基于深度学习或预设规则的，而这些规则是从人类记者制作新闻的过程中提取的，深度学习可以学习新闻语料库和语法等信息中的许多单词，但不可能像人类一样思考，因此也无法写出有灵魂的作品。机器缺乏人类常识、社会属性、情感变化和逻辑推理能力等智力活动，因此，当前的手稿写作机器人无法撰写有深度的报告，也无法撰写简洁流畅的长篇新闻。当前的手稿写作机器人主要用来代替记者做一些繁重和多余的机械工作，它对于快速信息传输、大数据分析和处理及分类具有重要的价值和空间。

随着人工智能的发展及学术界和工业界对于机器写稿的更多投入，有理由相信，在不久的将来，写作机器人可以替代人类记者写出中低创造力的新闻，而且在信息准确度和可读性上都可以达到人类记者的水平。同时，对于长篇新闻的创作能力也将得到很大的提高。甚至，写作机器人还可以做到和人类记者的无缝配合，可以准确捕捉到人类记者的写作风格、思维逻辑和所需情感等信息，真正解放更多的人类记者去从事更深层次的工作。

2. 机器故事生成

在工业界和学术界，除写新闻外，机器人写故事也引起了广泛的关注和研究。相信每个人都有一段儿时的童话故事的记忆，像《安徒生童话》《一千零一夜》等。阅读童话故事可以锻炼儿童的想象力和理解力，孩子通过童话故事里的人和事来映射生活中的日常和做人的道理，这就是所谓的叙述智力。以叙述的形式来描述人类的日常生活和感受，不仅仅是一种社交方式，更是一种智力行为。这里把写故事单独进行介绍的原因有以下两点：

（1）故事可以通过描述的情节来刻画独特的人物性格，从而反映一定的社会动态。和新闻不同的是，故事中的人和事都可以是虚构的。故事的种类和内容比新闻要多得多，按照内容，可以分为科幻、武侠、言情等；按照语言形式，可以分为白话和文言文；按照篇幅长短，可以分为短篇、中篇、长篇和微型小说。

（2）故事体现了叙述智力行为。通过研究机器写故事可以帮助人类更好地理解人们在叙述过程中的认知和行为。同新闻一样，故事也有较高的经济价值，如家喻户晓的童话故事。如果计算机在未来可以创作出更多、更好的类似故事，相信大家都愿意付费进行阅读和传播。据中国网络富豪榜报道，"唐家三少"一人的版权税收入就达到了 3300 万元。所以，研究机器人写故事拥有很强的娱乐和经济价值。

1）机器故事生成目前的进展

科研人员在过去几十年里尝试了各种方法来对故事生成建模，如今已经取得了一些初步成果。那么，当前的机器故事生成水平到底到了一个什么样的阶段？和目前人工智能的火热现状相比，机器人写作却很难写出一篇人物鲜明、情节连贯的短篇小说，更不要说写出超过人类作家的鸿篇巨作了。现状的故事创作还局限于特定的领域和人类作家的协作层面：在特定领域中，由于场景清晰、人物刻画相对容易，那么在人类预先定义的知识和规则上，计算机可以生成看上去较真实的短篇故事。但是经不住仔细阅读，因为还是能够看出规则的影子，计算机刻画的情节缺乏想象力，任务描述也很单调；对于协作式故事写作，当前的写作机器人还不能理解人类的写作意图，不能帮助人类作家写出对应的故事情节，它主要的作用在于通过不断地获取人类的反馈信息，及时调整写作内容，或对已经生成的内容进行修改。

故事写作在人工智能领域被定义为能自动选择事件、人物、情节和词汇的序列，大部分的故事都是利用符号化的规则或基于实例的推理来生成的。虽然这类故事的生成内容还不错，但是要依赖知识工程提供特定领域的符号化模型，所以故事本身有一定的受限性，这类故事的好坏就要取决于知识工程的内容。另一类方法是利用数据驱动，通过机器学习算法从大量训练语料中进行学习，从而学会如何进行角色选择和情节描述等，这类方法主要包括基于图的模型和神经网络。用这类方法生成的故事虽然跳出了领域知识的限制，但是可解释性和可控制性弱，即生成的角色和情节是不可控的，并且长篇故事的生成内容通常是上下文不相关的。

2）机器故事生成的主要技术方法

为了更好地了解当前机器创作的现状和发展，下面举几个简单的代表性案例来进行说明。早期的故事生成主要是基于规则的方法，这种方法给定一些角色和对应角色可以做的动作内容，通过一个情节管理算法和人类作家进行协作，最终生成有角色、有情节的故事。近期有代表性的自动故事生成方法包括基于图的模型和神经网络两种，下面依次进行介绍。

2013 年，Boyang 等人提出了基于图的模型，主要用来学习故事的情节，这种表示符合作者在真实生活中的逻辑习惯。这种图表示主要定义了故事在某个时间可能发生事件的一个空间概念。实验结果表明，对于简单故事而言，该方法可以达到未受训练的人类水平。

2017 年，Martin 等人提出了深度神经网络。该模型首先利用自然语言处理算法从每一句故事的文字描述中抽取关键的语义信息，并转换为事件的表示形式；其次，再利用抽取事件作为训练序列来训练一个神经网络，该网络能生成事件序列。因为从句子到事件是一个信息丢失的过程，所以需要另一个神经网络根据当前事件来生成文字故事的描述。

3）机器故事生成的前景

虽然机器故事生成取得了一定的成就，但是目前的应用还局限于娱乐和短故事创作，长篇故事和其他复杂题材的故事创作水平却和人类作家相差甚远。目前的模型在解决故事写作中存在着很多问题，最主要的一点就是自然语言处理技术远远达不到人类水准。语言系统是人类大脑最复杂的系统，叙述智力是最重要的语言智力体现之一，因此，未来的故事写作主要在以下两个方向：

（1）研究人类作者在创作时体现出来的认知、知识运用和推理过程等，让计算机学习该过程。

（2）根据目前的算法和未解决问题，沿人工智能领域对自动故事生成的定义和提高方案的方向继续进行深入的研究。

未来，计算机可能会写出生动形象的小说，也可以听从人类作家的指令生成对应的文本内容。人工智能在机器写作中的应用和发展值得大家期待。

第12章 智能问答与对话

随着人工智能对人们的思维和生活方式的影响加深，智能问答与对话也成为一项应用广泛的技术，本章将介绍智能问答与对话的概念、组成，以及问答系统的几种不同类型。

12.1 智能问答

在著名的图灵测验中，图灵的"模仿游戏"（Imitation Game）是通过问答来实现的。测试中，机器和被模仿者一起回答提出的问题，一段时间后，如果机器能"以假乱真"，就说明它成功地进行了模仿。

不仅仅是机器，当判断一个人是否聪明时，往往也根据测试来判定。学校的各种考试用来测试学生是否掌握了所学的知识；现阶段的各种资格考试用来检验社会人才是否具备所需能力；面试是面试官通过和面试者面对面地交流，以检查应聘者是否胜任岗位要求。

在当今社会大数据时代，出现了大量的数字化知识。特别是随着互联网的普及和搜索引擎技术的发展，只要掌握了关键词检索技术，大部分都能得到想要的信息。也可以说，大数据技术将达到上知天文下知地理的程度。但是，机器的智能程度还没有达到人类的预期目标。究其原因，是信息检索的方式与人们日常交流的方式有很大的不同。以搜索引擎为例，传统的搜索引擎根据用户的属性去匹配网页，返回匹配度较大的网页，而非理解问题，进而给出可能的答案。

智能问答（Question Answering）系统的工作流程与人类的思维过程基本相似：先了解问题，再寻找知识，最后确定答案。这个过程可以一步一步地处理，也可以用端到端的方法建模。知识有多种多样的数字化形式，对不同的知识表示需要采用不同的技术方案进行寻找，如基于检索的问答系统是围绕检索展开的，不过是在理解问题的基础上到合适的知识库中进行检索，最后得到答案。这个过程与传统的搜索引擎相比，区别在于：①智能问答整句理解问题，而搜索引擎提取关键词；②智能问答基于理解给出的结果是更精确的答案；③智能问答给出的答案来源也多种多样，既有结构化的数据，也有非结构化的数据。基于上述内容，智能问答可以提供更准确的知识信息，满足人们在求知方面的需求。本章将从问答系统的基本过程、常见场景、主要组成、类型等方面讲解智能问答系统的原理。

12.2 智能对话系统

问答过程其实是一种对话，并且随着近年来硬件设备的计算能力越来越强，语音技术发展迅速，人与机器的对话交流成为问答技术的典型场景。

与智能问答系统相比，智能对话系统更注重交流和响应。它可以更好地应对用户的输入，可能是打招呼、指令、情感表达等句子，在对用户的问题未检索到直接答案时，可以建议用户使用其他方式寻找答案。对话可以通过撰写对话模板实现，但用户的输入表达多种多样，很难覆盖所有表达形式，后来出现了通过挖掘网络论坛、微博回复等现实中的真实互动扩充对话方式和内容，利用检索模型、深度学习模型、情感模型自动学习对话过程的技术。

智能对话系统作为人工智能领域的核心技术，它能够将人们从重复的劳动中解救出来，如智能客服和智能语音销售都可以替代常见的高度重复的标准化客户咨询。目前已发展出多种多样的对话系统，如文本问答系统、阅读理解型问答系统、社区问答系统等，它们有各自的优缺点，适用于不同的场景。

12.2.1　对话系统的基本过程

一个完整的人机对话过程可以包含语音识别、自然语言理解、对话管理、自然语言生成、语言合成几个部分，具体如图 12-1 所示。

图 12-1　一个完整的人机对话过程

实现人机对话，首先需要机器听懂人的话（语音识别），机器需要对人的说话内容进行理解（自然语言理解），其次结合对话上下文来进行思考和决策（对话管理），进而生成一个合适的回复（自然语言生成），最后再将回复内容表达出来（语音合成）。这 5 个阶段不一定同时存在，如在一些文字交互的场景下，不需要语音识别和语音合成阶段。但自然语言理解、对话管理和自然语言生成是对话系统所必需的核心技术，可以将其统一称为对话技术。

此外，有些复杂的对话场景中，除语言外还包含肢体语言、表情等。例如，A 指着 B 对 C 说："他是谁？"，C 回答："他是我叔叔。"在这段对话中，A 所问的人称代词"他"无法从文本中获得解释，需要通过现场肢体动作来进行判断，这种结合声音、图像、文本等不同信息形式的问答称为多模态（Multimodality）问答。

12.2.2　对话系统的常见场景

以我们关心的文本问答技术为例，参看图 12-2 的例子。

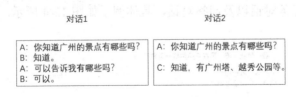

图 12-2　一组不同情商的对话示例

上面的例子中，B 的每句回答都是在对问话进行作答，回答是正确的，但其实所答非 A 想要的内容。问答与对话的过程既需要"智力"，同时也需要"情商"，现阶段的对话主要集中在解决问答的"情商"部分，情感对话整合技术还在逐渐完善中，机器对话距达到理想状态还有一定的距离，还需要继续努力。

在对话系统设计中根据对话场景，结合任务目标的有无以及是否需要把请求参数化，可以把对话系统分为任务型、问答型、闲聊型三类，具体实例如图 12-3 所示。

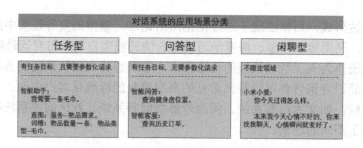

图 12-3　对话系统的应用场景分类

任务型对话系统有明确的任务目标，需要机器通过指令完成某种功能从而达到任务目标，同时还需要将请求参数化。如语句"我需要一条毛巾"，经过任务型对话系统处理，会先被划分为某种服务（场景边界），进一步会被定义为物品需求（目标）。在请求参数化过程中，需要分析每个对话都有哪些实体要素需要参数化，这些实体要素分别对应对话意图以及词槽。这个例子中的意图为需要确定数量的物品需求，所需要识别的实体包括物品类型（毛巾）和物品数量（一条）。任务型对话系统也常应用在手机上，常见的就是各个品牌手机的智能助手，当我们说出如：打电话给 XXX、确认关机、播放音乐等对话时，智能助手就会执行对应的功能，而不需要操作按钮来实现任务目标。

问答型对话系统也有明确的任务目标，但不需要参数化请求。问答型对话往往具有固定的标准答案，这类型的对话往往将不同的问题进行分类，根据不同的分类提供对应的答案。如查找健身房位置与健身房在哪里是一类问题，只需要将对应的健身房位置作为答案返回即可。又如，当我们说：停车场在哪或在哪停车时，只需要给出对应停车场的位置即可。

闲聊型对话系统没有具体的目标，也不限定特定领域，一般而言，聊得越久越好。如同手机助手闲聊：

"你今天过得怎么样？"

"本来我今天心情不好的，你来找我聊天，心情瞬间就变好了。"

闲聊型对话是聊天机器人中最常见的需求。闲聊型对话系统更强调说话方式和内容，符合人类习惯的说话方式和内容，可提高人们的对话体验。虽然闲聊型对话系统的目标不是解决特定的问题，但其提供的陪伴功能，也是十分重要的。

需要指出的是，这几种类型的对话系统往往没有严格的界限，通常都会互相穿插，如在闲聊中，也可能包含任务对话以及问答对话，具体例子如图 12-4 所示。

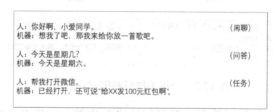

图 12-4　多种意图的自然交流过程

12.3　问答系统的主要组成

人类在问答过程中一般包括提问→思考→回答等几个环节，问答系统的回答过程同人类类似，也包含三个环节，其组成如图 12-5 所示。

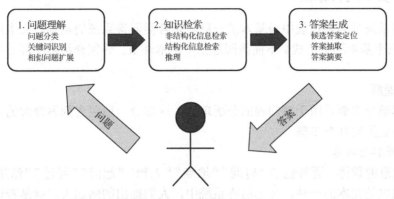

图 12-5　问答系统的组成

1．问题理解

问题理解就是针对一个问题，该如何进行分析，并确定问题的分类。问题的类型包含词语定义、智力知识、生活信息、发生原因等。如以下问题："上海的温度是多少"和"月球的温度是多少"，这两个问题从字面上看比较相似，但实际上，前者问的是某个城市的温度（生活信息），后者问的是一项天文学知识（智力知识）。如果问题理解不正确，就会影响下一步的知识检索。只有正确理解问题，才能从正确的知识库中检索出答案。

2．知识检索

在理解问题后，问答系统会将问题组织成计算机可理解的检索语句，检索语句的格式由问题对应的知识库结构确定，不同类型的问答系统，知识检索有所区别。如以下问题："上海的面积有多大"，如果采用百度百科类的知识库检索，则应在"上海市"的词条中，检索其"面积"信息；如果采用搜索引擎检索，则应该采用"上海"和"面积"两个关键词，再通过搜索引擎检索。

3．答案生成

答案生成阶段主要完成从可能存在答案的信息块中抽取答案的功能。通常知识检索到的结果或答案不作为最终答案，因为最精确的答案往往蕴含在检索到的答案的上下文中，生成答案阶段还需要从中提取出与问题最相关的部分。通过百科类的知识结构返回的答案中，上海的面积有多大可以返回现阶段的数值作为答案，但也可以在问题上加上各种限定词，如 1921 年的上海有多大，或是 2020 年上海的浦东区有多大，针对这些约束，选取最佳的答案。通过搜索引擎返回的答案往往是相关性较大的若干文档，这时需要从这些文档的上下文中提取核心的段落、句子和词语作为答案返回。

以上三个步骤是问答系统的基本流程，下面针对不同的知识组织形式，分别进行详细的介绍。

12.4　不同类型的问答系统

本节将介绍文本问答系统、阅读理解型文本问答系统、社区问答系统以及 IBM 的"沃森"问答系统等。

12.4.1 文本问答系统

文本问答系统是问答系统中最基本的一种，是各类问答系统的基础。文本问答系统也由图 12-5 所示三个基本环节组成。下面按照这三个基本环节，分别介绍每个环节涉及的模块和技术。

1．问题理解

问题理解部分主要是用于对问题的分析理解，这部分一般包含问题理解的内容、问题理解的方法、问题扩展几个步骤。

1）问题理解的内容

文本是信息的载体，通常包括"时间""地点""人物""起因""经过""结尾"和"情节"等要素。问题也是文本的一种，文本问答系统中，人们提出的问题大多就是查询上面这些要素信息点。在相关研究过程中，关于问答系统的目标可被描述成用于解答如下问题：

谁（Who）对谁（Whom）在何时（When）何地（Where）做了什么（What），是怎么做的（How），为什么这样做（Why）？

需要注意的是，中文里的疑问句与英文中的不同，英文中问句通常由疑问词起始，但中英文的提问内容的基本要素仍然相似。提问的目的和要素可以按照不同分类体系进行分类，常见的分类体系包括平面分类和层次分类（UIUC 分类体系、Moldovan 分类体系），这些分类系统有助于筛选出候选答案。问句分类的作用包括减少候选答案、决定答案选择策略。

（1）UIUC 分类体系：该体系是一个双层的层次结构系统，主要针对事实类问题，也是目前国际上比较权威的问句分类体系，共包括 6 个大类 50 个小类。哈工大的学者在 UIUC 的基础上，将汉语的问句分为 7 个大类共 60 个小类，7 大类有人物、地点、数字、时间、实体、描述、未知。

（2）Moldovan 分类体系：该体系是一种双层结构的层次结构体系，第一层主要针对问句的形式，第二层针对答案的类别。其中，问句的形式包括以下部分。

- 什么（What）：如"什么人""什么时间"等。
- 谁（Who）：动作的发出者（主语）。
- 谁（Whom）：动作的作用者（宾语）。
- 怎么/多少（How）：如"多少""多长"等。
- 哪里（Where）：询问地点。
- 何时（When）：询问时间。
- 哪个（Which）：如"哪个地方""哪个时间"等。

（3）Radev 等人在 2005 年设计了一种单层平面分类体系，把问句分为 17 个类别，如人物、数字、描述、原因、地点、定义、缩写、长度、日期等。

（4）根据问题所属的垂直领域（主题）进行分类，如天气类、导航类等。根据所属主题进行分类的目的是利用对应的主题功能来处理对应的问题，如天气类的问题由天气数据模块回答，导航类的问题由对应的导航算法处理。

如"珠穆朗玛峰的高度是多少"这个问题，实际就是在问"珠穆朗玛峰"这个事物的"高度"（数值）为多少，通过不同的分类体系均可确定问句中提问人需要的信息是什么，以及对应信息的类型。

2）问题理解的方法

问题理解是从问题中提取关键成分的过程，该过程可使用模板匹配方法和自然语言处理技术。

问题理解中，最直接的方法就是字符串-模板匹配方法。人为提取同类问题的共性部分，并将共性部分作为模板，模板匹配成功后，产生变化的部分就是查询的关键字。

模板匹配的优点是逻辑清晰、易于理解。但其缺点也非常明显：模板形式固定，对于丰富多变的语言无法做到灵活适用，除非用户也编写了对应的模板。

例如，采用模板匹配方法，"红烧肉的烹饪过程"和"锅包肉的烹饪过程"的关键词分别为"红烧肉"和"锅包肉"。但如果问句变成"红烧肉怎么做啊"，就需要增加特定模板，否则无法匹配。在实际应用中，文本的开头和结尾还可能包含"啊""呀"等虚词，这也为模板的设定增加了难度。

使用自然语言处理技术也是常见的问题理解方法，自然语言处理技术需要分析词法和句法。例如，通过词性标注和句法分析，得出哪些词是名词、代词、形容词；分析出词语充当的主语、谓语、宾语、状语、定语、补语等成分；找出是命名实体的词等；同时也对停用词和非关键词进行移除操作。例如，根据依存关系，可以解析句子中如量词、状语等的各种组合修饰语，然后构造 λ-DCS（Dependency-based Compositional Semantics，依存组合语义）（如图 12-6 所示），便于使用知识库进行操作。

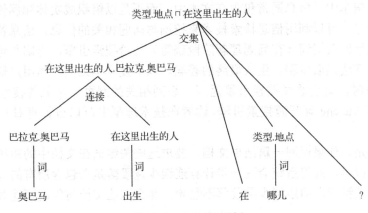

图 12-6　λ-DCS 示例

λ-DCS 表达式的构建过程包含如下几种操作：

（1）一元实体（Unary）：实体词，如"奥巴马"。

（2）二元关系（Binary）：属性词，如"出生地"。完整的知识可以由三元组表示，如（奥巴马，出生地，夏威夷州）。

（3）连接（Join）：连接一元实体与二元关系，得到关系一侧的所有可能的实体，用点（"."）表示。如"出生地点.夏威夷州"代表出生地点在夏威夷州的所有人，"在这里出生的人.巴拉克·奥巴马"代表奥巴马的出生地点。

（4）交集（Intersection）：表示两个一元实体的交集部分，用⊓表示。如"职业.语言学家⊓出生地点.夏威夷州"代表所有出生在夏威夷州的语言学家。

（5）计数（Aggregate）：对一元实体集合的数量进行统计，用 count（·）表示。

基于上述介绍，如果问题为："鲁迅出过多少本书"，则对应的 λ-DCS 表达式为 count（类型.书籍⊓作家.鲁迅)。

自然语言处理技术与模板匹配技术相比，在处理不同问句方面，前者更为灵活，尤其现在基于 AI+大数据训练出的语义模型，通常可以更为准确地分析出句子，达到与人类同样的水平。但自然语言处理技术与模板匹配技术相比，模型的解释性较差、人工干预较困难。

3）问题扩展

自然语言的灵活多变为问题理解增加了较大的难度。某问句可能既存在句式变化，同时还存在同义词或近义词。如"谁是居里夫人的丈夫"和"玛丽·居里的老公叫什么"两个问句是同一个意思，这时就需要使用相关的自然语言分析工具来消除歧义，扩增原始问题。在词的级别上，可以借助同义词词典；在句的级别上，可以借助句子复述技术。

2. 知识检索

知识库包括结构化数据和非结构化数据，结构化数据相对较少但比较精确，非结构化数据多且比较全面。在大数据时代，我们可以从结构化数据中获得精确答案，从非结构化数据中进一步挖掘出正确的答案，利用两方面的优势，满足用户的需要。

知识库对问答系统的聪明程度和性能有着直接的影响，一般而言知识库的大小与问答系统的聪明程度成正比，但过大的数据量某种程度上会影响系统性能。为了提供更好的用户体验，问答系统中知识库的组织与管理需要深度整合信息检索技术。

1）非结构化信息检索

在非结构化信息中，信息通常包含在文本中，而不是以组织成实体和属性的结构存在。对于非结构的信息，可以利用信息检索技术来挖掘与问题相关的信息，信息检索技术中最直接的方式是将问题的关键词（在问题理解阶段获得）传给搜索引擎，返回与这些关键词相关的文档。再通过筛选提取步骤，生成最终的答案。以小爱同学为例，当用户输入的句子无法匹配预定的模板时，就会通过搜索引擎返回一系列相关的网页。常见的搜索引擎技术包括商业搜索引擎和 Lucene 等开源搜索引擎，读者在技术选型中可以自行查看与搜索引擎相关的文档。

需要注意的是，如果返回一篇结果文档，要求这些关键词在文档中的距离比较接近，常用的衡量单位为段落，问答系统会进一步计算连续少量段落是否包含所有的关键词。如果整篇文档包含所有关键词，但连续少量段落不包含，那么这些文档与问题可能并不相关，可以过滤掉。

同理，如果经过过滤，挑选出了多篇文档的多个段落，就需要过滤出包含答案的段落或局部文本块的优先级，这个局部文本块实际上就是一个段落窗口，这个窗口中的文字包含尽可能多的关键字，再通过相关算法，对文本块进行排序。基数排序算法（Radix Sort）就是常用的排序算法，该算法排序包含相同顺序的关键字数、最远关键字间距和缺失关键字数等几个因素。经过算法处理，将检索到的文档筛选为多个文本块，方便后续的答案提取环节，使问答系统提供的答案更加准确。

2）结构化知识检索

与非结构信息不同的是，结构化的知识包含实体、属性与关系。结构化知识的主要类型如下。

（1）百科类知识：如百度百科、维基百科和百科全书等。百科类数据包含多个实体（条目），每个实体包含简介、属性、其他信息等。百科类数据的属性为结构化数据，其他部分为文本数据（非结构化）。如百度百科中的"上海市"实体，包含"中文名""人口数量""外文名""著名景点"等结构化属性，其他如"历史沿革""行政区划"的介绍为非结构化的文本数据。现在的百科类网站，如维基百科和百度百科，往往针对实体名称添加超链接标识，通过这种方式也可以更好地识别出文本中的实体。

（2）关系类知识：可以通过三元组的结构表示，包括两个事物 *A/B* 及实体关系 *R*，三元组结构为（*A,R,B*）。三元组结构可以很好地解决问答领域的一些事实类问题。如"上海的人口数量是多少"可以使用（上海，人口数量，2 428.14 万）表示。

在现阶段，很多关系类知识都是从非结构化知识和百科类知识中抽取出来的，常见的抽取包括实体抽取、关系抽取和事件抽取。

3）本体与推理

本体（Ontology）的概念来源于哲学领域，在哲学中的定义为对世界上客观事物的系统描述，在维基百科中的定义为对特定领域中某套概念及其相互之间关系的形式化表达（Formal Representation）。在计算机领域，本体可以看成是共享概念模型的形式化规范说明。

一个问题："大象有没有脊椎？"，如果我们知道大象是一种哺乳动物，且哺乳动物有脊椎，我们就能说出大象有脊椎。这是典型的人类问答的思维方式，即经过推理演绎匹配到对应的知识，做出对应的回答。基于这种思路，在 20 世纪 80 年代形成了人工智能的一个重要分支——专家系统。依赖于这种精准的知识结构（哺乳动物有脊椎，哺乳动物是动物），可以搭建问答系统，这里精准的知识结构也被称为本体。动物领域的语义网络如图 12-7 所示。

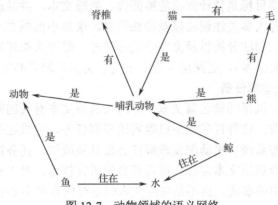

图 12-7 动物领域的语义网络

推理是指通过各种方法获取新的知识或者结论。常见的推理方法包括：基于描述逻辑的推理（如 DL-based）、基于知识图谱表示学习的推理（如 TransE）、基于图结构和统计规则挖掘的推理（如 PRA、AMIE）等。描述逻辑主要用来对事物的本体或概念进行建模和推理，描述逻辑是本体描述语言的基础，本体推理也是基于描述逻辑的推理。常见的本体推理包括基于 Tableaux 运算及改进的方法（如 Racer、FaCT++）、基于 Datalog 转换的方法（如 RDFox、KAON）、基于产生式规则的算法（如 Jena）等。本文以 RDFox 为例来描述推理过程，如图 12-8 所示。

另外，基于深度神经网络，使得机器自主学习并进行推理，也是现阶段发展很好的研究方向。目前，Facebook 开放了基于文本理解和推理的数据集 bAbI，该数据集中

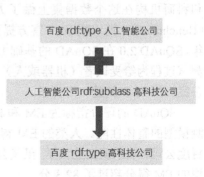

图 12-8 RDFox 推理示例

每一个问题对应大量的事实，机器自动找出有用的事实，通过推理来回答问题。通过端到端的网络模型，将事实隐式地存储在向量、权重中，将其"记忆"功能充分发挥出来，完成推理过程。

3. 答案生成

在问题理解过程中，除了提取关键词（问什么），还可对问题的类型进行区别，如问的是物品还是天气，问题类型也可用来对答案进行过滤筛选。问题的关键词和答案存在联系，答案生成过程中也可参考问题和候选的相似度。如"上海的人口是多少？"中的"多少"可以被替换为答案，即可在答案文本中查找类似"上海的人口是XXX"的句子。

非结构化信息检索知识检索到的信息，往往结构化性质较弱，为了获得更为精确的答案，需要进行进一步的过滤筛选。针对前文中提到的局部文本块，如果将整块文本块作为答案返回，是没有问题的，但由于存在一些与答案无关的内容，使得答案不够精确。借助自然语言处理技术，可以针对文本块中的词语进行分析，如命名实体识别、词性标注等，从而过滤筛选出更有可能是答案的词语或词组。

通过多种方式逐步地缩小候选答案的范围，还可以使用其他方法对答案的可信度进行验证。如使用第三方的知识库、在互联网中检索问题词与答案词同时出现的频率等。

12.4.2 阅读理解型文本问答系统

自然语言处理的长期目标是使计算机能够阅读、处理文本，并且理解文本的内在含义。传统的自然语言处理任务大多关注词法以及语法信息，聚焦小范围文本（如一个句子）的上下文信息，如词性标注、句法分析以及文本分类等任务。然而人类理解文本的过程中，更大范围（整篇文本乃至多篇文本）、更深层次的上下文语义信息起着非常重要的作用。

1. 什么是机器阅读理解任务

给定一篇文本，使用机器阅读这篇文本，并对与这篇文本有关的问题进行回答，类似中英文考试中的阅读理解题，这种任务就是机器阅读理解任务，完成这类任务的文本问答系统就是阅读理解型文本问答系统。机器阅读理解任务极具挑战性，任务过程涉及词法、句法、语法、语义等，同时综合运用文本理解、推理等自然语言技术。对于阅读理解型文本问答，阅读理解要求理解文本中的事实，而不是总结文本的主要内容和中心思想。

机器学习的各个领域中，大规模高质量的数据集是很重要的，在机器阅读理解领域，原有的 MCTest、Science 数据集的规模不大，且有较高的难度。在 2016 年，斯坦福大学构建了一个规模更大、质量更高的问题集 SQuAD（Stanford Question Answering Dataset），很多公司和科研机构在这个数据集上做了大量的实验，这个数据集也成为机器阅读理解的基准测试（Benchmark）。斯坦福 NLP 官方提到，SQuAD 1.1 包含 536 篇文章中的 107 785 个问答。2018 年，SQuAD 2.0 在 SQuAD 的基础上增加了 50 000+无答案问题，并增加了对抗性问题。SQuAD 测试过程为给受试者（机器或人）一个段落和相应的问题，并要求受试者在原文中给出具体答案。图 12-9 就是一个例子。

SQuAD 的评价指标为 EM 和 F1，EM 表示预测答案和真实答案完全匹配，而 F1 用来评测模型的整体性能。人类的 EM 得分为 82.3 分。截至 2019 年 5 月，Google 的 BERT 系统、百度公司、哈尔滨工业大学-讯飞公司、阿里巴巴数据科学与技术研究院等单位提出的数学模型的 EM 得分超过了 82.3 分。

In meteorology,precipitation is any product
of the condensation of atmospheric water vapor
that falls under **gravity**. The main forms of pre-cipitation
include drizzle,rain,sleet, snow,grau-pel and hail...
Precipitation forms as smallerdroplets coalesce
via collision with other raindrops or ice crystals
within a cloud. Short,in-tense periods of rain in
scattered locations arecalled "showers".

What causes precipitation to fall?
gravity

What is another main form of precipitation be-sides
drizzle, rain, snow,sleet and hail?
graupel

Where do water droplets collide with ice crystalsto form
precipitation?
within a cloud

图 12-9　SQuAD 阅读理解篇章与问答示例

　　然而这个结论不能代表机器阅读理解超越了人类，主要是因为 SQuAD 数据集有其自身的局限性，DeepMind 发表了一篇关于 NarrativeQA 的论文，描述了 SQuAD 数据集自身的一些局限性，如 SQuAD 问题的答案必须存在于给定段落内，这就导致很多问题无法被提问；对于需要文中几个不连续短语来回答的问题，SQuAD 训练出来的模型无法泛化；SQuAD 的问题虽然多，但用到的文章比较少同时也比较短；基于 SQuAD 数据集上表现优秀的模型，在更复杂的问题上，泛化性不足。

　　百度在 2017 年发布了大规模的中文 MRC 数据集 DuReader。DuReader 中的原文及问题来源于百度搜索引擎数据或百度知道问答社区，答案是由人类回答的。数据集中包含是非和观点类的样本，这部分在以前研究较少。每个问题都对应多个答案，数据集包含 200 000 个问题、1 000 000 篇原文和 420 000 个答案，是目前最大的中文 MRC 数据集。DuReader 的数据统计如图 12-10 所示。

Data Statistics

-	question	document	answer
amount	301574	1431429	665723
avg len	26(char)	1793(char)	299(char)

图 12-10　DuReader 的数据统计

DuReader 的单条数据示例如下：

```
{
  "question_id": 186358,
  "question_type": "YES_NO",
  "question": "上海迪士尼可以带吃的进去吗",
  "documents": [
    {
      'paragraphs': ["text paragraph 1", "text paragraph 2"]
    },
```

```
    ...
  ],
  "answers": [
    "完全密封的可以，其他不可以。",        //答案一
    "可以的，不限制的。只要不是易燃易爆的危险物品，一般都可以带进去的。",   //答案二
    "罐装婴儿食品、包装完好的果汁、水等饮料及包装完好的食物都可以带进乐园，但游客自己在家
制作的食品是不能入园的，因为自制食品有一定的安全隐患。"        //答案三
  ],
  "yesno_answers": [
    "Depends",                    //对应答案一
    "Yes",                        //对应答案二
    "Depends"                     //对应答案三
  ]
}
```

2. 机器阅读理解任务的模型

基于 SQuAD 数据集的机器阅读理解模型是比较多的，这得益于 SQuAD 数据集在机器阅读理解领域的广泛使用。下面针对 SQuAD 榜单上具有代表性的模型进行简单介绍。

由于 SQuAD 数据集的答案必须存在于原文中，所以模型只需要判断出原文中哪些词可能是答案，这种问答任务是一种抽取式（Extractive）的而不是生成式的。SQuAD 的模型有着很多相似的地方，可以概括为同一类神经网络框架，包含：

● Embed 层，主要功能为将原文和问题中的标识转化为词向量表示方法。

● Encoder 层，主要功能是对原文和问题进行编码（Encode），主要使用 RNN 进行编码，这样编码后每个符号（token）的向量表示就蕴含了上下文的语义信息。

● Interaction 层，该层是机器阅读理解研究的重点，主要负责捕捉原文和问题之间的交互信息，并输出编码过后的问题语义信息的原文表示。该层常采用多次的单向或多向注意力机制模拟人类的重复阅读行为。

● Answer 层，这一模块基于前三层累积信息进行最终的答案预测。

概括地说，这类结构如图 12-11 所示。

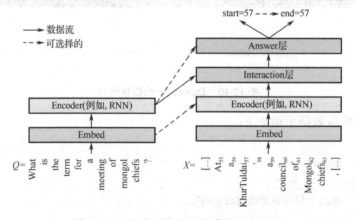

图 12-11　阅读理解任务的模型结构示例

针对阅读理解任务，神经网络模型进行了一些形象化的描述，模型的层次结构与操作步骤如下。

（1）输入和编码：神经网络模型的输入为问题文本和段落文本。编码计算出问题和段落中的单词和字符嵌入表示向量，也可人工提取词性等特征，形成特征向量。将问题和段落的两个（或三个）向量进行拼接，并输入 BiRNN、BiLSTM 或其他序列模型中，获得问题和段落的编码表示。

（2）问题-段落的融合：神经网络模型将问题和段落融合在一起，这部分与人类阅读理解的过程相似，相当于先看问题后再读段落文本或先读段落文本后再看问题。这一步可以采用问题编码向量与段落编码向量相乘或“注意力”机制，这一步的结果同时包含问题信息、段落信息和二者之间的关系。这一步骤得到了二者之间的关系，但还无法确定答案（知识）的位置，这里可以采用重复上述运算的办法，经过反复学习，得到反复学习后的段落表示。

（3）确定答案：本步骤主要为找到答案在原文中的位置，查找过程分为确定起始位置、确定结束位置等。不同的模型采用的机制是不同的，如 BiDAF 使用边界模型（Boundary Model）来预测答案的开始位置和结束位置。

3．机器阅读理解任务的其他工程技巧

同其他机器学习算法一样，集成学习模型相比单一分类器而言往往更具泛化性。机器阅读理解竞赛的排行榜中，前几名队伍都使用了集成学习方法。在工程中使用集成学习模型往往可以获得较好的效果。

深度神经网络需要的数据集较大，在工程实践中，为增大数据量，可采用机器翻译将数据集文本翻译成其他语言文本，再将翻译后的文本翻译回原语言文本，通过这种方式可实现数据扩充。

12.4.3 社区问答系统

社区问答网站是一个公共的知识平台，它的价值在于重建人与信息的关系。用户提出问题，其他用户来回答。国外著名的社区问答网站有 Quora，国内著名的社区问答网站有知乎、百度知道等。社区问答网站采用用户回答问题，所以针对一些非标准化的问题，如猜谜等，社区用户也可以给出对应的答案，也许答案未必正确，但可作为一种符合逻辑的答案（如图 12-12 所示）。

Question/问题： 关羽和秦琼谁厉害？

关羽战秦琼，本就是一句戏言，何谓谁更强，仁者无敌，勇者无惧

图 12-12 某社区问答系统的问题与回答示例

社区问答网站通过一定时间的积累，可积累大量的以<问题，答案>方式存在的知识。基于社区问答网站中<问题，答案>知识的问答系统，可以被称为社区问答（Community Question Answering，CQA）系统。

1．社区问答系统的结构

社区问答网站已经累积了大量的“问答对”（Question-answer Pair），包含了问题和答案之间的联系。此时，在问答过程中，只需要找到合适或相近的问题，再从对应问题的答案中确定最匹配的答案，就可完成问答任务，如图 12-13 所示。

社区问答系统的结构包含问题理解和答案生成两个部分。

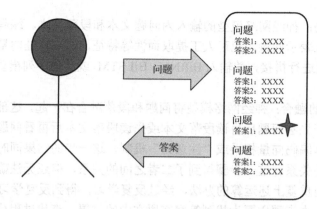

图 12-13　社区问答系统的结构示意

（1）问题理解：这部分主要通过检索问答数据库，获得与输入问题最接近的一个或多个问题，完成问题匹配，该任务属于 NLP 中的复述分类（Paraphrase Classification）任务。

（2）答案生成：已有的"问答对"中，答案的质量是无法保证的，这种情况下，不推荐将答案直接返回给用户。这时可以采取一些过滤筛选方法，以便提供更准确的答案，常见的方法包括：挑选更准确的答案，综合多个答案，或者对长篇答案做摘要等。

"问答对"中问题和答案均可能存在噪声，这也导致了社区问答系统在相似问题的检索和答案过滤环节存在一定的难度。

2．相似问题检索

在社区问答系统中，由于"问答对"的存在，可以通过问题来发现问题。当问答库较大时，可以建立问题索引，然后通过关键词检索到相似问题。在初步检索到候选相似问题后，再找到这些相似问题中最接近的一个或几个。问题相似性计算方法有很多，常见的方法包括基于向量空间模型的问句相似度计算方法、基于语义的问句相似度计算方法、基于依存的问句相似度计算方法、基于编辑距离的问句相似度计算方法、基于同义词和同义词的知识来扩展关键字来识别相似的问题句等。

在模型选择上，可以使用传统机器学习技术，也可以采用深度神经网络模型。深度神经网络模型可以减少手工设计的工作量，弥补人类有限知识的不足，但要求数据集越大越好。在实际应用中，可以具体问题具体分析，依据不同的应用场景，选择适合的模型，或者将不同模型集成起来，采用投票等方式获得最佳的相似问题。

3．答案过滤

社区问答网站的所有用户均可做出答案，所以还会存在答案质量参差不齐的特点（如图 12-14 所示）。为了返回更为准确的回答，还应综合各方面因素提取出更可能正确的答案。

问题	低质量答案
如何让自己开心	我生来就很开心啊
最小的正整数是多少	你的IQ
Java11有什么新特性	用Python更好吧

图 12-14　社区问答低质量答案举例

评估答案质量的工作可以从答案提供者和答案本身两个方面入手。

（1）根据答案提供者的用户等级或专业性评估质量。一个用户参与度越高，获得好评越高，他的回答可能就越专业，这也是许多问答社区按照用户等级提供不同权限功能的主要原因。例如，如果用户有认证或参与较多的类别领域，在过滤问题时，就可以优先推荐该用户在相关类别中的回答，但对于该用户其他类别的回答，不需要给予优先推荐。

（2）根据答案内容本身评估质量。如果一个问题有多个答案，并且多个答案之间有同样的关键词，这些关键词在较大概率上是正确答案的组成部分。除了多个答案的关键词，答案的长度、答案的类别等信息也可以作为特征。当然，可以综合运用这两部分信息。

4. 社区问答的应用

社区问答过程中的答案质量不一，在这种情况下，社区问答系统可提供的服务表现如何呢？从现阶段的应用情况来看，其效果还是很不错的。公司或团队在为客户提供服务的时候，会准备好大量的 FAQ（Frequently Asked Questions，常见问题），这些 FAQ 可以提高用户提问的效率、减少人工回复同样问题的工作量，这里的 FAQ 正是社区问答系统中的"问答对"。

图 12-15 所示为电商智能问答系统示例。

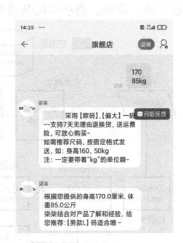

通过预先构建好的大量的"问答对"，在为客户提供服务时，可以采用社区问答策略：将用户的输入问题传入问答系统，通过检索问答数据库，找到相似问题，并进行进一步的答案过滤后返回答案。如果没有相似的问题，可以提示用户改变输入问题或转入人工客服处理等。目前，许多构建客户服务机器人的平台系统都使用类似的社区问答系统技术。

图 12-15　电商智能问答系统示例

12.4.4　IBM 的"沃森"问答系统

2011 年，IBM 推出了以公司创始人名字命名的"沃森"（Watson）深度问答系统（DeepQA）。"沃森"问答系统在美国最受欢迎的知识抢答类电视节目《危险边缘》中与人类同台竞赛，击败了人类选手（如图 12-16 所示），"沃森"问答系统也是 IBM 转型的一个主要方向。"沃森"问答系统集成了许多相关的处理技术，包括机器学习、语音转文本、信息检索、知识表示、自动推理等技术。它使用了数以百万计的文档，包括文字/词典、百科全书、新闻作品等，本节将对其加以概要介绍。

图 12-16　"沃森"问答系统在《危险边缘》竞赛节目中的答题现场

与所有的问答系统类似，"沃森"问答系统处理问题的第一步就是对问题进行理解，了解提问者的意图。这一步主要使用了"沃森"问答系统的语法解析和语义分析能力，包括实体识别、语法解析、指代消解、关系抽取等模块并利用规则与分类器，理解问题中的几个关键点，包括问题焦点、答案类型、问题所属类型、问题需要特殊处理的部分等。第二步，解答问题——搜索自身存储的结构数据和非结构数据，"沃森"问答系统存储了数以百万计的文档资料。需要指出的是，由于这些资料大多为非结构数据，所以"沃森"问答系统需要通过文本搜索来取得信息。这个过程中又会用到第一步的功能模块。第三步，答案生成——判断各个答案的正确性，"沃森"问答系统利用很多算法评估可能的答案，包括答案的类别、地点是否正确，词性、语法结构是否符合要求等。"沃森"问答系统的总体架构如图 12-17 所示。

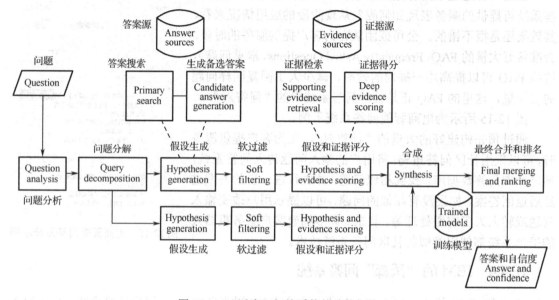

图 12-17 "沃森"问答系统的总体架构

12.5 前景与挑战

在大数据时代，海量的语料库为自然语言处理提供了数据基础，基于深度神经网络模型的发展也提高了问答系统的准确性。同时，海量的数据也使得问答系统成为必要。

与国外研究情况相比，中文问答系统在规模和研究上还有一定的差距，主要原因在于：中文信息处理比英文困难，由于中英文语言的差异性，国外一些相对成熟的研究成果和技术不便于直接利用；另外，中文语料库、知识库以及相应的评级机制等还较为缺乏。近些年国内的问答系统领域也获得了巨大的进步，国内包括清华大学、哈工大等大学、科大讯飞、阿里巴巴等人工智能公司在国际的各个问答领域竞赛中都获得了很好的成绩。

2017 年 3 月底，清华大学人工智能计算研究院的机器人"汪仔"在答题闯关类电视节目《一站到底》中，战胜了人类选手，"汪仔"融合了语音识别、图像处理、语义理解等多种技术。未来，基于中文的问答系统必将涌现一批更高、更优秀的应用产品。

第13章　个性化推荐

不同用户之间的性格差异巨大，在消费决策、认知方式方面存在较大分歧，这就需要在推荐过程中关注用户个性、挖掘用户需求，同时也要对推荐的有效性进行关注以优化推荐策略。本章介绍人工智能的典型场景之一——个性化推荐。

13.1　推荐系统是什么

随着信息技术和互联网的发展，以用户产生内容为主要特征的 Web 2.0 积累了大量的用户数据信息，包括社交信息、商品购买和评分评论信息、搜索信息。通过这些信息，我们可以从各方面了解网络背后真实的用户，从而为每位用户提供定制化的服务和个性化推荐，而提供个性化服务的重要方式就是个性化推荐引擎。

目前所说的推荐系统（Recommender System，RS）一般指个性化推荐系统（Personalized Recommender System，PRS）。推荐系统不需要根据用户明确的需求进行推荐，而是通过分析用户的历史行为，对用户的兴趣进行建模，从而主动推荐满足用户兴趣和需求的信息或商品等。一个好的推荐系统不仅能为用户提供个性化的服务，而且能与用户建立起密切的关系，使用户对推荐产生依赖。图 13-1 表示推荐系统从众多的图书中为用户提供图书推荐。

图 13-1　推荐系统为用户提供图书推荐

推荐系统已经在很多领域得到了广泛的应用，其中最具代表性和应用前景的领域是电子商务，商品的线上化使得多样化信息被保留下来，如评论、评分等，这些数据为推荐系统提供了坚实的基础。而随着电子商务规模的不断扩大、用户不断增长，用户对检索和搜索提出了更高的要求。不同用户的兴趣爱好、关注领域和经历都不尽相同，为了满足不同用户的推荐需求，个性化推荐系统应运而生。

13.2　个性化推荐的基本问题

个性化推荐就是根据用户的兴趣特征和购买行为，推荐用户感兴趣的信息和商品。个性化推荐是如何实现的呢？本节将从推荐系统的输入输出、推荐的基本形式和推荐系统的三大核心问题几个方面来介绍。

13.2.1 推荐系统的输入

推荐系统的输入数据及其形式可能多种多样，传统的推荐系统的输入一般可以分为用户、物品、评价三个方面。

其中"物品"用来描述一个对象的性质，也称为物品属性，它可以是购物网站中的商品，也可以是一切用户可能面对的对象，如视频、音乐、广告、线上好友等。不同物品的属性一般不同，对于电影来说，其属性一般为片名、上映时间、主演、导演、剧情描述等；对于商品来说，其属性一般为品牌、商品类别、质量、颜色等。

"用户"不仅是用户的 ID，还可以是用来描述用户个性的"用户画像"。基础的用户画像信息可能是用户的个人基础信息，如用户的性别、年龄、城市、爱好等。但在现实中，仅仅依靠基础信息，很难应用推荐系统生成推荐，因为我们很难断定某一个年龄段的人一定喜欢某件物品，这样的判断过于粗糙。因此，这些基础信息虽然在推荐系统中经常被使用，但是很少直接用在推荐算法中，往往只用来对推荐结果进行过滤和排序。

使用用户画像的目的是进行物品推荐，在很多推荐算法中，计算用户画像和物品属性间的相似度是一个经常会用到的操作，所以结合物品属性的用户画像是另一种使用更广泛也更有实际意义的用户画像。它的结构与物品属性的结构一样，如参考用户浏览过和已评分的所有物品，将这些物品在每一项属性上获得的打分进行加权平均，得到一个综合的属性作为该用户的画像。该用户画像的优点是其与物品属性间的相似度非常容易计算，对用户在该物品上的偏好描述准确，同时避免了私人信息这一很难获取的数据，很好地保护了隐私。

"评价"是联系用户和商品的纽带，如在购物网站中用户对商品的打分和评价。图 13-2 是一条来自淘宝的评论，其中的五星评价体系经常被各大电子商务网站采用，用于表示评价用户对该物品的喜好程度，对应推荐算法中的整数 1~5。除评分、评论这两种显式可见的信息外，还存在一种隐式数据。隐式数据是指用户在使用网站过程中产生的数据，能在一定程度上反映用户对物品的喜好，如用户对商品的查看、在某页面的停留时间等，它也反映了用户对物品的喜好。

外观材质：主机还是比较结实的，染色也挺好，机箱内空间足够，散热快！ 电脑性能：整体还不错，我不玩游戏，纯办公用，目前用了两三天感觉还挺稳定 整体还是比较满意的，这个价位的主机性价比还是蛮高的，推荐！

2020年10月02日 10:44　　内存容量：8GB 硬盘容量：　配置一 套餐类型：套餐一　　　　　有用 (0)

图 13-2　淘宝用户评论示例

传统的推荐算法一般基于用户评分，随着互联网商业的发展，基于用户评论、浏览历史等隐式数据的推荐方法也受到了广泛的关注和实践，虽然目前还是会受到文本挖掘、用户数据收集等方面的限制，但它们在解决推荐系统的可解释性、冷启动等问题方面确实有很大潜力。

13.2.2 推荐系统的输出

对于特定的用户，推荐系统的输出通常是一个个性化的推荐列表。以图 13-3 为例，该推荐列表按照优先级给用户推荐可能感兴趣的音乐和视频。

图 13-3 推荐列表展示

对于一个实际的推荐系统来说，仅仅给出一个推荐列表是不够的，因为用户不知道系统是基于什么给出的推荐，所以难以判断和接受其是合理的。如果用户对系统给出的推荐结果不满意，同时不明白为什么会给出这样的推荐结果，就很难采纳系统给出的推荐，甚至会极大地损害用户使用推荐系统乃至整个系统的体验。为了解决这个问题，推荐系统的另一个重要输出是"推荐说明"，它描述了为什么系统认为推荐该物品是合理的。如果读者稍加留意，就会发现很多购物网站在给出个性化推荐列表时，会给出"根据您的浏览历史推荐以下产品"或"购买过某一产品的用户中有 90%也购买过该产品"等句子，这是我们经常看到的推荐理由的形式。

13.2.3 推荐的基本形式

追根溯源，推荐系统成为一个相对独立的研究方向一般被认为是美国明尼苏达大学 GroupLens 研究组推出的 GroupLens 系统（早期的 GroupLens 系统界面如图 13-4 所示）。该系统有两大重要贡献：一是首次提出了基于协同过滤（Collaborative Filtering，CF）来完成推荐任务的思想；二是为推荐问题建立了一个形式化的模型。基于该模型的协同过滤推荐引领了之后推荐系统十几年的发展方向，它也是个性化推荐问题的一个最典型、最常用，也是从最初沿用至今的形式。

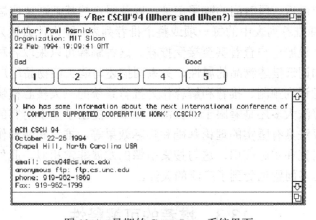

图 13-4 早期的 GroupLens 系统界面

GroupLens 具体描述如下：

系统里存在一个大型的矩阵，该矩阵的每行表示一个用户，每列表示一个物品，矩阵中的每个数值表示该用户对该物品的打分，分值为1～5，对应用户在购物网站中对物品给出的一星到五星的评价，"1"表示该用户对该物品最不满意，"5"则表示该用户对该物品非常满意。如果某用户对某物品没有评分，则对应的矩阵元素值为"0"。视我们所拥有数据的具体情况，每个用户可能有其对应的用户画像，而每个物品也可能有其对应的物品属性。基于此用户-物品评分矩阵，为用户进行协同过滤的推荐。

基于协同过滤的推荐一般是指通过收集用户的历史行为和偏好信息，利用群体的智慧为当前用户进行个性化的推荐。基于协同过滤的推荐大致包括基于用户的推荐、基于物品的推荐，以及基于模型的推荐等。这里简单介绍下基于用户的推荐。基于用户的推荐方法的基本假设为：用户可能会喜欢和他具有相似爱好（基于历史打分记录）的用户所喜欢的物品，基本原理为：具有相似偏好的用户，对物品的打分情况往往具有相似性。

需要指出的是，这样一个用户-物品评分矩阵往往非常稀疏，也就是说，该矩阵中往往有大量的"0"值，而只有少量的非零值。这是因为相对于一个系统（如购物网站）中数量庞大的物品而言（如购物网站中的全部商品），一个用户个体真正浏览或购买过的物品非常少。例如，在著名的餐厅评论网站yelp的用户-物品评分矩阵中，有近一半（约49%）的用户只有一个评分行为，矩阵的稀疏度（0的个数在矩阵中所占的百分比）更是达到了99.96%。由此可见，在真实的系统中，我们所能利用的用户行为数据，相比系统中未知的信息而言少之又少，这就是个性化推荐的难点所在。

13.2.4 推荐系统的三大核心

推荐系统需要解决的核心问题是预测、推荐和解释。

"预测"模块的主要问题是预测用户对潜在物品的喜爱程度，即用户对物品的可能评分。主要手段是，根据如上稀疏矩阵中已有的信息，计算用户对未接触过的物品可能的得分或喜好程度。

"推荐"模块要解决的主要问题是根据预测环节的计算结果，推荐用户未接触过的物品。物品太多，用户不可能全部浏览。因此，"推荐"的核心步骤就是对推荐结果进行排序。按预测得分的高低直接排序是一种合理的方式，但实际情况往往很复杂，需要考虑更多的因素，如用户的年龄、用户最近一段时间的购买记录，以及用户的基础画像信息等。

"解释"模块解释推荐列表中的每一项或整个推荐列表，即为什么认为生成的推荐列表对用户是合理的，从而说服用户查看甚至接受推荐。这种解释可以采取各种可能的形式，而不限于解释性说明，如词云描述物品的属性、关系图描述与购买该物品用户的关系。

虽然人们早就意识到预测、推荐和解释作为推荐系统的三大核心模块起着非常重要的作用，但目前的推荐算法大多还是着眼于"预测"环节，提出了基于内容的方法和协同过滤的方法，如矩阵分解算法具有坚实的理论基础和实际效果等。推荐和解释作为一个重要的后续环节，需要更多的研究和实际应用，这与搜索引擎的发展非常相似。此外，推荐的多样性、推荐系统的接口等诸多问题也受到了广泛的关注。

13.3 推荐的可解释性

除了给出推荐列表，推荐理由的构建也是推荐系统的重要组成部分。

所谓推荐说明，就是在向用户提供推荐的同时，给出直观合理的推荐理由。给出合理有说服力的推荐理由，会增加用户对推荐结果的认可度和接受度，增强用户体验。但是，推荐理由的构造往往需要与系统所使用的推荐算法相匹配，并依赖于所使用的推荐算法。一般来说，常用的基于隐变量的个性化推荐算法（上述常用的矩阵分解算法）由于变量的隐含含义，很难对推荐结果给出直观易懂的解释（图 13-5 中亚马逊推荐列表标题直接为"为您推荐"），这也是其缺点之一。

图 13-5　亚马逊中的商品推荐

　　个性化推荐算法中推荐理由的构造大致可分为两类：一类是在模型后的解释，另一类是基于模型的解释。

　　在建立推荐列表的过程中，在模型后的解释方法首先不考虑推荐原因，而是在完成推荐列表构建后为算法给出的推荐"寻找"一个合适的推荐理由。推荐理由可能与具体算法不一定相关，甚至完全无关。例如，我们首先使用非负矩阵分解（Non-negative Matrix Factorization，NMF）对用户物品评分矩阵进行评分和预测，然后选择预测得分最高的前几位浏览产品，为目标用户建立推荐列表。当需要解释推荐的商品时，可以从系统收集的大量用户行为信息中统计浏览该商品的用户数量，然后告诉目标用户"有多少用户浏览了该产品"，这是许多实际系统（尤其是在线购物系统）推荐的常见原因之一。可以看出，在这个过程中，向用户显示的推荐理由并不一定与生成推荐的实际算法有关，但推荐理由来源于系统收集到的大规模真实用户行为信息，因此是完全真实和可接受的。该推荐理由简单、直观、易于构造，在实际系统中得到了广泛的应用。

　　在模型后的解释方法脱离了推荐列表的实际构建过程，因此系统给出的推荐理由可能与推荐结果脱节，很难准确描述该物品推荐给用户的原因。实际上，如果构建推荐理由可以补充所使用的推荐算法，那么就可以在推荐算法的实施过程中收集到有效的信息，跟踪算法推荐给特定用户的物品的具体机制和过程，从而向用户展示更具针对性，且详细而有说服力的推荐理由。一个简单的例子是前面介绍的基于文章的推荐算法。在基于物品的推荐中，我们计算每个用户未浏览的商品和已浏览（购买）的商品之间的加权相似度，并给出几个相似度最高的商品作为推荐结果。相应的推荐理由是"推荐的商品与您购买的某些商品相似"。我们也可以给出这些类似物品，进一步提高推荐的可信度。这种推荐理由来源于推荐模型本身，与所使用的具体推荐算法密切相关。在某种意义上，采用什么样的推荐算法决定了推荐物品的推荐理由。

　　模型后的解释和基于模型的解释各有优点，也各有缺点和局限性。模型后的解释由于不依赖于具体使用的模型，因而推荐理由的构建更为灵活多样、可选择性多。推荐算法给出推荐结果后，我们可以充分利用系统中包含的用户、物品信息和用户浏览、点击历史记录，根据不同的目的设计多种不同的推荐理由；其缺点是推荐理由与实际情况不一定相符，因为推荐理由与产生该推荐结果的算法未必有联系。基于模型的解释则考虑了产生推荐结果的具体算法，通过分析算法执行过程与推荐结果之间的内在逻辑，构建与之匹配的推荐理由，因此推荐理由往往更具体、细致、有说服力。而由于推荐理由受限于使用的具体推荐算法，会造成推荐理由模式比较单一。

13.4　前景与挑战

虽然经过几十年的研发，推荐系统已经成为现代各种网络应用中不可或缺的一部分，但是推荐系统的研究和应用仍然面临着许多重要而紧迫的挑战，而推荐系统的应用形式和场景也包含了更多的可能性。在这一部分中，我们总结了推荐系统研究和应用中的一些重要问题，并指出了推荐系统研究和应用中的一些潜在的方向，以便读者对推荐系统的未来发展有所了解。

13.4.1　推荐系统面临的问题

1．推荐的冷启动问题

推荐的冷启动问题，是指对于新的用户来说，如何在系统中没有任何可以用来分析其个性化偏好和需求的商品购买或浏览交互记录的情况下进行个性化推荐的问题。对于系统来说，尤其是采用传统的基于数值化评分的个性化推荐方法的系统，网站的用户推荐体验与数据稀疏性互为因果，因为网站无法根据新注册用户少量的商品的评分来分析用户的偏好和需求。在大数据环境下，数据的稀疏性问题影响越来越明显和重要，进一步加重了冷启动问题带给系统的影响。

解决冷启动问题的方法有降维技术（Dimensionality Reduction）、建立用户画像、使用混合模型等。降维技术是指通过 PCA、SVD 等技术降低稀疏矩阵的维度，求得一个低维数据，不过这种方法在实际庞大的系统的运算过程中存在大量运算成本，并可能影响其他成熟用户的推荐效果。建立用户画像的方法是指通过使用用户资料信息计算用户间的相似度和使用物品相似度，与基于打分的过滤系统相结合，以提供更准确的推荐。使用混合模型的方法是指通过融合不同方法的优点，减少单一方法存在的问题。

2．推荐的可解释性问题

由于推荐算法的复杂性和隐变量的使用，往往难以给出推荐列表的原因。实际系统中给出的"看过该物品的人也看过这些物品"往往难以让用户理解推荐列表、相信其准确性，也降低了用户点击和接受推荐商品的意愿。如何根据系统使用的推荐算法构建起相应的推荐理由系统，得到细致、准确、有说服力的推荐理由，引导用户查看甚至接受系统给出的推荐，是学术界和实际系统都需要考虑的重要问题。

3．推荐系统的防攻击能力

由于推荐系统可以影响用户的购买行为并带来经济利益，越来越多的恶意用户试图通过影响推荐系统的行为来控制推荐系统，从而提高商品的销量，损害竞争对手的利益，甚至破坏系统使其无法产生有效的建议。一般来说，对推荐系统的攻击是对协同过滤方法的攻击，因为其他方法都是基于客观事物的信息，用户通常无法操纵这些信息的修改。根据攻击者所需要的知识，攻击大致可分为高知识攻击和低知识攻击；从攻击者的目的出发，又可分为推送攻击和压制攻击。其中，推送攻击通常包括随机攻击、均值攻击、累积攻击和局部攻击；压制攻击包括爱恨攻击和反向动量攻击。

针对这些攻击通常有两种处理方法，这也是推荐系统脆弱性研究中的两个重要问题。一种是攻击检测，检测系统中的攻击，然后消除或减少这些攻击对建议的影响；另一种是设计更健壮的算法。到目前为止，关于推荐系统鲁棒性的研究很少，缺乏系统的分析，攻击策略层出不穷。

4．推荐系统中用户隐私问题

随着人们对个人信息需求的不断增加，推荐系统中的隐私保护变得越来越重要。用户隐私保护是互联网中的一个长期问题。由于推荐系统需要使用用户的历史行为信息，甚至是用户的人口统计属性信息，因此面临着严重的隐私保护问题。一个不能很好地保护用户隐私的系统会使用户缺乏安全感，不愿提供更多的个人信息，从而无法提供有效的推荐。目前，主要有混合方法、模糊处理方法和分布式协同过滤方法。

此外，在推荐系统的研究和应用中还存在许多其他的问题和挑战，如推荐的噪声、新颖性等，迫切需要对这些问题进行更多的研究和实践，以不断提高推荐系统的性能和应用场景。

13.4.2　推荐系统的新方向

1．推荐系统与深度学习

近年来，深度学习技术在语音识别、计算机视觉和自然语言理解等领域的应用取得了巨大的成功。如何将其应用到推荐系统中是一个热门的研究课题，主要通过表征学习能力的提高、深度协同过滤和特征间的深度交互。

2．基于多样化数据的推荐

推荐系统的各种算法长期以来都是基于数值化打分矩阵的形式化模型，该模型以用户打分为基础。而在实际平台中，用户或对象的数据往往是复杂多样的，包括文本、图片、类别等数据；用户行为数据可以来自多个领域，如社交网络、搜索引擎、新闻阅读应用等；用户行为反馈也可以是丰富多样的，如在电子商务网站中，用户的行为可能包括搜索、浏览、点击、收集。此外，在这些不同的维度上，不同用户或物品的数据分布也有很大差异，不同行为反馈的用户数据量也不同，点击行为的数据量往往远大于购买行为的数据量。这些信息对于了解用户兴趣、挖掘用户需求有极其重要的作用，因此，研究和发展充分利用这些数据进行用户建模和个性化推荐的技术和方法具有重要的意义。

3．捕捉用户长短期偏好

用户的偏好大致可以分为长期和短期两类。长期偏好往往指用户的兴趣所在，如一个人如果是五月天的歌迷，那么在未来很长时间其都会对五月天的歌曲、演唱会门票感兴趣；短期偏好指的是用户在当前环境下的即时兴趣，如最近一周用户比较喜欢听抖音上的热门歌曲，或者用户在未来一个月有搬家的打算，那么推荐系统可以适当地推送一些搬家公司的广告。目前一些流行的做法是，将 RNN 与深度协同过滤技术结合，从而达到兼顾长短期记忆的功能。如何结合情境因素的影响，将用户的长期偏好与短期需求更紧密、有效地结合起来，也是一个研究热点。

4．推荐系统与人机交互的关系

推荐系统与用户的交互也是相关领域的研究热点。目前，常用的实际系统一般以列表的形式给出推荐。然而，一些研究表明，即使同一个用户打分评价推荐体系，但是以不同的方式展示给用户，也会对用户的使用、评价和效果产生一定的影响。例如，movielens 团队首次研究了用户评分区间、连续评分或离散（如星标）评分、推荐系统的主动欺骗等对用户使用推荐系统的影响。与搜索引擎一样，推荐系统的界面设计和交互方式也越来越受到研究者的关注。

5. 可解释性推荐

推荐系统的可解释性已成为一个重要的研究课题。随着实际系统中数据越来越多、规模越来越大、算法越来越复杂，包括推荐系统在内的智能决策系统越来越成为黑匣子，系统很难给出直观、可信的解释来告诉用户为什么要做具体的决策。在这种背景下，推荐制度的可解释性越来越重要。研究人员正试图构建可解释的推荐算法和模型，使系统不仅能给出推荐结果，而且能自动给出合适的推荐理由。

6. 推荐系统的商业价值

推荐系统能实现的价值也是个性化推荐的一个重要问题。在现有的大多数推荐系统中，算法只关心准确率、点击率、购买率等指标。许多推荐算法都是围绕 RMSE、精度、NDCG 等指标的优化而设计的。但是用户购买不同的商品会给系统带来不同的价值。所以，如何优化推荐系统对平台的价值也是一个重要的演进方向，有助于推荐系统通过推荐恰当的物品，直接优化和提升系统的实际效益。

7. 多平台协作式推荐

越来越多的生活物品日益网络化，造成网络上的信息孤岛：每个网络应用平台都有用户在平台或领域的行为信息，了解用户在平台和领域的行为偏好，从而在现场提供个性化的专业服务；但是，在不同的平台和领域之间，特别是在异构领域（如视频、购物等）中，用户的行为线索没有被突破，每个平台和领域都没有其他平台和领域的用户行为信息，因此，在平台之外的其他领域很难提供个性化服务。这些独立的信息孤岛割裂了网络用户原本完整流畅的生活时间线，未能形成完整的个性化服务流程，限制了互联网在人们日常生活中应发挥的重要甚至核心作用。

因此，如何由互联网所连接的各个系统协作式地发掘用户的潜在需求，适时地给出跨领域的异质推荐结果和个性化服务成为推荐系统向通用推荐引擎方向发展的重要问题和研究方向，这将极大地降低人们使用互联网的时间和精力，免去在各个独立服务之间进行切换和查找的麻烦。更重要的是，不同类型的异质商品或服务之间的信息联通和相互推荐，蕴含着全新的互联网运营和盈利模式。例如，通过在历史数据中进行任务挖掘，旅行机票订购网站可以通过异质推荐为酒店预订、车辆租赁、团队预订等多种潜在的关联网站带来流量，并从中获得额外收益；视频服务商可以通过异质推荐给出来自购物网站的商品推荐，从而实现虚拟产业收入与实物商品收入的结合，这对促进产业协作发展和产业整合具有重要意义。

第 14 章　行业应用

第 11~13 章介绍了自然语言处理几大典型的应用场景,本章介绍自然语言处理技术在医疗、司法和金融三个行业领域的应用情况,以帮助读者深度了解自然语言处理技术最终可以实现什么样的功能,对读者选择自然语言处理相关的研究方向或者从业领域提供参考。

14.1　智慧医疗

14.1.1　智慧医疗的产生与概念

现阶段关于智慧医疗的概念并没有严格的定义,本节分别从智慧医疗的产生和概念两个方面对智慧医疗进行介绍。

1. 智慧医疗的产生

智慧医疗的产生可以追溯到医疗信息化的开始。1978 年,原南京军区总医院在药品管理等方面开始信息系统应用探索,这是国内医院在医院管理信息化方面的最早尝试。1980~1990 年这十年间,部分医院自主开发出了基于部门管理的小型网络管理系统,如住院管理、门诊计价等系统。1990 年左右,一些医院尝试开发适合自己的医院管理系统,这就是医院信息系统(Hospital Information System,HIS)的雏形。2000~2010 年,HIS 的功能逐渐完善丰富。2010 年,HIS 在医院获得普遍使用,三级医院基本达到 HIS 全覆盖,二级及以下也基本达到 80%覆盖。与 HIS 建设同期发展的还有临床信息系统(Clinical Information System,CIS),其可以支持医院医护人员的临床活动。CIS 包含电子病历(Electronic Medical Record,EMR)、检验科信息系统(Laboratory Information System,LIS)、放射科信息系统(Radiology Information System,RIS)等子系统。其中,EMR 获得普遍应用,截至 2019 年,EMR 渗透率已达到 71.1%。智慧医院在医疗信息化的背景下应运而生。

2009 年,IBM 提出的智慧地球战略确定智慧医疗是智慧地球战略中确定的六大推广领域之一。智慧医疗从某种程度上就是将信息化技术与医疗领域深度结合,基于居民健康档案的区域医疗信息平台,医保医药医疗协同管理,云计算和大数据技术结合,贯彻"以患者为中心""以居民为根本"和"以行政为支撑"的医疗卫生理念,通过更深入的智能化、更广泛的互动,构建的全生命周期医疗服务。

城镇化的出现使得医疗卫生资源更易集中在大城市中的各个医院,这些医院的医疗水平对比社区医院也要高出很多,使得患者更倾向于去大医院检测。这种情况下,引起了一系列的连锁反应,如大医院的医疗水平更高、资源越集中于大医院、患者越倾向去大医院排队挂号(即使大医院离家很远),不断的连锁反应使得大医院的医疗资源也难以支持广大的求医者,频繁出现挂号难、看病远、等待时间长的问题。同时,不同医疗机构之间的信息孤岛,使得患者的医疗费用或是医疗检测存在重复或不能有效使用情况。现阶段的医疗发展已不再仅仅关注医疗本身的技术水平,对系统管理也非常重视。医疗作为系统性服务,需要遵循"以病人为中心"、公平、安全、及时、有效、高效六大原则,就医者配合医护人员,医护人员关爱就医者，是医疗领域健康发展的必备条件，信息化技术可以为医疗创造更友好、更智能的信息化条件，从而共同实现这六大原则。结合国内政策纲要及国内医疗过去的状况，智慧医疗近些年在我国获得了长足的发展。

智慧医疗现阶段可以分为互联网医疗和智能医疗。互联网医疗包括健康教育、在线疾病咨询、电子健康档案、疾病风险评估、远程会诊等多种形式的健康医疗服务。2020年防疫期间，中国许多医院和互联网健康平台都推出在线医疗服务，互联网医疗有利于解决中国医疗资源不平衡和人们日益增加的健康医疗需求之间的矛盾，也是现阶段卫健委积极引导和支持的医疗发展模式。智能医疗通过健康档案区域医疗信息平台结合物联网技术，实现医疗领域的广泛互动（包括患者与医务人员、医疗机构、医疗设备之间）。现阶段的智能医疗主要挖掘医疗数据的价值，受益方大多为医生和医疗机构。智慧医疗包含以上两个阶段，并更注重以人为本，而非狭义上的"智能医疗"。

2. 智慧医疗的概念

智慧医疗涉及信息技术、人工智能、传感器技术等多个学科，是对传统医疗的系统化改造，而非单纯对就诊流程的优化。智慧医疗的一个重要标志是，数据开始成为重要的医疗资源，由监测设备提取到的健康数据，经对比分析实现对人体健康状况的提前感知和预判。

关于智慧医疗可以从以下几个方面对其进行描述。

首先，智慧医疗是数据驱动的。参与医疗的就医者与医疗从业人员产生了数据，他们也是医疗数据的使用者。医疗数据可以分为院内数据和院外数据。

其次，智慧医疗包含智慧医院系统、区域卫生系统、家庭健康系统，以及个人健康系统。智慧医院系统包含数字医院和提升应用两部分，数字医院包括 HIS、实验室信息管理系统（Laboratory Information Management System，LIMS）、影像归档和通信系统（Picture Archiving and Communication Systems，PACS）、传输系统以及医生工作站几个部分，提升应用包括电子病历、双向转诊系统、远程探视、远程会诊、自动报警、临床决策系统、智慧处方、移动医疗、数字化手术室、手术麻醉系统、临床决策等；区域卫生系统包括公共卫生系统、社区医疗服务系统、电子健康档案、科研机构管理系统、区域卫生平台等；家庭健康系统包含远程诊疗监护、区域卫生平台、智能服药系统、家庭急救与健康监测等；个人健康系统包括智能可穿戴设备、医药电商、移动医疗等。智慧医疗系统如图 14-1 所示。

图 14-1　智慧医疗系统

智慧医疗也是智慧城市的一部分，智慧医疗综合应用医疗物联网、数据融合传输交换、云计算、城域网等技术，打破了原有医疗系统的信息孤岛，并在此基础上进行智能决策，实现了医疗服务最优化的医疗体系。

14.1.2　智慧医疗中的人工智能

本节主要介绍医疗过程和医疗研究两个方面的人工智能应用情况。医疗过程与医疗研究是相互促进的，医疗过程中产生的数据是医疗研究的重要数据支撑。

1. 医疗过程中应用的人工智能

医疗过程中产生的数据是医疗数据的主要来源，医疗过程中的数据紧紧围绕患者本身，包括患者就医过程产生的数据，如电子病历、心电图、CT 图像、诊疗数据、住院数据、诊治用药数据等。从数据的特点上来看，医疗过程中的数据具有如下几个特点：

● 数据结构多样。医疗数据包含有检测报告等结构化数据、心电图等信号图谱、电子病历等文本描述，还有 CT 图像等图像数据，现代医院的数据中还有各种音频以及动画数据。

● 不完整性。患者中断治疗、患者描述不清、医生文字描述不具体等原因都会导致数据的不完整性。

● 冗余性。医疗数据量巨大，每天会产生大量多余的数据，如同一个患者的多次检测结果、同一疾病的患者检查治疗过程一致等都会带来大量的医疗数据冗余。

● 时间特性。大多医疗数据都具有时间特性，按照行业规定，急诊数据至少需保存 15 年、住院数据需保存 30 年等。

● 隐私性。患者的数据包含了大量私人信息，往往具有隐私性，这也是现在大部分医疗数据不对外开放的一个重要原因。

目前在医疗过程中，人工智能主要应用于智能诊疗、智能医疗机器人和健康管理这三个方向。

1）智能诊疗

智能诊疗在现阶段主要包括基于医学图像和基于电子病历分析的智能诊疗。其中，基于电子病历分析的智能诊疗是将患者的电子病历信息通过数据处理和特征工程等手段，并输入对应的分类、回归、聚类或深度神经网络等算法，从而实现电子病历信息的住院天数、用药情况等方面的预测。基于医学图像的智能诊疗给医疗机构提供了重要的诊断参考。

2）智能医疗机器人

智能医疗机器人是基于机器人硬件设施，将大数据、人工智能等新一代信息技术与医疗诊治手段相结合，实现"感知-决策-行为-反馈"闭环工作流程，在医疗环境下为人类提供必要服务的系统统称。根据国际机器人联合会的分类体现，可以将智能医疗机器人分为康复机器人、手术机器人、服务机器人和辅助机器人，其中服务机器人和辅助机器人并没有准确的分类界限。

康复机器人是工业机器人和医用机器人的结合。20 世纪 80 年代是康复机器人研究的起步阶段，1990 年以后康复机器人的研究进入全面发展时期。目前，康复机器人的研究主要集中在康复机械手、智能轮椅、假肢和康复治疗机器人等几个方面。

手术机器人中，达·芬奇手术机器人极具代表性。达·芬奇手术机器人是目前世界上最先进的用于外科手术的机器人，最开始的目的是用于外太空的探索，为宇航员提供医疗保障及远程医疗。达·芬奇手术机器人由三部分组成：按人体工程学设计的医生控制台，4 臂床旁机械臂系统，高清晰三维视频成像系统。与传统手术相比，用达·芬奇手术机器人进行手术有三个明显优势：突破了人眼的局限，使手术视野放大 20 倍；突破了人手的局限，有 7 个维度可操作，还可防止人手可能出现的抖动现象；无须开腹，创口仅 1cm，出血少、恢复快，术后存活率和康复率大大提高。2015 年 2 月 7 日，达·芬奇手术机器人在武汉协和医院完成湖北省首例机器人胆囊切除术。图 14-2 为达·芬奇手术机器人展示。

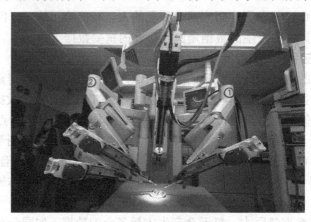

图 14-2 达·芬奇手术机器人展示

在服务机器人中，杀菌机器人、负载机器人可以辅助医疗从业人员完成一些沉重、繁琐的基础工作。

辅助机器人是辅助医疗过程、扩展医护人员能力、减少不必要的人力和资源投入、提高医护过程或者医药生产过程效率的医疗机器人，包括输液药物配置机器人、胶囊机器人等。

3）健康管理

传统的健康管理技术在信息的获取、处理和应用上相对落后，而将人工智能应用于健康管理，通过对健康数据实时采集、分析和处理，评估疾病风险，给出个性化、精准化的基本管理方案和后续治疗方案，能有效降低疾病发病率和患病率。健康管理机构可以通过手机 App 或智能可穿戴设备，检测用户的血压、血糖、心率等指标，进行慢性病管理。

2. 医疗研究中应用的人工智能

在科学研究领域，"大数据驱动科学发现"已成为继"观察实验""理论分析""计算模拟"之后的第四范式。医疗领域也是如此，现在的医疗研究也普遍应用数据驱动的方式。据相关统计，全球每年生物数据总量已经达到 EB 量级，人类基因组由 30 亿对碱基组成，包含数万个基因，分布于 23 条独立的染色体之中，个体化基因组差异达 600 万碱基，基于个性化的遗传背景产生了巨大数据。数据驱动的医疗研究可深度融入原实验驱动的医疗研究的各个步骤，甚至通过人工智能可以直接完成某些研究。图 14-3 展示了医疗研究与人工智能的关系。

以药物研究为例，某些药物的开发过程大概需要 25 亿美元以及长达 10 年的研究，但即使这样，也大概只有十分之一的药物能通过所有阶段并上市销售。随着医药领域大数据技术的普遍使用，为使药物研发更快速、更低价、更有效，人工智能逐渐融入药物研究的各个阶段。据麦肯锡估计：大数据和机器学习技能够优化决策、优化创新以及提高医学研究、临床试验和新工具创建的效率，每年可以在制药和医疗领域创造高达 100 亿美元的收入。传统的药物研究从设想开始到测试，药物开发的各阶段之间是相互独立分层的，没有联系。但从机器学习的角度来看，各阶段之间是相互关联的，可以使用下一阶段的数据来理解前一阶段发生的情况。虽然人工智能的推广仍处于初级阶段，但已有一些制药公司将人工智能技术投入使用。例如，辉瑞公司与 IBM Watson 合作研发免疫肿瘤药物；默克公司利用深度学习技术发现新型小分子；生物技术公司 Berg 的研究人员通过对 1000 多种癌细胞和健康人类细胞样本的测试，开发了一种模型，来识别以前未知的癌症机制。在医疗研究领域，人们已经充分意识到人工智能的优势，通过数据驱动加快医疗研究进度，并最终降低研发成本和工作量。

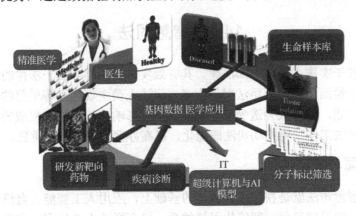

图 14-3　医疗研究与人工智能的关系

14.1.3　前景与挑战

现有医疗行业存在固有的短板和不均衡等特点，随着 5G 时代+物联网+大数据+人工智能的发展，智慧医疗现阶段以及未来的发展态势大好。智慧医疗会逐步融入现有医疗行业的各个环节，会引领医疗领域使其变得更智能、更人性化。智慧医疗在就医者、医生、医疗机构、公共卫生方面都有着较好的前景。

对就医者而言，人工智能提供了更多的就医途径，如互联网医院和人工智能医生等。人工智能医生经过不断的训练，可以完成分析影像和病历、做手术、做检查，还可给出临床诊断建议。人工智能医生的医术在某些领域甚至可以与资深医生相提并论，而且人工智能医生的数量可以随需求动态增加。

对医生来说，智能辅助决策系统能够提供与医疗相关的多方面知识，辅助医生做出更合理的诊疗方案；智慧医疗在降低医生的培养成本上也有着直接的作用；智慧医疗在医疗研究过程中发挥了重大作用，也加快了医疗研究的进度。

在医疗机构方面，智慧医疗深入医疗过程的诸多环节，这也是智慧医疗的核心，如远程会诊系统、分级诊疗系统、移动医疗、电子病历等。

在公共卫生方面，智慧医疗提供了卫生应急指挥系统、急救一体化管理系统、疾病预防控制信息系统等。在疾病预防上，疾病预防控制信息系统可以实时获取各医院的个案信息，提高疾病的预防效率。

智慧医疗的发展态势良好，但也蕴含着一些挑战，主要如下：

（1）现阶段的医疗数据质量有待提升，多医疗系统之间存在系统孤岛问题，且不同系统间的信息集成较为复杂。

（2）医疗数据包含很多隐私数据，如何保证数据的安全也是智慧医疗需要考虑的问题。如果医院在网络安全层面出现安全漏洞，则可能会出现相关系统数据的泄密及篡改，给医疗过程带来纠纷。

（3）智慧医疗在以人为本方面依然存在挑战，包括有效提升医护人员的工作效率、简化就医者的就诊流程、减少"三长一短"等现象。

智慧医疗是信息化技术深度融合医疗领域的产物，智慧医疗的发展并不是为了取代医生，而是更好地体现以人为本，同时推动医学研究快速发展、提高医疗各个环节的质量和效率。

14.2　智慧司法

法律的生命在于实施。任何一部法律，其有效实施的终端都在于法律的适用。活的法律才是真正的法律。然而，当前因司法案件众多、司法人员主观因素等引起的法律适用不统一引发的法律实施问题，已经成为遭受社会诟病、严重影响法律公信和权威的突出问题。将人工智能技术引入司法工作，将推动司法职能化，提高办案效率、办案质量。

14.2.1　智慧司法是什么

概括来说，智慧司法就是在法律大数据的基础上，应用人工智能、自然语言处理、数据挖掘等前沿技术，建设信息化、智能化司法体系，提高司法人员侦察、立案、审判、送达等案件处理环节的效率，同时降低民众接受法律服务的门槛。

关于智慧司法的研究，早在 20 世纪 50 年代，就开始有学者利用统计学和数学的方法，自动预测特定类型案件的判决结果。而且随着人工智能以及其分支领域自然语言处理技术的不断发展，智能技术辅助判案引起了司法界和计算机领域学者的关注。20 世纪 80 年代至 20 世纪 90 年代，是法律智能相关研究的黄金时期，文本分析挖掘技术与法律逻辑规则相结合的专家系统，广泛应用在特定类型法律文本数据的处理上，"AI+法律"在这一时期蓬勃发展。20 世纪 90 年代，以专家系统为代表的人工智能技术迎来低谷。由于专家系统知识的局限性，其在耗费大量人力物力的情况下，依然难以适用于其他场景。

近几年，智慧司法发展迅速。一方面，人工智能技术的发展突飞猛进，同时自然语言处理、数据挖掘技术在法律领域的应用也愈加成熟，为智慧司法打下技术基础。另一方面，我国一直倡导积极运用云计算、大数据和人工智能等新技术开展"数字法治、智慧司法"普法依法治理信息管理的信息化体系建设，推进国家法制建设。

图 14-4　智能法律援助机器人

随着司法系统信息化的不断完善和智能技术的不断引入，智慧司法建设取得了很大的进步。首先，在数据基础方面，以裁判文书网为代表的审判信息全流程公开的实施，智慧司法相关研究逐渐成为热点。其次，在法律知识普及方面，为了降低普通民众法律求助门槛，各种平台以及智能问答机器人的研究成果颇丰。2018 年 5 月 9 日，中国法律援助基金会携手北京市司法局，在北京举行了智能法律援助机器人捐赠仪式，向北京市法律援助中心及各区县法律援助中心各捐赠一台"智能法律援助机器人"，如图 14-4 所示。

"智能法律援助机器人"是集互联网、大数据、人工智能为一体的智能机器。该机器人可以通过人机互动形式向当事人解答法律问题，通过语言清晰地识别并理解用户的法律诉求等，极大地降低了人民群众寻求法律援助的门槛。

14.2.2 研究与应用方向

如前文所述，智慧司法是将人工智能、自然语言处理、数据挖掘等前沿技术应用于司法领域的一个重要方向。目前，以深度学习为代表的人工智能技术已经在各个领域取得了巨大的成果，如"AlphaGo 战胜人类围棋世界冠军"。但是这些技术给绝大多数人的感觉是无法理解，在司法领域，结果的不可解释性是非常致命的。

在司法领域的任务中，整个司法推断的过程必须严谨且有理有据、具有很强的逻辑性和可解释性。例如，司法领域的一个重要任务——审判，在各种判决过程中，要始终遵循确定证据、依据事实确定相关罪名、利用确定法律条文决定判决的一套流程。整个司法判决过程应做到有据可依、合情合理，使得民众得到的判决过程及结果公开透明、可解释，方可被民众信服。然而智慧司法所用到的深度学习方法虽然效果上具有很大优势，却缺乏了透明性和可解释性，离真正落地的智慧司法还有一段距离。因而利用深度学习技术解决智慧司法的应用问题，同时兼顾可解释性，将是未来智慧司法领域研究的重点。

1．早期的法律智能

早期智慧司法的研究工作，由于技术和计算资源的限制，更多地选择使用传统方法进行。最早可追溯的研究成果是利用统计学和数学的方法来预测法院对特定案件的判决结果，以及一系列类似的研究工作。这些早期研究基本集中于如何进行判决预测，因为判决预测是法律智能领域最具代表性的任务之一。

除了判决预测，早期还有不少关于具体法学问题的研究。例如，将逻辑推理与法律文本分析相结合、将给予规则推理的过程应用到公司税务文本分析上、基于法律概念和关联的法律文本检索等。

接下来，介绍智慧司法的几个主要研究任务。

2．判决预测的虚拟法官

判决预测是法律智能领域最具代表性的任务之一，同时也是学者们最早开始研究的任务。司法的一个重要作用是对生活中的各种纠纷、案例、违法违规行为进行审批和裁决，并且这种审判和裁决一般具有耗时长、涉及人员多且场景复杂等特点，因而不可避免地会受个人主观色彩的影响，进而引起法律适用不统一。因此，使计算机学会梳理事实经过、理解判案逻辑，从而进行判决预测，对于促进司法过程公正、公开、透明意义颇为重大。

智慧司法研究中利用计算机实现判决预测，从某种意义上就是创造了一位虚拟法官。虽然我们不能完全信任这位虚拟法官，但是其判决结果却可以为真实法官提供参考，进而辅助真实法官进行各种案例的判决。

1）判决预测任务的定义

对于判决预测，输入的是具体案件的事实描述，训练模型输出的结果应该是最终判决结果。在大陆法系中，刑事案件的判决结果一般包括罪名、刑期、罚金等处罚性结果；民事案件的判决结果一般是原告诉求是否得到支持。做出这些判决结果的依据，即案件所涉及的法律法规也应在判决结果中。相比于刑期、罚金等数值结果的预测，如今的判决预测更多的是对法条和罪名的预测，利用计算机训练相应的分类模型，往往可以获得较高的准确率。分类模型为真实法官提供较为准确的预测的相关法条和罪名后，真实法官便可以参考预测结果做出相应的刑罚。

2）判决预测的研究历程与未来发展

在深度学习发展之前，学者们已经用大量的统计学方法对判决预测进行了深入的研究。大部分都是通过考虑文章中的盗窃、杀人等特殊关键词的使用频率，结合统计学中的数学方法做出判决，但是距离真实应用还很远。为解决单纯使用关键词无法解决的问题，很多学者开始将判决预测问题视为分类问题转而使用机器学习的方法进行预测。他们从法律文本中提取有用特征，并提供案例标注，这种方法虽然能取得更好的效果，但是特征提取非常耗费人力物力，远达不到让"智慧司法"落地使用的条件。近几年，随着深度学习技术在自然语言处理任务上的发展，不少学者开始使用深度学习方法解决判决预测问题，并且取得了不错的进展。例如，代表性文献主要解决了如何高效准确预测罪名的问题。

从上述判决预测的研究历程可以看出，判决预测已经被很多学者研究，并且取得了很好的表现。"中国法研杯"司法人工智能挑战赛中，判决预测在法条预测、罪名预测和刑期预测三个子任务的准确率均达到80%以上，法条预测和罪名预测的准确率已达92%以上。

据报道，英国伦敦大学、谢菲尔德大学以及美国宾夕法尼亚大学的研究人员宣称，AI（人工智能）系统成功预测了欧洲人权法庭数百起人权案件的判决结果，准确率高达79%。但批评家认为，AI无法理解案件之间的细微差别而且也没有可解释性的模型。因此，没有可解释性的模型，准确率再高，也无法被社会接受、被大众认可。目前的判决预测还只能作为真实法官的辅助工具，减少法官的重复工作，复杂案件仍需人类法官进行细致的分析从而做出判决。为了能够更好地应用判决预测的方法，未来的虚拟法官还需要具备可解释性的能力。可解释性和公开透明将是虚拟法官的重要发展方向。

3. 司法文书生成

司法文书（Judicial Records）是指侦查、检察、审判、公证等司法机关在处理各类案件的各个环节、步骤上形成与使用的专用文书，主要包括具有法律效力的文书，如判决书、裁定书等；也包括不直接发生法律效力，但对执行法律有切实保证作用的文书，但诉状不属于司法文书。

司法文书作为书面依据和凭证，代表国家意志，适用法律，惩罚罪犯，保护公民，调整国家、集体（团体）、个人之间的法律关系，保障社会秩序。其制作须严格遵循法律规定，每份文书都应突出案件矛盾、判决结果、案件事实、判决依据等。因此，司法文书的撰写要求很高，法官需要经过一定时间的专业培训方可胜任。在真实工作场景，司法人员需要花费大量的时间和精力撰写案件相关文书。以判决文书为例，其样式如图14-5所示。

如果计算机程序可以根据案件事实描述生成简明扼要、逻辑严密的司法文书，那么法官便可从繁重的文书撰写中解脱，进而投身于案件核心细节的处理上，充分发挥自身的价值。

由于司法文书具有高度结构化的信息，在生成司法文书时，可以先套用模板降低文书的生成难度。例如，可以根据模板技术，根据文书的特殊用语（如经审理查明、本院认为），将文书结构分成若干部分，如图14-6所示。

拆分文书之后，分别进行每个部分的生成任务，从而将需要生成的内容缩短。司法文书的智能生成，必将带来司法过程的简化。

4. 司法要素提取

所谓司法要素提取，就是在已经高度结构化的文书的基础上，提取易于理解文书的要素信息。司法要素的提取使得阅读者可以快速有效地获取文书中的重要信息，司法人员也可以把更多的精力放在案情分析和复杂细节处理上，从而大大提高司法人员的办案效率。

_商贸有限公司与_____商贸有限公司等二审行政判决书

| 其他行政行为（点击了解更多） | 发布日期： | 浏览：422次 |

北京市高级人民法院
行 政 判 决 书

（ ）京行终 号

上诉人（原审原告）：_____商贸有限公司，住所地_____区。
法定代表人：_____，总经理。
委托诉讼代理人：_____，北京_____律师事务所律师。
被上诉人（原审被告）：_____，住所地_____。
法定代表人：_____。
委托诉讼代理人：_____。
原审第三人：_____商贸有限公司，住所地_____。
法定代表人：_____。
委托诉讼代理人：_____。
上诉人_____有限公司（简称_____公司）因_____请求行政纠纷一案，不服_____，上诉人_____，_____，本院于_____受理本案后，依法组成合议庭进行了审理。_____原审第三人_____。本案现已审理终结。
_____本院审理查明：
一、诉争商标
1. 注册人：_____公司。
2. 注册号：_____。
3. 申请日期：_____。
4. 标志

图 14-5　判决文书样式

事实描述：
　…经审理查明：2009 年 7 月 10 日 23 时许，被告人陈某伙同八至九名男青年在徐闻县新寮镇建察路口附近路上拦截住搭载着李某的摩托车，然后，被告人陈某等人持钢管、刀对李某进行殴打。经法医鉴定，李某伤情为轻伤。
　　本院认为，被告人陈某无视国家法律，伙同他人，持器械故意伤害他人身体致一人轻伤，其行为已构成故意伤害罪。

图 14-6　司法文书的若干部分

以裁定文书为例，现有的裁定文书（又称裁判文书）一般由首部、正文和尾部三部分组成，其样式如图 14-7 所示。

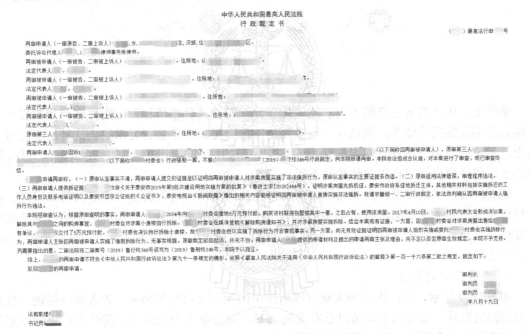

图 14-7　裁定文书样式

裁定文书首部包括文书的名称、案由、审理经过等基本信息；正文包括案件的事实描述和处理、判决结果等；尾部包括有关信息、日期、附注等额外信息。可以看出，裁定文书已经高度结构化，但是对于快速获取重要信息的需求，还需要利用某种算法自动提取文书要素，达到对现有文书进一步结构化的目的。事实上，中国司法也正在逐渐进入"要素式"的庭审模式，对司法要素提取的需求愈加迫切。

根据文书类型，司法文书可分为判决书、裁定书、调解书、决定书、通知书等，又根据案件类型的不同，还可进行细分。概括来说，案件种类、文书类型多种多样，对应文书种类也是各式各样的。在不同场景，我们通常会关心不同要素，不同要素也会起到完全不同的作用。因此，对不同案件确定不同要素是司法要素提取的核心问题之一。

目前在司法要素提取的研究中，要素种类繁多是自动提取要素的一大难点。另外，文书长度一般远大于要素长度，大多数时候要素在文中的体现可能只是几个词的片段，如何从冗长的文本中提取极短要素是研究的要点之一。

5. 司法类案匹配

1）类案匹配的需求

我国地域辽阔、人口众多，案件数量也十分巨大。如图 14-8 所示，截至查询当日，中国裁判文书网上可查文书总量已达 9983 万篇。

图 14-8　中国裁判文书网

事实上，由于判案法官的不同和地域化差异，即使两件案情相同的案件在两次判罚中也可能存在不同的判决结果，而这种一案多判是不符合司法公平公正要求的。这种情况在过去是无法避免的，虽然判决会尽量遵循客观事实，但始终存在法官主观拿捏的部分。另外，法官的水平和经验也会导致判案结果的不同。

随着网络技术的发展，大量司法文书发布在公开网站，这为解决一案多判带来可能。虽然法律人士依然无法查阅所有历史文书来学习过往相同或相似案件是如何判决的，但是借助计算机技术通过某种方法，法律人士可以找到所有历史上的相似案件，做出相对合理的判决，保证司法的公平公正。

2）类案匹配的方法

如图 14-9 所示，法律人士和大众可以通过中国裁判文书网等网站，输入案件描述，找到所有相似的案件。法律人士可通过已有案例文书，做出更合理的判决；同时大众也可以监督现有案件判决的合理性，保证司法的公正性。

图 14-9　类案匹配

可以看出，类案匹配的核心是自然语言处理中的搜索引擎技术。图 14-9 的中国裁判文书网便对所有法律文书搭建了一个搜索引擎，当需要查找与正在处理中的案件相似的案例时，输入案例相关信息，系统就可以自动找到最类似的历史文书。还有很多类似的类案匹配方法的研究，这里不再一一介绍，有兴趣的读者可以自行研究。

由于文书的全部公开，使得大众能够通过公开的文书找到相似的案例，这也是对司法公正的一个重要考验。

6. 司法问答

近年来，国家一直倡导人人学法用法，个个懂法护法，加强法制宣传教育，提高全民法律素质。然而普通人与法律专业知识之间依然存在很大的隔阂。司法问答的目的便是通过某种平台为民众提供确切的法律知识和答案。例如，当我们遇到交通事故时，通过搜索引擎查询"交通事故"，便可以得到与交通事故有关的法律知识。如果要进一步获取具体情形下交通事故的法律知识，就需要进一步凝练案件，输入关键字。接下来，介绍几个具有代表型的司法问答研究成果。

1）西山法院小法

2018 年 10 月，昆明市西山区人民法院微信公众号新功能——"智能问答"上线，该功能可以提供全天候法律咨询服务，包括刑事量刑预测、费用计算、文书模板获取、智能法律问答等，这些全都可以与智能法律机器人——"西山法院小法"交互实现，如图 14-10 所示。

"西山法院小法"的数据库大脑里收录了包含 12 368 个常见问题在内的 40 000 多个诉讼程序问题

图 14-10　西山法院小法

以及 60 000 多个常见的实体法律问题，法律法规库中收录了 8800 多部法律、250 000 多条法条、3 000 万个案例。依托前沿人工智能技术可以为用户提供包括法规查询、诉讼引导以及实体问题解答在内的专业法律咨询服务。

图 14-11 所示为"西山法院小法"的专业服务体验：微信搜索关注公众号"昆明市西山区人民法院"，在诉讼指南中单击"智能问答"按钮，输入问题，即可获得一对一专业的法律服务。

图 14-11 "西山法院小法"的专业服务体验

继"西山法院小法"之后，2020 年初，为助力疫情防控工作深入开展，提供高效便捷的线上司法服务，怀宁县人民法院在微信公众号上开设"智能小法问答"子栏目。该栏目利用人工智能技术，为当事人提供专业的法律咨询，使当事人足不出户就可以享受到专业高效的诉讼服务。

2）法信（智答版）

2018 年 12 月 12 日，由人民法院出版社联合中国司法大数据研究院、北京国双科技有限公司研发的"法信（智答版）"在北京上线，其界面如图 14-12 所示。图 14-13 是"法信（智答版）"智能问答的试用例子。

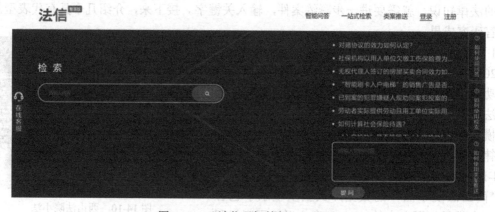

图 14-12 "法信（智答版）"界面

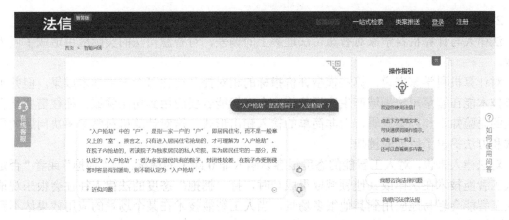

图 14-13 "法信（智答版）"智能问答的试用例子

"法信（智答版）"依托人民法院出版社"法信"平台海量法律资源，将法律知识体系和专业索引词表、自然语言处理、意图实体识别、机器学习等人工智能技术深度融合。该智能问答服务平台在传统法律数据库关键词查找、知识体系检索和类案维度检索外，创造性地开发了交互式专业问答和检索式专业问答的智能匹配功能，大大提高了中文法律知识服务的质效，在法律人工智能研发领域取得了较大的进步。

"法信（智答版）"目前提供智能问答、一站检索和类案推送三大功能，特别是其专业问题解答能够援引权威来源并适时标示法律依据的效力情况，能为专业法律人和社会公众提供高效、便捷、精准的智能化服务。"法信（智答版）"是智慧司法在司法问答领域的重大研究成果。

14.2.3 期望与挑战

智慧司法的研究由来已久，也取得了很大的成果，同时也伴随着挑战。

1. 期望偏差

任何领域的研究和发展都离不开相关专业人才的努力与配合。智慧司法相关研究离不开计算机科学家和法律人的深入沟通与配合。然而，这两个知识背景完全不同的人群，对人工智能在法律领域的应用无论是在应用方式还是在应用前景上都存在很大的差别。

首先，对人工智能在法律领域的应用方式上存在理解偏差。一般情况下，计算机科学家关注的是具体法律场景的输入输出形式，以及如何利用算法模型解决这种输入输出问题。如前面提及的判决预测任务，可以建模为文本分类任务，然后使用基于深度学习的文本分类模型就可以获得很好的效果。但是，在法律领域，对法律人来说，结果的可解释性、可靠性一般比评测指标更重要，甚至直接决定了技术是否可以真正落地实施。

其次，对人工智能技术能够解决的问题和最终能达到的效果的期望存在较大的偏差。近年来，随着人工智能的发展，一个突出的现象就是，法律人对人工智能技术在法律领域的应用存在很大的担忧。例如，"AlphaGo 都战胜世界围棋冠军了，律师、法官的工作是不是要被人工智能取代了"等，这种担忧在某种程度上反映了法律人对人工智能的过高期望。对计算机科学家来说，通用人工智能目前依然是遥不可及的。人工智能技术解决的往往是某些确定性环节的效率问题，如重复率高、信息完全、相对简单的环节，其对完整场景以及对人来说都难以解决的情况也是束手无策。

2. 应用挑战

法律人与计算机科学家对智慧司法理解上的偏差，对智慧司法的实际应用造成了巨大的挑战。

对计算机科学家来说，算法模型评价指标的相对提升往往可以产生学术成果，但并不代表该技术能在智慧司法领域产生应用价值。人工智能若要应用到司法领域，往往需要结合法律人的先验知识和办案逻辑，而非简单的输入输出形式，这对计算机科学家解决问题的思维方式和方法提出了巨大的挑战。

对法律人来说，对人工智能的态度很容易陷入非 0 即 1 的情况，即"拥抱"或者"否定"。当人工智能技术在法律或其他领域取得成功时，持"拥抱"态度的法律人往往会很乐观地认为人工智能会轻易地应用到其他很多场景，当人工智能技术在某个场景的应用效果达不到预期时，也会很容易得出技术无用的结论。而事实上，任何技术的发展和完善都是一定时期内相关技术领域发展的结果，它既不可能达到完美的效果，也不会一直停留于某个阶段，而是会随着相关理论和技术的发展不断完善。

因此，智慧司法的发展，除了国家层面的支持，还需要计算机科学家与法律人的深入沟通和配合。计算机科学家应加强对法律知识和业务逻辑的理解，同时法律人对人工智能技术的发展也应有充分的认识，从而实现智慧司法的进一步发展。

14.3 智能金融

14.3.1 了解智能金融

1. 智能金融的相关背景

国内外技术的发展，使很多智能行业适时而生，金融行业就是其中一个，并且智能金融与之前的金融科技、互联网金融还各不相同。

1）国内外环境形势

智能金融在国内外都得到了政策、技术、经济和社会的极大重视。2017 年我国就将智能金融上升到国家战略高度，提出了建立金融大数据系统、提升金融多媒体数据处理能力、发展金融新服务新业态的规划，并鼓励金融行业建立风险智能防控系统和应用智能客服等技术，同时加强智能金融技术自然语言处理、深度学习、知识图谱的研究。

国际上也涌现出许多高科技与金融行业结合的产业，如金融科技产业相当发达的美国，它的支付保险、存贷、筹资、投资管理和市场资讯供给等领域实现了创新技术的落地应用，数据分析、支付清算和监管科技等细分领域也得到了充分的重视，并带动了一批中小型金融科技公司的发展。

在如此宽松而又备受关注的情况下，无论是学术界还是产业界都在如火如荼地开展智能金融相关的前沿工作。

2）智能金融与金融科技、互联网金融的异同

智能金融是金融科技发展的第三阶段，在此之前金融科技还经历了两个阶段：第一阶段是电子金融阶段。在这个阶段，计算机基础的软硬件支撑着传统金融行业的发展，带动了金融业务的电子化、自动化，大大提高了业务效率。早在 1998 年，就推出了由"小型机+数据库+数据存储"组成的金融企业"黄金系统架构"，也就是 IOE（IBM、Oracle、EMC）框架，

组建了一直使用至今的核心系统、信贷系统、清算系统等金融企业系统，开启了电子金融时代，标志着第一阶段的完成。

金融科技发展的第二阶段是互联网金融。互联网的技术重在资源整合，可利用各个终端渠道汇集海量用户数据，用于搭建各个业务平台，形成一个开放、共享的互联网金融生态系统。根据用户行为提供个性化服务，以客户体验为主，由于客户可以随时随地自由操作办理金融业务，降低了金融运营成本，提高了客户业务效率，激发了长尾市场的巨大潜力。2003年，支付宝的诞生拉开了互联网金融时代的大幕，同一时间孕育起了网上保险、网络理财、线上支付、手机银行等一系列新兴金融服务。

现在即将进入金融科技发展的第三阶段——智能金融阶段。区别于前两个阶段的金融科技的发展，不仅不同于电子金融阶段只是搭建软硬件系统，也不同于互联网金融阶段只是拓展和创新金融服务渠道，第三阶段直接参与金融公司的业务环节，回归金融本质。智能金融将人工智能等技术深入融入金融行业的业务逻辑中，信息自动化处理、智能决策和智能化执行逐步实现了金融产品、风控、获客、服务的"智慧化"，真正解决了传统金融的痛点，提升了金融服务的效率和质量。而随之而来的这一阶段的代表技术有智能投顾、智能风控、智能客服等。

2. 智能金融介绍

1）什么是智能金融

智能金融以智能科技与金融行业深度融合为特征，依托大数据、云计算、区块链和人工智能等技术，全面赋能金融机构，实现金融机构的服务效率的提升。大数据技术为智能金融提供了最基本的数据保障，云计算为智能金融提供了运算力保障，区块链为智能金融提供了安全性保障，人工智能技术则不同程度地渗透到金融行业，是加速智能金融发展的重要驱动力。智能金融能准确、及时地响应不同客户的不同金融需求，以客户为中心，拓展了金融服务的深度和广度，实现金融服务的个性化、智能化和定制化。

2）大数据的来源

金融大数据是由"人""机""物"这三方面产生的。"人"方面的大数据主要是由人类活动产生的，包括点评、搜索、社交、网络浏览、交易记录、媒体流、日志流等各类数据；"机"方面的大数据是由信息系统产生的，这些信息主要以文件、媒体等形式存在，包括系统上产生和存放的 ERP 系统数据、客户关系管理 CRM 系统数据、销售订单系统数据、电子商务数据、供应链库存数据等；"物"方面的大数据是由物理世界产生的，由各传感器、量表和定位等接收，如押运车监控数据、服务器运行监控数据等。我们可以从这三大方面获取金融大数据，且这些数据大多数为非结构化数据，因此亟须引入自然语言处理等技术进行分析。

3. 智能金融中自然语言处理的运用

将自然语言处理首次应用于金融量化交易的是对冲基金 CommEqo，他们对新闻、研报、财报等社会媒体文本进行机器学习后发现影响市场波动的规律，并利用自然语言处理技术结合量价模型，识别和推理演绎出那些不完整和非结构化的信息。目前，进行自然语言处理技术量化交易最有名的是 Kensho 公司，其号称可以"取代投资银行分析师"，他们对时政新闻、经济报告和货币政策等进行了自然语言处理技术从而掌握市场动态。

1）自然语言理解的 4 个空间

自然语言理解由 4 个空间构成，分别是名、实、知、人，"名"为简单的语言符号，"实"为客观事实、主观事实的语义描述，"知"为知识的推理，"人"为语用的使用者，如图 14-14

所示。自然语言由浅入深对形式、语义、推理和语用4个层面进行处理。当前的自然语言处理技术还处于初级阶段，如图14-15所示，仅能处理简单的逻辑推理和语义理解。但这对金融文本来说还是不够的，不仅要从各个渠道的信息中抽取客观事实的描述，还要对事实之间的逻辑演化关系进行推理，才能判断和分析出其对当前金融市场的影响。接下来将重点介绍金融事件的抽取工作。

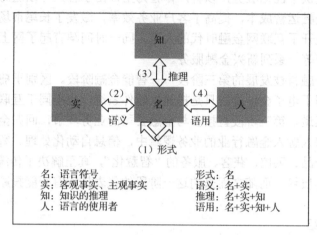

图 14-14　自然语言理解的 4 个空间

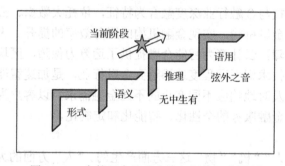

图 14-15　自然语言处理由浅入深的 4 个层面

2）金融事件的抽取

人们的决策往往受发生事件的影响，决策又决定着金融产品（股票、基金、期货等）的交易，不同的交易行为会引起金融市场不同的波动。如苹果公司总裁乔布斯去世事件发生后，第二天苹果股价大跌；Google公司一公开财报收入好于预期，股价立即大涨等，这些事件都影响着金融市场。我们分析金融市场行情，以往主要的预测方法是基于词袋特征的文本驱动法，这一方法的最大缺点在于无法捕捉事件中的结构化信息，而结构化信息非常关键，它可对股票涨跌进行预测。例如，在文本"甲骨文公司诉讼Google公司侵权"中，仅可提取"甲骨文""诉讼""Google""侵权"等词袋，缺乏结构中的逻辑关系，导致谁诉讼谁并不能确定。该文本语义模糊、结构简单，很难判断哪个公司的股价会上涨、哪个公司的会下跌。所以我们还需要抽取出文本中的结构化事件信息，并进行分析。上面的例子，用结构化的事件调整，则可表达为：施事方——甲骨文公司、事件内容——诉讼、受事方——Google公司。对此结构，就能清晰地知道是甲骨文公司诉讼 Google 公司，甲骨文公司的股价有可能会上涨，而Google 公司的股价有可能受影响而下跌。

为了更高效地对金融领域的事件进行抽取，首先要定义金融领域的事件类型，然后让模型对事件进行分类。我们初步将金融领域的事件分出了 12 大类、30 小类，可参见表 14-1。不同的事件类型对金融市场的影响区别还是很大的，下面的分类主要侧重于股市预测的事件，还有其他不同的事件可以重新定义不同的事件类别体系。

表 14-1 金融领域的事件分类

类 别	子 类 别
重大事项（1）	高转送、企业合作、子公司上市、分布产品、解禁
重大风险（2）	负债、违法违规、停产停业、业务变卖、高管变动
持股变动（3）	增持、减持
资金变动（4）	资金增加、资金减少
兼收并购（5）	重组、合并
交易提示（6）	上市、保市、退市
政府扶持（7）	政府扶持
突发事件（8）	暴病疾病、自然灾害
财务业绩（9）	财务业绩上涨、财务业绩下跌
分析师评（10）	分析师看好、分析师看衰
股价实时（11）	股价上涨、股价下跌
特别处理（12）	公司戴帽、公司摘帽

确定抽取的事件类型后，对金融领域具有实际意义的触发词，则通过动词细分类对动词进行过滤，再对与这些触发词相关的事件元素进行抽取，才是一个比较完整的金融领域的事件抽取。经过研究发现，事件触发词在金融语料中绝大部分是以所谓的谓语动词形式而出现的，再对应用主谓宾模板抽取触发词的主语（SBV）和宾语（VOB），基本上抽取了整个事件的触发词以及涉及的事件元素。对句子的主谓宾元素进行分析与抽取的最好工具是依存句法分析器。

在事件元素抽取过程中，有文献用"依存句法分析器"对主谓宾成分进行抽取，并且较为准确，但是在事件元素抽取精度方面还达不到任务要求，不光要定位准确，还要将元素准确无误而不是部分抽取出来。因此，为了加强精度，在依存句法分析的基础上，又有文献给出了"候选事件元素"抽取方法。先利用依存句法分析器将事件主语核心词和宾语核心词定位出来，然后结合名词短语句法分析器，将主语和宾语所在的名词短语边界识别出来，进而抽取出主语和宾语完整的事件元素。

事件元素抽取的流程主要分为以下三个部分。基本的金融领域的事件抽取框架如图 14-16 所示。

（1）确定事件类型。先负责触发词的识别，触发词是整个事件抽取过程中的主基调，后续的抽取识别工作都是根据触发词展开的。2013 年相关文献提出，触发词经过动词细分类过滤后，再通过 HowNet 进行动词聚类，并辅以人工调整，从而形成触发词的类别。

（2）获取事件元素核心词。为了获取事件元素核心词，我们要对含有触发词的句子进行预处理，预处理包括句法分析、分词、词性标注等。然后结合具体的抽取模式以及手工设计的候选规则，由事件元素抽取系统对预处理后的句子进行事件元素核心词的抽取。

（3）识别事件元素名词短语。最后，名词短语句法分析器要负责对核心词所在的名词短语进行边界识别，进而取得完整的事件元素。名词短语句法分析器可以与依存句法分析器结合一起使用而不产生冲突，它的输入是分词后的句子，输出是名词短语分析的结果。

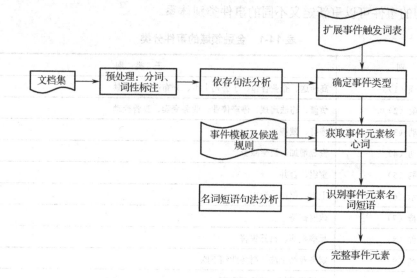

图 14-16　基本的金融领域的事件抽取框架

14.3.2　智能金融技术的应用

1. 智能投顾

智能投顾是以经济学诺贝尔奖得主马科维茨在 1952 年提出的"现代投资组合理论"（Modern Portfolio Theory，MPT）及后续修正的模型（CAPM、B-L 模型等）为理论基础发展的，并最早出现于美国。美国于 2007—2010 年相继成立了 Betterment、Personal Capital 和 Wealthfront 公司，这些巨头公司拉开了美国智能投顾的新时代。美国在 2016 年智能投顾行业资产管理规模达 0.3 万亿美元，2020 年资产管理规模增至 2.2 万亿美元。相比国外，中国智能投顾市场尚处于起步阶段，按研发主体不同分为三大类智能投顾公司：第一类是以理财魔方、蓝海智投为代表的第三方独立智能投资顾问平台；第二类是以同顺 IFinD、京东智投为代表的互联网公司智能投顾平台；第三类是以平安一账通、招商银行摩羯智投为代表的传统金融公司机构。

智能投顾近年来应用大数据技术多次尝试不同的应用场景，有望从深度和广度上进入全新阶段，现已成为财富管理新蓝海。智能投顾又称为机器人投顾，结合投资者的理财目标、财务状况和风险偏好等，并通过搭建好的数据后台和模型算法为投资使用者提供智能化、自动化、数字化的理财建议。智能投顾包括的智能技术有：

（1）智能化数据分析技术。利用多渠道的结构化及非结构化大数据分析用户画像、情绪管理以及投资风险偏好，提供定制化、个性化投资顾问；另外，也对金融数据进行智能分析处理，对市场舆情做出预判，自动生成投资策略。

（2）互联网或移动端的数字化平台。平台的搭建实现了金融信息的共享，用户可以更快捷地接触到金融产品，并高效获取投资、咨询、支付并获得最终投资报告。

（3）投资组合分析技术。通过学习算法对风险因子进行分析、模拟与回测，最终得出最优的投资组合建议。

2. 智能研报

金融行业有着信息高度密集、市场多变复杂等特点。因此，一方面，金融数据庞大且过载；另一方面，有效的金融信息充裕度又极低。对此，如何在海量信息中筛选出较为精准的金融市场调研报告成为关键问题，由此而催生出的"智能研报"解决了金融领域的这一难题。

智能研报主要经历三个阶段：第一，分析和处理海量异构数据，主要是对每天产生的大量的非结构数据（如财经新闻资讯、大众评论、专家意见等）以及结构化数据（如数据库、第三方平台等存储的数据）进行分析与处理，将其转化为机器可读的数据格式；第二，对第一步得出的数据进行实体识别、关系关联、事件发现等一系列操作；第三，生成报告，根据不同的模板如企业年报、券商分析研报、投资建议书等生成不同的报告，当然，由于智能技术尚不够完善，还需要人工对自动生成的报告进行二次编辑与校队。

支撑着智能研报的两大自然语言处理技术是：自然语言理解和自然语言生成。将多源异构数据转化成结构化文本数据，这是自然语言理解技术的关键，其中涉及的底层分析技术有语义句法分析、命名实体识别、关系以及事件抽取等。自然语言生成则是根据这些结构化后的数据，生成具有特定主题的描述性文章。

国外典型智能研报的公司非 Kensho 莫属，于 2013 年成立，主打产品是具有金融投资领域的"问答助手 Siri"称号的 Warren。Warren 具有高效的学习和分析能力，它能根据不同的各类问题进行学习积累而逐步获得成长知识，并利用大数据分析和云计算技术，把长达几天任务周期的传统投资分析任务缩短至几分钟完成，实现了一个巨大的跨越。Kensho 的成功离不开多位计算机科学及经济学领域的优秀人才的努力，以及成立之初高盛 1500 万美元的高额投资。Kensho 在 2018 年被 S&P GLOBAL 看中，并以 5.5 亿美元将其收购。

国内典型的智能研报公司有香侬科技和文因互联等。它们的智能投研系统主打机器学习和自然语言处理两大王牌技术。香侬科技公司以神经网络和深度学习算法模型为基础，对亿万图像和文本进行解读后精准呈现关键信息，并提出了以"字"为单位的语言模型，在多项自然语言处理任务中都获得了非常不错的效果。而文因互联公司则擅长自然语言的语义推理、自然语言查询、知识图谱和数据结构化等方面的技术积累。

3. 智能客服

智能金融的终极目标是实现普惠金融，让更多的老百姓从中受益。随着客户的激增，客户服务体验量也随之剧增，客户服务的体验直接关系到金融服务的质量。据艾媒咨询数据统计，约三分之二的受访 B2B（Business-to-Business，企业对企业）和 B2C（Business-to-Consumer，企业对个人）用户在享受到好的客户体验后会倾向于购买更多的金融产品，而同样占比的受访 B2B 和 B2C 用户在遇到劣质的客户服务体验后感到后悔而停止继续购买。如何追求节约人力成本的高效客户服务是一个值得研究的课题，艾媒咨询认为，客户服务是评判企业和产品的重要软指标，对塑造企业品牌影响力至关重要，尤其对于新一代金融用户群体来说客户服务尤为重要。

本书前面章节对问答技术进行过基本介绍，在理解用户问题上，虽然交互式问答系统能够初步满足用户以最自然的对话形式与系统进行交互，但是仍然存在很多挑战，其中最大的挑战就是理解和恢复用户省略句。在人们日常对话、访谈和咨询中，会大量且广泛地存在省略句。人们在现实中彼此交谈，由于具有相似的背景知识及上下文语境信息，能够轻松地理解省略句的含意。但交互式问答系统并不能完全与之媲美，智能客服要走的路还有很长，还需要继续在语义检索、阅读理解、问题匹配等技术上面继续钻研，从而真正实现正确地理解用户的省略句从而返回相应的答案。

虽然智能客服技术尚未完全成熟，但在巨大的需求市场中已被广泛运用着，在各个金融领域都随处可见智能客服的身影。交通银行试点推出了智能服务机器人，可以通过触摸交互、语音识别和肢体语言等方式，为银行客户提供业务查询、业务引导和聊天互动等服务。在2017年的天下网商大会新金融分论坛上，蚂蚁金服首席数据科学家漆远透露，支付宝智能客服目前自助率已达到96%~97%，智能客服的解决率比人工客服高出了3%，已达到78%。智能客服已经逐渐渗透至人们各个生活、工作场景中，并受到了资本的青睐，国内智能客服企业将借助资本力量进一步提高智能客服的使用率。

14.3.3 智能金融的前景与挑战

智能金融是计算机与金融跨界深度结合的产物，给传统的金融注入了新的元素，为金融行业开创了一个新的发展阶段，但同时也带来了不少挑战，存在机遇与挑战并存的现象。

1. 智能金融的前景

传统金融行业融入人工智能之后，使得金融服务更具有普惠性。长期以来，金融行业产生了大量可对外界开放的宝贵的数据资产，但在传统行业上存在信息不对称、获客成本高及风险不可控等一系列问题，而人工智能促使了金融服务行业的信息整合，使之前只有大中型企业和富裕个人才能得到的优质金融服务，广大小微企业和长尾客户也可以享受得到，实现全民利益的受惠。

智能金融同时还降低了金融机构的服务与运营成本。人工智能等相关技术的发展为金融机构的服务模式带来了巨大的革新，触及的群体和服务的范围更广、更深。例如，在上千万条数据信息中洞察不良信贷风险和营销机遇，在日夜不停滚动的新闻、图片、视频和用户评论等的异构数据中及时发现金融行业的关键点，这些新技术都促进了金融行业高服务与低成本的运作，实现了广大客户群体和全社会的利益提升，使得用户的满意度同步提高。

2. 智能金融的挑战

虽然智能技术为金融行业带来了很大的变革和创新，且人工智能即使还处于一个飞速发展阶段，人工智能的瓶颈以及金融场景的落地还是给金融生态方位上带来了不小的挑战，因此要重视在技术安全、市场监管、责任道德等方面上的问题。

（1）在人工智能的技术上还有很长的路要走。人工智能在金融行业上的关键技术，如自然语言处理、知识图谱、多源异构数据的采集和结构化分析等技术尚未成熟，永未达到人类语言的灵活性和表达性。人类语言的复杂性及描述复杂外部世界的能力，促使了知识图谱成为一个研发、构建成本高的重武器，其应用前景还有待进一步的开发和探索。

（2）新兴技术具有一定程度的不稳定性，尤其要注重在技术上的安全。金融行业具有资金和信息密集的特点，一旦技术发生巨大漏洞将会严重影响业务，给财产和用户隐私造成无法估量的损失。近年来，时有发生的用户隐私泄露问题、算法不成熟导致线上效果不如线下的问题，都亟须产业界和学术界的解决，使得新技术会愈发成熟稳定。

（3）智能金融的市场监管日趋规范健全。智能金融丰富了传统金融行业，丰富的金融生态环境使得金融服务领域的准入门槛变低、市场监管的及时性和防范机制跟不上，例如，2018年 P2P（Peer-to-Peer，个人对个人）理财平台事件频频爆雷，金融监管处于被动阶段，应提前做好对新兴智能金融环境监管措施，灵活应对新环境下的各个问题，避免监管滞后。

（4）金融智能化程度的提升还会触及责任、道德方面的问题，包括一些伦理问题和社会道德等问题。例如，过度采集用户个人信息数据，导致过多的个人隐私被迫泄露；保险行业为了追求高利润低风险，运用精准用户画像把高费率的产品推给低风险的用户，并且拒绝高风险用户的投保请求等，说明金融行业除要追求技术上的快捷外，还要重视随之带来的一系列道德、责任方面的问题。认真思考并解决这些问题，才能保护良好的社会环境。